百年大计 教育为本

建筑结构

主　编　徐明刚
副主编　何开俊　戴爱兵
参　编　金仁超　童世虎　沈　杰
主　审　丁灼伟

北京理工大学出版社
BEIJING INSTITUTE OF TECHNOLOGY PRESS

内 容 提 要

本书根据建筑结构最新国家标准规范编写。全书共11章,主要内容包括绪论、建筑结构设计基本原理、建筑结构材料、钢筋混凝土受弯构件、钢筋混凝土受压构件、钢筋混凝土楼盖、预应力混凝土结构、多层及高层钢筋混凝土房屋、砌体结构、钢结构、钢筋混凝土结构施工图的识读等。

本书可作为高等院校土木工程类相关专业的教材,也可供土木工程领域相关工程技术人员阅读参考。

版权专有　侵权必究

图书在版编目(CIP)数据

建筑结构 / 徐明刚主编. —北京:北京理工大学出版社,2022.8重印
 ISBN 978-7-5682-8622-0

Ⅰ.①建⋯　Ⅱ.①徐⋯　Ⅲ.①建筑结构—高等学校—教材　Ⅳ.①TU3

中国版本图书馆CIP数据核字(2020)第112101号

出版发行 / 北京理工大学出版社有限责任公司
社　　址 / 北京市海淀区中关村南大街5号
邮　　编 / 100081
电　　话 /(010)68914775(总编室)
　　　　　(010)82562903(教材售后服务热线)
　　　　　(010)68944723(其他图书服务热线)
网　　址 / http://www.bitpress.com.cn
经　　销 / 全国各地新华书店
印　　刷 / 河北鑫彩博图印刷有限公司
开　　本 / 787毫米×1092毫米　1/16
印　　张 / 15.5　　　　　　　　　　　　责任编辑 / 游　浩　钟　博
字　　数 / 365千字　　　　　　　　　　　文案编辑 / 钟　　博
版　　次 / 2022年8月第1版第3次印刷　　责任校对 / 周瑞红
定　　价 / 49.00元　　　　　　　　　　　责任印制 / 边心超

图书出现印装质量问题,请拨打售后服务热线,本社负责调换

出版说明

江苏联合职业技术学院成立以来，坚持以服务经济社会发展为宗旨、以促进就业为导向的职业教育办学方针，紧紧围绕江苏经济社会发展对高素质技术技能型人才的迫切需要，充分发挥"小学院、大学校"办学管理体制创新优势，依托学院教学指导委员会和专业协作委员会，积极推进校企合作、产教融合，积极探索五年制高职教育教学规律和高素质技术技能型人才成长规律，培养了一大批能够适应地方经济社会发展需要的高素质技术技能型人才，形成了颇具江苏特色的五年制高职教育人才培养模式，实现了五年制高职教育规模、结构、质量和效益的协调发展，为构建江苏现代职业教育体系、推进职业教育现代化做出了重要贡献。

面对新时代中国特色社会主义建设的宏伟蓝图，我国社会的主要矛盾已经转化为人们日益增长的美好生活需要与发展不平衡、不充分之间的矛盾，这就需要我们有更高水平、更高质量、更高效益的发展，实现更加平衡、更加充分的发展，这样才能全面建成社会主义现代化强国。五年制高职教育的发展必须服从服务于国家发展战略，以不断满足人们对美好的生活需要为追求目标，全面贯彻党的教育方针，全面深化教育改革，全面实施素质教育，全面落实立德树人的根本任务，充分发挥五年制高职贯通培养的学制优势，建立和完善五年制高职教育课程体系，健全德能并修、工学结合的育人机制，着力培养学生的工匠精神、职业道德、职业技能和就业创业能力，创新教育教学方法和人才培养模式，完善人才培养质量监控评价制度，不断提升人才培养质量和水平，努力办好令人民满意的五年制高职教育，为全面建成小康社会，实现中华民族伟大复兴的中国梦贡献力量。

教材建设是人才培养工作的重要载体，也是深化教育教学改革、提高教学质量的重要基础。目前，五年制高职教育教材建设规划性不足、系统性不强、特色不明显等问题一直制约着内涵发展、创新发展和特色发展的空间。为切实加强学院教材建设与规范管理，不断提高学院教材建设与使用的专业化、规范化和科学化水平，学院成立了教材建设与管理工作领导小组和教材审定委员会，统筹领导、科学规划学院教材建设与管理工作。制订了《江苏联合职业技术学院教材建设与使用管理办法》和《关于院本教材开发若干问题的意见》，完善了教材建设与管理的规章制度；每年滚动修订《五年制高等职业教育教材征订目录》，统一组织五年制高职教育教材的征订、采购和配送；编制了学院"十三五"院本教材建设规划，组织18个专业和公共基础课程协作委员会推进院本教材开发，建立了一支院本教材开发、编写、审定队伍；创建了江苏五年制高职教育教材研发基地,与江苏凤凰职业教育图书有限公司、苏州大学出版社、北京理工大学出版社、南京大学出版社、上海交通大学出版社等签订了战略合作协议,协同开发独具五年制高职教育特色的院本教材。

今后一个时期,学院在推动教材建设和规范管理工作的基础上,紧密结合五年制高职教育发展的新形势,主动适应江苏地方社会经济发展和五年制高职教育改革创新的需要,以学院18个专业协作委员会和公共基础课程协作委员会为开发团队,以江苏五年制高职教育教材研发基地为开发平台,组织具有先进教学思想和学术造诣较高的骨干教师,依照学院院本教材建设规划,重点编写出版约600本有特色、能体现五年制高职教育教学改革成果的院本教材,努力形成具有江苏五年制高职教育特色的院本教材体系。同时,加强教材建设质量管理,树立精品意识,制订五年制高职教育教材评价标准,建立教材质量评价指标体系,开展教材评价评估工作,设立教材质量档案,加强教材质量跟踪,确保院本教材的先进性、科学性、人文性、适用性和特色性建设。学院教材审定委员会组织各专业协作委员会做好对各专业课程(含技能课程、实训课程、专业选修课程等)教材出版前的审定工作。

本套院本教材较好地吸收了江苏五年制高职教育的最新理论和实践研究成果,符合五年制高职教育人才培养目标的定位要求。教材内容深入浅出,难易适中,突出"五年贯通培养、系统设计",重视启发学生思维和培养学生运用知识的能力。教材条理清楚、层次分明、结构严谨、图表美观、文字规范,是一套专门针对五年制高职教育人才培养的教材。

学院教材建设与管理工作领导小组
学院教材审定委员会
2017年11月

序言

为贯彻落实《国家中长期教育改革和发展规划纲要(2010—2020年)》，充分发挥教材建设在提高人才培养质量中的基础性作用，促进现代职业教育体系建设，全面提高五年制高等职业教育教学质量，保证高质量教材进课堂，江苏联合职业技术学院建筑专业协作委员会对建筑类专业教材进行统一规划并组织编写。

本套教材是在总结五年制高等职业教育经验的基础上，根据课程标准、最新国家标准和有关规范编写，并经过学院教材审定委员会审定通过。新教材紧紧围绕五年制高等职业教育的培养目标，密切关注建筑业科技发展与进步，遵循教育教学规律，从满足经济社会发展对高素质劳动者和技术技能型人才的需求出发，在课程结构、教学内容、教学方法等方面进行了新的探索和改革创新；同时，突出理论与实践的结合，知识技能的拓展与应用迁移相对接，体现高职建筑专业教育特色。

本套教材可作为建筑类专业教材，也可作为建筑工程技术人员自学和参考用书。希望各分院积极推广和选用本套教材，并在使用过程中，注意总结经验，及时提出修改意见和建议，使之不断完善和提高。

江苏联合职业技术学院建筑专业协作委员会
2017年12月

前言

"建筑结构"课程是高等院校土木工程类相关专业的专业基础课程,着重培养学生的建筑结构设计思维和施工图的识读能力,为后续"建筑施工技术""建筑工程计量与计价""BIM理论"等专业课程的学习奠定基础。

本书在编写过程中,根据高等院校土木工程类相关专业人才培养目标的要求,结合土木工程类专业"能力渐进培养"人才培养模式的改革需要,加强基本理论、基本技能的训练,注重理论和实践相结合;引用最新规范和标准,图文结合,内容精练,体系完整。本书的特点是内容广,通俗易懂,尽量做到理论与实际相结合,进一步加强学生对建筑结构施工图的识读能力。本书每一章开篇设置内容提要、知识掌握目标,每章末尾配备本章小结及复习思考题,便于学生自学。本书适合作为高等院校土木工程类相关专业的教材,也可作为土木工程领域相关工程技术人员岗位培训的教材。

本书共有11章,主要内容包括绪论、建筑结构设计基本原理、建筑材料、钢筋混凝土受弯构件、钢筋混凝土受压构件、钢筋混凝土楼盖、预应力混凝土结构、多层及高层钢筋混凝土房屋、砌体结构、钢结构、钢筋混凝土结构施工图的识读等。

本书由南京高等职业技术学校徐明刚担任主编,由江苏省淮阴商业学校何开俊、盐城幼儿师范高等专科学校戴爱兵担任副主编,南京高等职业技术学校金仁超和童世虎、扬州工业职业技术学院沈杰参与了本书的编写工作,具体编写分工为:徐明刚编写第1章、第2章;戴爱兵编写第8章、第9章;何开俊编写第5章、第11章;金仁超编写第4章;童世虎编写第6章、第10章;沈杰编写第3章、第7章。全书由南京高等职业技术学校丁灼伟主审。

由于编写水平有限,书中难免有疏漏及谬误之处,敬请读者指正!

编 者

目录

第1章 绪论 ………………………………… 1
1.1 建筑结构的概念及类型 ………………… 1
　1.1.1 建筑结构的概念 ………………… 1
　1.1.2 建筑结构的类型 ………………… 2
1.2 建筑结构的发展概况 …………………… 6
　1.2.1 建筑结构的发展历史 …………… 6
　1.2.2 建筑结构的发展趋势 …………… 6
1.3 本课程的内容及学习要求 ……………… 7
复习思考题 ………………………………… 8

第2章 建筑结构设计基本原理 …………… 9
2.1 荷载 ……………………………………… 9
　2.1.1 荷载分类 ………………………… 9
　2.1.2 荷载代表值 ……………………… 10
2.2 建筑结构设计方法 ……………………… 13
　2.2.1 极限状态 ………………………… 13
　2.2.2 实用设计表达式 ………………… 16
本章小结 …………………………………… 18
复习思考题 ………………………………… 19

第3章 建筑结构材料 ……………………… 20
3.1 建筑钢筋 ………………………………… 20
　3.1.1 钢筋的分类 ……………………… 20
　3.1.2 钢筋的力学性能 ………………… 22
3.2 混凝土 …………………………………… 25
　3.2.1 混凝土的强度 …………………… 26
　3.2.2 混凝土的变形 …………………… 27
　3.2.3 混凝土耐久性规定 ……………… 28
3.3 砌体材料 ………………………………… 30
　3.3.1 块体材料 ………………………… 31
　3.3.2 砌筑砂浆 ………………………… 33
本章小结 …………………………………… 34
复习思考题 ………………………………… 34

第4章 钢筋混凝土受弯构件 ……………… 35
4.1 受弯构件的构造要求 …………………… 35
　4.1.1 截面形式及尺寸 ………………… 35
　4.1.2 梁、板的配筋 …………………… 37
　4.1.3 混凝土保护层厚度 ……………… 41

  4.1.4 钢筋的弯钩、锚固和连接⋯⋯⋯41
 4.2 受弯构件正截面承载力计算⋯⋯ 44
  4.2.1 单筋矩形截面⋯⋯⋯⋯⋯⋯⋯ 45
  4.2.2 双筋矩形截面⋯⋯⋯⋯⋯⋯⋯ 52
  4.2.3 单筋T形截面⋯⋯⋯⋯⋯⋯⋯ 53
  4.2.4 T形正截面承载力计算步骤⋯⋯ 54
 4.3 受弯构件斜截面承载力计算⋯⋯ 57
  4.3.1 受弯构件斜截面受剪破坏形态⋯ 58
  4.3.2 斜截面受剪承载力计算的
     基本公式及适用条件⋯⋯⋯⋯ 58
  4.3.3 斜截面受剪承载力计算⋯⋯⋯ 60
  4.3.4 保证斜截面受弯承载力的
     构造措施⋯⋯⋯⋯⋯⋯⋯⋯ 62
  4.3.5 变形及裂缝宽度验算的概念⋯⋯ 64
 本章小结⋯⋯⋯⋯⋯⋯⋯⋯⋯⋯⋯⋯ 65
 复习思考题⋯⋯⋯⋯⋯⋯⋯⋯⋯⋯⋯ 66

第5章 钢筋混凝土受压构件⋯⋯⋯ 68
 5.1 受压构件构造要求⋯⋯⋯⋯⋯⋯ 68
  5.1.1 截面形式及尺度⋯⋯⋯⋯⋯⋯ 69
  5.1.2 混凝土⋯⋯⋯⋯⋯⋯⋯⋯⋯ 69
  5.1.3 纵向钢筋⋯⋯⋯⋯⋯⋯⋯⋯ 69
  5.1.4 箍筋⋯⋯⋯⋯⋯⋯⋯⋯⋯⋯ 70
 5.2 轴心受压构件承载力计算⋯⋯⋯ 71
  5.2.1 轴心受压构件受力性能及破坏特征⋯ 71
  5.2.2 钢筋混凝土轴心受压构件正截面
     承载力计算公式及适用条件⋯⋯ 73

  5.2.3 公式的应用⋯⋯⋯⋯⋯⋯⋯ 73
 5.3 偏心受压构件承载力计算⋯⋯⋯ 75
  5.3.1 偏心受压构件正截面破坏形式⋯ 75
  5.3.2 偏心距增大系数⋯⋯⋯⋯⋯⋯ 76
  5.3.3 矩形截面对称配筋正截面
     承载力计算⋯⋯⋯⋯⋯⋯⋯ 77
 本章小结⋯⋯⋯⋯⋯⋯⋯⋯⋯⋯⋯⋯ 82
 复习思考题⋯⋯⋯⋯⋯⋯⋯⋯⋯⋯⋯ 82

第6章 钢筋混凝土楼盖⋯⋯⋯⋯⋯ 84
 6.1 现浇钢筋混凝土肋梁楼盖⋯⋯⋯ 84
  6.1.1 单向板肋梁楼盖⋯⋯⋯⋯⋯⋯ 86
  6.1.2 双向板肋梁楼盖⋯⋯⋯⋯⋯⋯ 96
 6.2 装配式楼盖⋯⋯⋯⋯⋯⋯⋯⋯⋯ 99
  6.2.1 装配式钢筋混凝土楼盖及其
     构件的形式⋯⋯⋯⋯⋯⋯⋯ 99
  6.2.2 装配式楼盖的计算要点⋯⋯⋯ 99
  6.2.3 装配式楼盖的连接构造⋯⋯⋯100
 本章小结⋯⋯⋯⋯⋯⋯⋯⋯⋯⋯⋯⋯100
 复习思考题⋯⋯⋯⋯⋯⋯⋯⋯⋯⋯⋯100

第7章 预应力混凝土结构⋯⋯⋯⋯101
 7.1 预应力混凝土基本概念⋯⋯⋯⋯101
  7.1.1 预应力混凝土的概念及优缺点⋯101
  7.1.2 预应力的施加方法⋯⋯⋯⋯⋯104
  7.1.3 预应力的施加设备⋯⋯⋯⋯⋯106
  7.1.4 预应力混凝土结构的材料⋯⋯⋯112

7.1.5 预应力的损失 ……………………… 113
7.2 预应力混凝土结构构造要求 ……………… 116
　　7.2.1 先张法构件 ……………………… 116
　　7.2.2 后张法（有黏结预应力混凝土）…… 116
本章小结 …………………………………… 117
复习思考题 ………………………………… 118

第8章　多层及高层钢筋混凝土房屋 …… 119
8.1 概述 ……………………………………… 119
8.2 框架结构 ………………………………… 122
　　8.2.1 框架结构的特点 ………………… 122
　　8.2.2 框架结构的布置 ………………… 123
　　8.2.3 框架结构的受力特点 …………… 126
　　8.2.4 框架结构的构造要求 …………… 127
8.3 剪力墙结构 ……………………………… 130
　　8.3.1 剪力墙结构的特点 ……………… 130
　　8.3.2 剪力墙结构的构造要求 ………… 131
8.4 框架-剪力墙结构 ………………………… 133
　　8.4.1 框架-剪力墙结构的特点 ………… 133
　　8.4.2 框架-剪力墙结构的构造要求 …… 135
本章小结 …………………………………… 135
复习思考题 ………………………………… 135

第9章　砌体结构 …………………………… 136
9.1 砌体结构构造要求 ……………………… 136
　　9.1.1 墙、柱高厚比的概念 …………… 136
　　9.1.2 一般构造要求 …………………… 136
　　9.1.3 防止或减轻墙体开裂的主要措施 … 139
9.2 砌体结构构件计算 ……………………… 142
　　9.2.1 无筋砌体受压构件承载力计算 …… 142
　　9.2.2 无筋砌体局部受压承载力计算 …… 146
　　9.2.3 梁端下设有刚性垫块的砌体局部
　　　　　受压承载力计算 ………………… 149
　　9.2.4 配筋砌体局部受压承载力计算 …… 152
　　9.2.5 墙、柱高厚比验算 ……………… 154
9.3 过梁、墙梁及挑梁构件 ………………… 159
　　9.3.1 过梁 ……………………………… 159
　　9.3.2 墙梁 ……………………………… 160
　　9.3.3 挑梁 ……………………………… 163
本章小结 …………………………………… 164
复习思考题 ………………………………… 165

第10章　钢结构 …………………………… 166
10.1 钢结构连接 …………………………… 166
　　10.1.1 钢结构的连接分类 ……………… 166
　　10.1.2 焊接连接 ………………………… 167
　　10.1.3 铆接与螺栓连接 ………………… 169
10.2 钢屋架 ………………………………… 170
　　10.2.1 钢屋架的结构形式 ……………… 170
　　10.2.2 钢屋架所受的荷载 ……………… 171
　　10.2.3 杆件截面选择 …………………… 172
　　10.2.4 杆件连接 ………………………… 173
10.3 钢结构施工图识读 …………………… 173
　　10.3.1 型钢及其连接的表示方法 ……… 173

· 3 ·

10.3.2 尺寸标注……………………176
10.3.3 钢结构施工图的识读…………177
10.3.4 钢材用量表和必要的文字说明……200
本章小结………………………………201
复习思考题……………………………201

第11章 钢筋混凝土结构施工图的识读……………………………202

11.1 结构施工图识读基本知识………202
11.1.1 结构施工图概念及作用………202
11.1.2 房屋结构的分类………………202
11.1.3 结构施工图的主要内容………203
11.1.4 结构施工图的图示方法………204
11.1.5 结构施工图的绘制方法………205
11.2 钢筋混凝土结构施工图平法标注…206
11.2.1 平法简介………………………206
11.2.2 基础平法施工图的制图规则及示例…………………………207
11.2.3 柱平法施工图的制图规则及示例…211
11.2.4 剪力墙平法施工图的制图规则及示例…………………………217
11.2.5 梁平法施工图的制图规则及示例…222
11.2.6 板平法施工图的制图规则及示例…225
11.2.7 现浇混凝土板式楼梯平法施工图的制图规则及示例……………234
本章小结………………………………236
复习思考题……………………………236

参考文献……………………………237

第 1 章 绪论

内容提要

本章主要介绍建筑结构的概念及类型、建筑结构的发展概况，针对"建筑结构"课程的特点，还介绍了本课程的学习内容、要求及方法。

知识掌握目标

1. 了解各类结构的优缺点及应用范围；
2. 掌握作用的概念；
3. 理解建筑结构的定义、组成、分类以及钢筋与混凝土共同工作的原因；
4. 了解建筑结构的发展与应用状况。

1.1 建筑结构的概念及类型

1.1.1 建筑结构的概念

建筑是供人们生产、生活和进行其他活动的房屋或场所。建筑是建筑物和构筑物的统称。建筑物是指人们进行社会生活和生产的环境，如住宅、厂房；构筑物是指一般不直接进入其间进行生活和生产的空间，如烟囱、水塔等。各类建筑都离不开梁、板、墙、柱、基础等构件，它们相互连接形成建筑的骨架。建筑中由若干构件连接而成的能承受作用的平面或空间体系称为建筑结构，在不致混淆时可简称结构。这里所说的"作用"，是指能使结构或构件产生效应（内力、变形、裂缝等）的各种原因的总称。作用可分为直接作用和间接作用。直接作用即习惯上所说的荷载，是指施加在结构上的集中力或分布力系，如结构自重、家具及人群荷载、风荷载等。间接作用是指引起结构外加变形或约束变形的原因，如地震、基础沉降、温度变化等。

建筑结构由水平构件、竖向构件和基础组成，如图1-1所示。水平构件包括梁、板等，用以承受竖向荷载；竖向构件包括柱、墙等，其作用是支承水平构件或承受水平荷载；基础的作用是将建筑物承受的荷载传至地基。

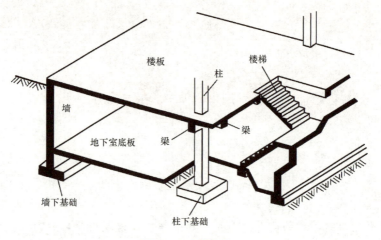

图 1-1 建筑结构

1.1.2 建筑结构的类型

建筑结构有多种分类方法。按照承重结构所用的材料不同,建筑结构可分为混凝土结构、砌体结构、钢结构、木结构和混合结构五种类型。

1. 混凝土结构

混凝土结构是钢筋混凝土结构、预应力混凝土结构和素混凝土结构的总称。素混凝土结构是指由无筋或不配置受力钢筋的混凝土制成的结构,在建筑工程中一般只用作基础垫层或室外地坪。素混凝土梁和钢筋混凝土梁如图 1-2 所示。

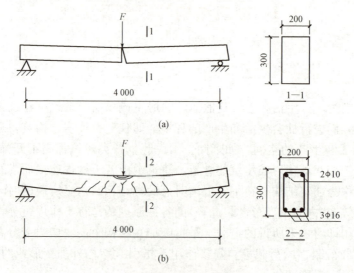

图 1-2 素混凝土梁和钢筋混凝土梁
(a)素混凝土梁;(b)钢筋混凝土梁

钢筋混凝土结构是指由配置受力的普通钢筋、钢筋网或钢筋骨架的混凝土制成的结构。在混凝土内配置受力钢筋,能明显提高结构或构件的承载能力和变形性能。由于混凝土的抗拉强度和抗拉极限应变很小,钢筋混凝土结构在正常使用荷载下一般是带裂缝工作的。这是钢筋混凝土结构最主要的缺点。为了克服这一缺点,可在结构承受荷载之前,在使用荷载作用下可能开裂的部位,预先人为地施加压应力,以抵消或减少外荷载产生的拉应力,从而达到使构件在正常的使用荷载下不开裂,或者延迟开裂、减小裂缝宽度的目的,这种结构称为预应力混凝土结构。

钢筋混凝土结构是混凝土结构中应用最多的一种,也是应用最广泛的建筑结构形式之一。它不但被广泛应用于多层与高层住宅、宾馆、写字楼以及单层与多层工业厂房等工业与民用建筑中,而且水塔、烟囱、核反应堆等特种结构也多采用钢筋混凝土结构。钢筋混凝土结构之所以应用如此广泛,主要是因为它具有以下优点:

(1)就地取材。钢筋混凝土的主要材料是砂、石,水泥和钢筋所占比例较小。砂和石一般都可由建筑工地附近提供,水泥和钢材的产地在我国分布也较广。

(2)耐久性好。钢筋混凝土结构中,钢筋被混凝土紧紧包裹而不致锈蚀,即使在侵蚀性介质条件下,也可采用特殊工艺制成耐腐蚀的混凝土,从而保证了结构的耐久性。

(3)整体性好。钢筋混凝土结构特别是现浇结构有较好的整体性,这对于地震区的建筑物有重要意义,另外对抵抗暴风及爆炸和冲击荷载也有较强的能力。

(4)可模性好。新拌和的混凝土是可塑的,可根据工程需要制成各种形状的构件,这给合理选择结构形式及构件断面提供了方便。

(5)耐火性好。混凝土是不良传热体,钢筋又有足够的保护层,火灾发生时钢筋不致很快达到软化温度而造成结构瞬间破坏。

钢筋混凝土也有一些缺点,主要是自重大,抗裂性能差,现浇结构模板用量大、工期长等。但随着科学技术的不断发展,这些缺点可以逐渐被克服。例如,采用轻质、高强的混凝土,可克服自重大的缺点;采用预应力混凝土,可克服容易开裂的缺点;掺入纤维做成纤维混凝土可克服混凝土的脆性;采用预制构件,可减小模板用量,缩短工期。

应当注意的是,钢筋和混凝土是两种物理力学性质不同的材料,在钢筋混凝土结构中之所以能够共同工作,是因为:

(1)钢筋表面与混凝土之间存在黏结作用。这种黏结作用由三部分组成:一是混凝土结硬时体积收缩,将钢筋紧紧握住而产生的摩擦力;二是由于钢筋表面凹凸不平而产生的机械咬合力;三是混凝土与钢筋接触表面间的胶结。

(2)钢筋和混凝土的温度线膨胀系数几乎相同(钢筋为 1.2×10^{-5},混凝土为 $1.0\times10^{-5}\sim1.5\times10^{-5}$),在温度变化时,两者的变形基本相等,不致破坏钢筋混凝土结构的整体性。

(3)钢筋被混凝土包裹着,从而不会因大气的侵蚀而生锈变质。

上述三个原因中,钢筋表面与混凝土之间存在黏结作用是最主要的原因。因此,钢筋混凝土构件配筋的基本要求,就是要保证两者共同受力,共同变形。

2. 砌体结构

由块体(砖、石材、砌块)和砂浆砌筑而成的墙、柱作为建筑物主要受力构件的结构称为砌体结构,如图 1-3 所示。它是砖砌体结构、石砌体结构和砌块砌体结构的统称。

砌体结构主要有以下优点:

(1)取材方便,造价低廉。砌体结构所需要的原材料如黏土、砂、天然石材等几乎到处都有,因而比钢筋混凝土结构更为经济,并能节约水泥、钢材和木材。砌块砌体还可节约

图 1-3 砌体结构

土地，使建筑向绿色建筑、环保建筑的方向发展。

(2) 具有良好的耐火性及耐久性。一般情况下，砌体能耐受 400 ℃ 的高温。砌体耐腐蚀性能良好，完全能满足预期的耐久年限要求。

(3) 具有良好的保温、隔热、隔声性能，节能效果好。

(4) 施工简单，技术容易掌握和普及，也不需要特殊的设备。

砌体结构的主要缺点是自重大、强度低、整体性差、砌筑劳动强度大。

砌体结构在多层建筑中应用非常广泛，特别是在多层民用建筑中，砌体结构应用占绝大多数，目前最大建筑高度已达 10 余层。

3. 钢结构

钢结构是指以钢材为主制作的结构，如图 1-4 所示。

图 1-4 钢结构

钢结构具有以下优点：

(1) 材料强度高，自重轻，塑性和韧性好，材质均匀；

(2) 便于工厂生产和机械化施工，便于拆卸，施工工期短；

(3) 具有优越的抗震性能；

(4) 无污染、可再生、节能、安全，符合建筑可持续发展的原则。

可以说钢结构的发展是 21 世纪建筑文明的体现。

钢结构的缺点：易腐蚀，需经常油漆维护，故维护费用较高。钢结构的耐火性差。当温度达到 250 ℃时，钢结构的材质将会发生较大变化；当温度达到 500 ℃时，结构会瞬间崩溃，完全丧失承载能力。

钢结构的应用正日益增多，尤其是在高层建筑及大跨度结构（如屋架、网架、悬索等结构）中。

4. 木结构

木结构是指全部或大部分用木材制作的结构，如图 1-5 所示。这种结构易于就地取材，制作简单，但易燃、易腐蚀、变形大，并且木材使用受到国家严格限制，因此已很少采用。

图 1-5　木结构房屋

5. 混合结构

由两种及两种以上材料作为主要承重结构的房屋称为混合结构。

混合结构包含的内容较多。多层混合结构一般以砌体结构为竖向承重构件（如墙、柱等），而水平承重构件（如梁、板等）多采用钢筋混凝土结构，有时采用钢木结构。其中以砖砌体为竖向承重构件、钢筋混凝土结构为水平承重构件的结构体系称为砖混结构。高层混合结构一般是钢-混凝土混合结构，即由钢框架或型钢混凝土框架与钢筋混凝土筒体所组成的共同承受竖向和水平作用的结构。

钢-混凝土混合结构，如图 1-6 所示，是近年来在我国迅速发展的一种结构体系。它不仅具有钢结构建筑自重轻、截面尺寸小、施工进度快、抗震性能好的特点，还兼有钢筋混凝土结构刚度大、防火性能好、成本低的优点，因而被认为是一种符合我国国情的较好的高层建筑结构形式。

图 1-6　钢-混凝土混合结构

1.2 建筑结构的发展概况

1.2.1 建筑结构的发展历史

建筑结构有着悠久的历史。我国黄河流域的仰韶文化遗址就发现了公元前 5000 年—前 3000 年的房屋结构痕迹。金字塔(建于公元前 2700 年—前 2600 年)、万里长城都是结构发展史上的辉煌之作。

砌体结构是最古老的结构形式。在我国,石结构已有 5 000 多年的历史,在 3 000 多年前的西周时期已开始生产和使用烧结砖,在秦、汉时期,砖瓦已广泛应用于房屋结构。目前,高层砌体结构已开始应用,我国已建成 12 层的砌体结构房屋。

17 世纪开始使用生铁,19 世纪初开始使用熟铁建造桥梁和房屋。自 19 世纪中叶开始,钢结构得到了蓬勃发展。钢结构应用于高层建筑,始于美国芝加哥家庭保险大楼,铸铁框架,高 11 层,1883 年建成。

现代混凝土结构是随着水泥和钢铁工业的发展而发展起来的,至今仅有约 150 年的历史。1824 年,英国泥瓦工约瑟夫·阿斯普丁(Joseph Aspdin)发明了波兰特水泥并获得专利,随后混凝土问世。1850 年,法国人郎波特(L. Lambot)制成了铁丝网水泥砂浆的小船。1861 年,法国人约琴夫·莫尼埃(Joseph. Monier)获得了制造钢筋混凝土构件的专利。20 世纪 30 年代预应力混凝土结构的出现,是混凝土结构发展的一次飞跃。它使混凝土结构的性能得以改善,应用范围大大扩展。

建筑结构虽然已经历了漫长的发展过程,但至今仍生机勃勃,不断发展。特别是近年来,在设计理论、材料、结构等方面得到了迅猛发展。

理论方面,目前有学者提出全过程可靠度理论,将可靠度理论应用到工程结构设计、施工与使用的全过程中,以保证结构的安全可靠。随着模糊数学的发展,模糊可靠度的概念正在建立。随着计算机的发展,工程结构计算正向精确化方向发展,结构的非线性分析是发展趋势。随着研究的不断深入、统计资料的不断积累,结构设计方法将会发展至全概率极限状态设计方法。

1.2.2 建筑结构的发展趋势

1. 建筑材料

(1)混凝土结构的材料将向轻质、高强、新型、复合方向发展。目前美国已制成 C200 的混凝土,我国已制成 C100 的混凝土。在不久的将来,混凝土强度将普遍达到 100 N/mm²,特殊工程可达到 400 N/mm²。随着高强度钢筋、高强度高性能混凝土以及高性能外加剂和混合材料的研制使用,纤维混凝土和聚合物混凝土的研究和应用有了很大发展。此外,轻质混凝土、加气混凝土、陶粒混凝土以及利用工业废渣的"绿色混凝土",不但改善了混凝土的性能,还对节能和保护环境有重要意义。轻质混凝土的强度目前一般只能达到 5~20 N/mm²,开发高强度的轻质混凝土是今后的发展方向。除此之外,防射线、耐磨、耐腐蚀、防渗透、保温等满足特殊需要的混凝土以及智能型混凝土及其结构也在研究中。

(2) 高强度钢筋快速发展。现在强度达到 $400\sim600$ N/mm² 的高强度钢筋已广泛应用，今后将会出现强度超过 1 000 N/mm² 的钢筋。

(3) 砌体结构材料向轻质高强的方向发展。途径之一是发展空心砖。国外空心砖的抗压强度普遍可以达到 $30\sim60$ N/mm²，甚至高达 100 N/mm² 以上，孔洞率也达到 40% 以上。途径之二是在黏土内掺入可燃性植物纤维或塑料珠，煅烧后形成气泡空心砖，它不仅自重轻，而且隔声、隔热性能好。砌体结构材料另一个发展趋势是高强砂浆。

(4) 钢结构材料向高效能方向发展。除提高材料强度外，还应大力发展型钢。如 H 型钢可直接作梁和柱，采用高强螺栓连接，施工非常方便。作为一种新产品，压型钢板可直接作屋盖，也可在上面浇上一层混凝土作楼盖。作楼盖时压型钢板既是楼板的抗拉钢筋，又是模板。

2. 建筑结构

(1) 大跨度结构向空间钢网架、悬索结构、薄壳结构方向发展。空间钢网架最大跨度已超过 100 m。

(2) 高层砌体结构开始应用。为克服传统体系砌体结构水平承载力低的缺点，一个途径是使墙体只受垂直荷载，将所有的水平荷载由钢筋混凝土内核心筒承受，形成砖墙-筒体体系，另一个途径就是对墙体施加预应力，形成预应力砖墙。

(3) 组合结构成为结构发展的方向，目前劲性钢筋混凝土、钢管混凝土、压型钢板叠合梁等组合结构已广泛应用，在超高层建筑结构中还采用钢框架与内核心筒共同受力的组合体系，能充分利用材料优势。

1.3 本课程的内容及学习要求

建筑结构按内容的性质可分为结构基本构件和结构设计两大部分。根据受力与变形特点不同，结构基本构件可归纳为受弯构件、受拉构件、受压构件和受扭构件。本课程包括混凝土结构、砌体结构、建筑结构抗震基本知识、建筑结构识图等内容。通过学习，了解建筑结构的设计方法，掌握钢筋混凝土结构、砌体结构基本构件的计算方法，理解结构构件的构造要求，能正确识读建筑结构施工图，并能处理建筑施工中的一般结构问题。

本课程是建筑工程技术等专业的主干专业课。学习本课程，应注意以下几个方面：

(1) 要理论联系实际。本课程的理论本身就来源于生产实践，它是前人大量工程实践的经验总结。因此，学习本课程时，应通过实习、参观等各种渠道向工程实践学习，加强练习、课程设计等，真正做到理论联系实际。

(2) 要注意同力学课的联系和区别。本课程所研究的对象，除钢结构外都不符合匀质弹性材料的条件，因此力学公式多数不能直接应用，但从通过几何、物理和平衡关系来建立基本方程来说，两者是相通的。所以，在应用力学原理和方法时，必须考虑材料性能上的特点，切不可照搬照抄。

(3) 要注意培养自己综合分析问题的能力。结构问题的答案往往不是唯一的，即使是同一构件在给定荷载作用下，其截面形式、截面尺寸、配筋方式和数量都可以有多种答案。这时往往需要综合考虑适用、材料、造价、施工等多方面因素，才能做出合理选择。

（4）要重视各种构造措施。现行结构实用计算方法一般只考虑了荷载作用，其他影响，如混凝土收缩、温度影响以及地基不均匀沉降等，难以用计算公式表达。规范根据长期工程实践经验，总结出了一些构造措施来考虑这些因素的影响。所谓构造措施，就是对结构计算中未能详细考虑或难以定量计算的因素所采取的技术措施，它与结构计算是结构设计中相辅相成的两个方面。因此，学习时不但要重视各种计算，还要重视构造措施，设计时必须满足各项构造要求。但除常识性构造规定外，不能死记硬背，而应该着眼于理解。

（5）要注意学习有关标准、规范、规程。结构设计标准、规范、规程是国家颁布的关于结构设计和构造要求的技术规定和标准，设计、施工等工程技术人员都应遵循。我国标准、规范、规程有以下四种不同情况：一是强制性条文(本书用黑体字编排)，虽是技术标准中的技术要求，但已具有某些法律性质(将来可能会演变成"建筑法规")，一旦违反，不论是否引起事故，都将被严厉惩罚，故必须严格执行；二是要严格遵守的条文，规范中正面词用"必须"，反面词用"严禁"，表示非这样做不可，但不具有强制性；三是应该遵守的条文，规范中正面词用"应"，反面词用"不应"或"不得"，表示在正常情况下均应这样做；四是允许稍有选择或允许有选择的条文，表示允许稍有选择，在条件许可时首先应这样做，正面词用"宜"，反面词用"不宜"；表示有选择，在一定条件下可以这样做的，采用"可"表示。熟悉并学会应用有关标准、规范、规程是学习本课程的重要任务之一，因此，学习中应自觉结合课程内容学习，以达到逐步熟悉并正确应用之目的。

复习思考题

1. 建筑结构的定义及作用是什么？
2. 建筑结构按材料的不同可以分为哪几类？各自的特点是什么？
3. 学习本课程需要注意哪些问题？

第2章 建筑结构设计基本原理

内容提要

荷载是建筑结构设计的基本依据。荷载分类、荷载取值、荷载组合和荷载系数是荷载中的四个主要问题，也是影响结构安全度的重要一环；同时，建筑结构极限状态也对应不同的建筑结构设计方法。

本章主要介绍荷载分类，荷载代表值，结构的功能，结构功能的极限状态，结构上的作用、作用效应和结构抗力；同时，也对概率极限状态设计法实用设计表达式做了介绍。

知识掌握目标

1. 掌握荷载分类、荷载代表值的概念及种类；
2. 掌握结构的功能及其极限状态的含义；
3. 熟悉确定永久荷载、可变荷载的代表值；
4. 了解概率极限状态实用设计表达式。

2.1 荷载

结构上的作用可分为直接作用和间接作用。其中直接作用即习惯上所说的荷载，它是指施加在结构上的集中力或分布力系。

2.1.1 荷载分类

按随时间的变异，结构上的荷载可分为永久荷载、可变荷载和偶然荷载。

1. 永久荷载

永久荷载也称为恒荷载，是指在结构使用期间，其值不随时间变化，或者其变化与平均值相比可忽略不计的荷载，如结构自重、土压力、预应力等。

2. 可变荷载

可变荷载也称为活荷载，是指在结构使用期间，其值随时间变化，且其变化值与平均值相比不可忽略的荷载，如楼面活荷载、屋面活荷载、风荷载、雪荷载、起重机荷载等。

3. 偶然荷载

在结构使用期间不一定出现,而一旦出现,其量值较大且持续时间较短的荷载称为偶然荷载,如爆炸力、撞击力等。

此外,荷载按作用面大小可分为均布面荷载、线荷载和集中荷载;按作用方向可分为垂直荷载和水平荷载。荷载分类见表 2-1。

表 2-1 荷载分类

分类方法	分类	特征	举例
按随时间的变异分类	永久荷载	在设计基准期内,其值不随时间变化或变化可以忽略不计	结构自重、土压力、预加应力、混凝土收缩、基础沉降、焊接变形等
	可变荷载	在设计基准期内,其值随时间变化不可忽略	安装荷载、屋面与楼面活荷载、雪荷载、风荷载、起重机荷载、积灰荷载等
	偶然荷载	在设计基准期内,其出现时间随机,出现时量值大,持续时间较短	爆炸力、撞击力、雪崩、严重腐蚀、地震、台风等
按作用面大小分类	均布面荷载	楼面上的均布荷载	地板、地砖、均匀放置的建筑材料对楼面产生的荷载
	线荷载	可简化为单位长度上的分布荷载	梁或条形基础受到的荷载
	集中荷载	可简化为作用在一点上的荷载	施工和检修荷载
按作用方向分类	垂直荷载		结构自重、雪荷载等
	水平荷载		风荷载、水平地震作用等

■ 2.1.2 荷载代表值

荷载是随机变量,任何一种荷载的大小都有一定的变异性。因此,结构设计时,对于不同的荷载和不同的设计情况,应赋予荷载不同的量值,该量值即荷载代表值。《建筑结构荷载规范》(GB 50009—2012)(以下简称《荷载规范》)规定,对永久荷载应采用标准值作为代表值;对可变荷载应根据设计要求采用标准值、组合值、频遇值或准永久值作为代表值;对偶然荷载应按建筑结构使用的特点确定其代表值。本章仅介绍永久荷载和可变荷载的代表值。

1. 荷载标准值

作用于结构上荷载的大小具有变异性。例如,对于结构自重等永久荷载,虽可事先根据结构的设计尺寸和材料单位质量计算出来,但施工时的尺寸偏差、材料单位质量的变异性等原因,致使结构的实际自重并不完全与计算结果相吻合。至于可变荷载的大小,其不定因素则更多。荷载标准值就是结构在设计基准期内具有一定概率的最大荷载值,它是荷载的基本代表值。这里所说的设计基准期,是为确定可变荷载代表值而选定的时间参数,一般取 50 年。

(1)永久荷载标准值。永久荷载主要是结构自重及粉刷、装修、固定设备的质量。由于结构或非承重构件的自重的变异性不大,一般以其平均值作为荷载标准值,即可按结构构件的设计尺寸和材料或结构构件单位体积(或面积)的自重标准值确定。对于自重变异性较大的材料,在设计中应根据其对结构有利或不利的情况,分别取其自重的下限值或上限值。

常用材料和构件的自重见《荷载规范》。几种常用材料单位体积的自重(单位 kN/m^3)如下:混凝土 22~24,钢筋混凝土 24~25,水泥砂浆 20,石灰砂浆、混合砂浆 17,普通砖 18,普通砖(机器制)19,浆砌普通砖砌体 18,浆砌机砖砌体 19。

(2)可变荷载标准值。民用建筑楼面均布活荷载标准值及其组合值、频遇值和永久值系数应按表 2-2 采用。

表 2-2 民用建筑楼面均布活荷载标准值及其组合值、频遇值和永久值系数

项次	类别	标准值/$(kN \cdot m^{-2})$	组合值系数 ψ_c	频遇值系数 ψ_f	准永久值系数 ψ_q
1	(1)住宅、宿舍、旅馆、办公楼、医院病房、托儿所、幼儿园	2.0	0.7	0.5	0.4
	(2)试验室、阅览室、会议室、医院门诊室	2.0	0.7	0.6	0.5
2	教室、食堂、餐厅、一般资料档案室	2.5	0.7	0.6	0.5
3	(1)礼堂、剧场、影院、有固定座位的看台	3.0	0.7	0.5	0.3
	(2)公共洗衣房	3.0	0.7	0.5	0.5
4	(1)商店、展览厅、车站、港口、机场大厅及其旅客等候室	3.5	0.7	0.6	0.5
	(2)无固定座位的看台	3.5	0.7	0.5	0.3
5	(1)健身房、演出舞台	4.0	0.7	0.6	0.5
	(2)运动场、舞厅	4.0	0.7	0.6	0.3
6	(1)书库、档案室、储藏库	5.0	0.9	0.9	0.8
	(2)密集柜书库	12.0	0.9	0.9	0.8
7	通风机房、电梯机房	7.0	0.9	0.9	0.8
8	汽车通道及客车停车库: (1)单向板楼盖(板跨不小于 2 m)和双向板楼盖(板跨不小于 3 m×3 m)				
	客车	4.0	0.7	0.7	0.6
	消防车	35.0	0.7	0.5	0.0
	(2)双向板楼盖(板跨不小于 6 m×6 m)和无梁楼盖(柱网不小于 6 m×6 m)				
	客车	2.5	0.7	0.7	0.6
	消防车	20.0	0.7	0.5	0.0
9	厨房:(1)餐厅	4.0	0.7	0.7	0.7
	(2)其他	2.0	0.7	0.6	0.5
10	浴室、卫生间、盥洗室	2.5	0.7	0.6	0.5

续表

项次	类别	标准值/ (kN·m^{-2})	组合值系数 ψ_c	频遇值系数 ψ_f	准永久值系数 ψ_q
11	走廊、门厅： (1)宿舍、旅馆、医院病房、托儿所、幼儿园、住宅 (2)办公楼、餐厅、医院门诊部 (3)教学楼及其他可能出现人员密集的情况	2.0 2.5 3.5	0.7 0.7 0.7	0.5 0.6 0.5	0.4 0.5 0.3
12	楼梯： (1)多层住宅 (2)其他	2.0 3.5	0.7 0.7	0.5 0.5	0.4 0.3
13	阳台： (1)可能出现人员密集的情况 (2)其他	3.5 2.5	0.7 0.7	0.6 0.6	0.5 0.5

考虑到构件的负荷面积越大，楼面每 1 m^2 面积上活荷载在同一时刻都达到其标准值的可能性越小，因此，《荷载规范》规定，设计楼面梁、墙、柱及基础时，表 2-3 中的楼面活荷载标准值在下列情况下应乘以规定的折减系数：

1)设计楼面梁时的折减系数：

①第 1(1)项当楼面梁从属面积超过 25 m^2 时，应取 0.9。

②第 1(2)～7 项当楼面梁从属面积超过 50 m^2 时，应取 0.9。

③第 8 项对单向板楼盖的次梁和槽形板的纵肋应取 0.8；对单向板楼盖的主梁应取 0.6；对双向板楼盖的梁应取 0.8。

④第 9～13 项应采用与所属房屋类别相同的折减系数。

2)设计墙、柱和基础时的折减系数：

①第 1(1)项应按表 2-3 规定采用。

②第 1(2)～7 项应采用与其楼面梁相同的折减系数。

③第 8 项的客车对单向板楼盖应取 0.5；对双向板楼盖和无梁楼盖应取 0.8。

④第 9～13 项应采用与所属房屋类别相同的折减系数。

表 2-3 活荷载按楼层的折减系数

墙、柱、基础计算截面以上的层数	1	2～3	4～5	6～8	9～20	>20
计算截面以上各楼层活荷载总和的折减系数	1.00(0.9)	0.85	0.70	0.65	0.60	0.55

注：当楼面梁的从属面积超过 25 m^2 时，采用括号内的系数

上面提及的楼面的从属面积，是指向梁两侧各延伸 1/2 梁间距的范围内实际面积。

房屋建筑的屋面，其水平投影面上的屋面均布活荷载，应按表 2-4 采用。其余可变荷载，如工业建筑楼面活荷载、风荷载、雪荷载、厂房屋面积灰荷载等详见《荷载规范》。

表 2-4 屋面均布活荷载

项次	类别	标准值/(kN·m^{-2})	组合值系数 ψ_c	频遇值系数 ψ_f	准永久值系数 ψ_q
1	不上人的屋面	0.5	0.7	0.5	0
2	上人的屋面	2.0	0.7	0.5	0.4
3	屋顶花园	3.0	0.7	0.6	0.5
4	屋顶运动场地	3.0	0.7	0.6	0.4

注：1. 不上人的屋面，当施工或维修荷载较大时，应按实际情况采用；对不同类型的结构应按有关设计规范的规定采用，但不得低于 0.3 kN/m²。
2. 当上人的屋面兼作其他用途时，应按相应楼面活荷载采用。
3. 对于因屋面排水不畅、堵塞等引起的积水荷载，应采取构造措施加以防止；必要时，应按积水的可能深度确定屋面活荷载。
4. 屋顶花园活荷载不包括花圃土石等材料自重。

2. 可变荷载准永久值

可变荷载在设计基准期内会随时间而发生变化，并且不同可变荷载在结构上的变化情况不一样。如住宅楼面活荷载、人群荷载的流动性较大，而家具荷载的流动性则相对较小。在设计基准期内经常达到或超过的那部分荷载值（总的持续时间不低于 25 年），称为可变荷载准永久值。它对结构的影响类似于永久荷载。

可变荷载准永久值可表示为 $\psi_q Q_k$，其中 Q_k 为可变荷载标准值，ψ_q 为可变荷载准永久值系数。ψ_q 的值见表 2-2、表 2-4。

例如，住宅的楼面活荷载标准值为 2 kN/m²，准永久值系数 $\psi_q = 0.4$，则活荷载准永久值为 $2 \times 0.4 = 0.8$ kN/m²。

3. 可变荷载组合值

两种或两种以上可变荷载同时作用于结构上时，所有可变荷载同时达到其单独出现时可能达到的最大值的概率极小，因此，除主导荷载（产生最大效应的荷载）仍可以其标准值为代表值外，其他伴随荷载均应以小于标准值的荷载值为代表值，即可变荷载组合值。可变荷载组合值可表示为 $\psi_c Q_k$。其中 ψ_c 为可变荷载组合值系数，其值按表 2-2、表 2-4 查取。

2.2 建筑结构设计方法

2.2.1 极限状态

1. 结构的功能

(1) 结构的安全等级。建筑物的重要程度是根据其用途决定的。不同用途的建筑物，发生破坏后所造成的生命财产损失是不一样的。《建筑结构可靠性设计统一标准》(GB 50068—2018)(以下简称《统一标准》)规定，建筑结构设计时，应根据结构破坏可能产生的后果，即危及人的生命、造成经济损失、对社会或环境产生影响等严重性，采用不同的安全等级。根据破坏后果的严重程度，建筑结构划分为三个安全等级。建筑结构安全等级的划分应符合表 2-5 的要求。影剧院、体育馆和高层建筑等重要的工业与民用建筑的安全等级为一级，大量的一般工业与民用建筑的安全等级为二级，次要建筑的安全等级为三级。纪念性建筑及其他有特殊要求的建筑，其安全等级可根据具体情况另行确定。

表 2-5　建筑结构的安全等级

安全等级	破坏后果
一级	很严重：对人的生命、经济、社会或环境影响很大
二级	严重：对人的生命、经济、社会或环境影响较大
三级	不严重：对人的生命、经济、社会或环境影响较小

(2)结构的设计使用年限。结构设计的目的是要使所设计的结构在规定的设计使用年限内能完成预期的全部功能要求。所谓设计使用年限，是指设计规定的结构或结构构件不需进行大修即可按其预定目的使用的时间。换而言之，设计使用年限就是房屋建筑在正常设计、正常施工、正常使用和维护下所应达到的持久年限。结构的设计使用年限应按表 2-6 采用。

表 2-6　结构的设计使用年限

类别	设计使用年限/年	示例
1	5	临时性建筑结构
2	25	易于替换的结构构件
3	50	普通房屋和构筑物
4	100	标志性建筑和特别重要的建筑结构

(3)结构的功能要求。建筑结构在规定的设计使用年限内应满足安全性、适用性和耐久性三项功能要求。

安全性是指结构在正常施工和正常使用的条件下，能承受可能出现的各种作用；在设计规定的偶然事件(如强烈地震、爆炸、车辆撞击等)发生时和发生后，仍能保持必需的整体稳定性，即结构仅产生局部的损坏而不致发生连续倒塌。

适用性是指结构在正常使用时具有良好的工作性能。例如，不会出现影响正常使用的过大变形或振动；不会产生使使用者感到不安的裂缝宽度等。

耐久性是指结构在正常维护条件下具有足够的耐久性能，即在正常维护条件下结构能够正常使用到规定的设计使用年限。例如，结构材料不致出现影响功能的损坏，钢筋混凝土构件的钢筋不致因保护层过薄或裂缝过宽而锈蚀等。

结构的安全性、适用性和耐久性是结构可靠的标志，总称为结构的可靠性。结构可靠性的定义是，结构在规定时间内，在规定条件下，完成预定功能的能力。但在各种随机因素的影响下，结构完成的能力不能事先确定，只能用概率来描述。为此，我们引入结构可靠度的概念,即结构在规定时间内,在规定条件下,完成预定功能的概率。在这里,规定时间是指设计使用年限;规定条件是指正常设计、正常施工、正常使用和正常维护,不包括错误设计、错误施工和违反原来规定的使用情况;预定功能是指结构的安全性、适用性和耐久性。结构的可靠度是结构可靠性的概率度量,即对结构可靠性的定量描述。

结构可靠度与结构使用年限长短有关。《统一标准》以结构的设计使用年限为计算结构可靠度的时间基准。应当注意,结构的设计使用年限虽与结构使用寿命有联系,但不等同。当结构的使用年限超过设计使用年限后,并不意味着结构就要报废,但其可靠度将逐渐降低。

2. 结构功能的极限状态

结构能满足功能要求,称结构"可靠"或"有效",否则称结构"不可靠"或"失效"。区分结构工作状态"有效"与"失效"的界限是"极限状态"。因此,结构的极限状态可定义为:整个结构或结构的一部分,超过某一特定状态就不能满足设计规定的某一功能(安全性、适用性、耐久性)要求,该特定状态称为该功能的极限状态。结构极限状态分为以下两类:

(1)承载能力极限状态。这种极限状态对应于结构或结构构件达到最大承载能力或不适于继续承载的变形。承载能力极限状态主要考虑关于结构安全性的功能。超过这一状态,便不能满足安全性的功能。当结构或结构构件出现下列状态之一时,即认为超过了承载能力极限状态:

1)结构构件或连接因材料强度不够而破坏;
2)整个结构或结构的一部分作为刚体失去平衡(如倾覆等)[图 2-1(a)];
3)结构转变为机动体系[图 2-1(b)];
4)结构或结构构件丧失稳定(如柱子被压曲等)[图 2-1(c)]。

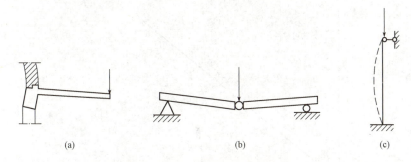

图 2-1 结构超过承载能力极限状态

结构或结构构件一旦超过承载能力极限状态,将造成结构全部或部分破坏或倒塌,导致人员伤亡或重大经济损失,因此,在设计中对所有结构和结构构件都必须按承载能力极限状态进行计算,并保证具有足够的可靠度。

(2)正常使用极限状态。正常使用极限状态对应于结构或结构构件达到正常使用或耐久性能的某项规定限值。超过这一状态,便不能满足适用性或耐久性的功能。当结构或结构构件出现下列状态之一时,即认为超过了正常使用极限状态:

1)影响正常使用或外观的变形;
2)影响正常使用或耐久性能的局部损坏(包括裂缝);
3)影响正常使用的振动;
4)影响正常使用的其他特定状态等。

虽然超过正常使用极限状态的后果一般不如超过承载能力极限状态那样严重,但也不可忽视。例如,过大的变形会造成房屋内粉刷层剥落、门窗变形、屋面积水等后果;水池和油罐等结构开裂会引起渗漏等。

工程设计时,一般先按承载能力极限状态设计结构构件,再按正常使用极限状态验算。

3. 结构的功能函数及有关概念

(1)作用效应和结构抗力。作用效应是指结构上的各种作用,在结构内产生的内力(轴力、弯矩、剪力、扭矩等)和变形(如挠度、转角、裂缝等)的总称,用 S 表示。由直接作用产生的效应,通常称为荷载效应。

结构抗力是结构或构件承受作用效应的能力,如构件的承载力、刚度、抗裂度等,用 R 表示。结构抗力是结构内部固有的,其大小主要取决于材料性能、构件几何参数及计算模式的精确性等。

(2)结构的功能函数。结构的工作性能可用结构的功能函数 Z 来描述。为简化起见,仅以荷载效应 S 和结构抗力 R 两个基本变量来表达结构的功能函数,则

$$Z=g(S,R)=R-S \tag{2-1}$$

式中,荷载效应 S 和结构抗力 R 均为随机变量,其函数 Z 也是一个随机变量。实际工程中,可能出现以下三种情况(图 2-2):当 $Z>0$ 即 $R>S$ 时,结构处于可靠状态;当 $Z<0$ 即 $R<S$ 时,结构处于失效状态;当 $Z=0$ 即 $R=S$ 时,结构处于极限状态。关系式 $g(S,R)=R-S=0$,称为极限状态方程。

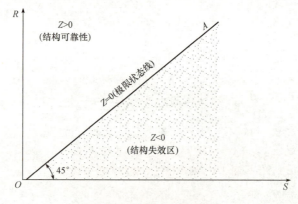

图 2-2 结构所处状态

2.2.2 实用设计表达式

现行规范采用以概率理论为基础的极限状态设计方法,用分项系数的设计表达式进行计算。

1. 按承载能力极限状态设计的实用表达式

(1)实用表达式。结构构件的承载力设计应采用下列极限状态设计表达式:

$$\gamma_0 S_d \leqslant R_d \tag{2-2}$$

式中 γ_0——结构重要性系数,按有关建筑结构设计规范的规定取用;

R_d——结构构件的承载力设计值,即抗力设计值;

S_d——荷载效应基本组合或偶然组合的设计值。

荷载效应的基本组合,是指承载能力极限状态计算时,永久荷载和可变荷载的组合;而荷载效应的偶然组合则是永久荷载、可变荷载和一个偶然荷载的组合。按承载能力极限状态设计时,一般考虑荷载效应的基本组合,必要时还应考虑偶然组合。下面仅介绍荷载效应基本组合设计值的表达式,对于荷载效应偶然组合的设计值可参阅有关规范。

(2)荷载效应基本组合设计值 S_d。《荷载规范》规定,对于基本组合,荷载效应组合的设计值 S_d 应从由可变荷载效应控制的组合和由永久荷载效应控制的组合中取最不利值确定。

1)由可变荷载效应控制的组合。

$$S_d = \sum_{j=1}^{m} \gamma_{G_j} S_{G_{jk}} + \gamma_{Q_1} \gamma_{L_1} S_{Q_{1k}} + \sum_{i=2}^{n} \gamma_{Q_i} \gamma_{L_i} \psi_{c_i} S_{Q_{ik}} \tag{2-3}$$

γ_{G_j}——第 j 个永久荷载分项系数,按表 2-7 采用;

$S_{G_{jk}}$——第 j 个永久荷载标准值 G_{jk} 计算的荷载效应值;

γ_{Q_i}——第 i 个可变荷载的分项系数,其中 γ_{Q_1} 为主导可变荷载 Q_1 的分项系数,按表 2-7 采用;

$S_{Q_{ik}}$——第 i 个可变荷载标准值 Q_{ik} 计算的荷载效应值,其中 $S_{Q_{1k}}$ 为诸可变荷载效应中符合控制作用者;

γ_{L_i}——第 i 个可变荷载设计使用年限的调整系数,其中 γ_{L_1} 为主导可变荷载 Q_1 考虑设计使用年限的调整系数;

ψ_{c_i}——可变荷载 Q_i 的组合值系数;

m——参与组合的永久荷载数;

n——参与组合的可变荷载数。

表 2-7 荷载分项系数的取值

	荷载特性		荷载分项系数
永久荷载	永久荷载效应对结构不利	由可变荷载效应控制的组合	1.2
		由永久荷载效应控制的组合	1.35
	永久荷载效应对结构有利		1.0
可变荷载	一般情况		1.4
	对标准值大于 4 kN/m² 的工业房屋楼面结构的活荷载		1.3

2)由永久荷载效应控制的组合。

$$S_d = \sum_{j=1}^{m} \gamma_{G_j} S_{G_{jk}} + \sum_{i=1}^{n} \gamma_{Q_i} \gamma_{L_i} \psi_{c_i} S_{Q_{ik}} \tag{2-4}$$

应用式(2-3)、式(2-4)时应注意,当考虑以竖向的永久荷载效应控制的组合时,参与组合的可变荷载仅限于竖向荷载；混凝土结构和砌体结构设计采用内力表达式。此时，式(2-3)、式(2-4)实质上就是永久荷载和可变荷载同时作用时，在结构上产生的内力(轴力、弯矩、剪力、扭矩等)的组合，其目标是求出结构可能的最大内力；钢结构设计采用应力表达，式(2-3)、式(2-4)实质上就是永久荷载和可变荷载同时作用时，在构件截面上产生的最大应力。

2. 按正常使用极限状态设计的实用表达式

(1)实用表达式。结构或结构构件超过正常使用极限状态时虽会影响结构正常使用，但对生命财产的危害程度较超过承载能力极限状态要小得多，因此，可适当降低对可靠度的要求。为了简化计算，正常使用极限状态设计表达式中，荷载取用代表值(标准值、组合值、频遇值或准永久值)，不考虑分项系数，也不考虑结构重要性系数。

根据实际设计的需要，常需区分荷载的短期作用(标准组合、频遇组合)和荷载的长期作用(准永久组合)下构件的变形大小和裂缝宽度的计算。例如，由于混凝土具有收缩、徐变等特性，故在正常使用极限状态计算中，需要考虑作用持续时间不同，分别按荷载的短期效应组合和长期效应组合验算变形和裂缝宽度。因此，《荷载规范》规定，对于正常使用极限状态，应根据不同的设计要求，采用荷载效应的标准组合、频遇组合或准永久组合，按下列设计表达式进行设计：

$$S_d \leqslant C \tag{2-5}$$

式中 C——结构或结构构件达到正常使用要求所规定的限值，如变形、裂缝宽度等。

计算中，混凝土结构的正常使用极限状态主要是验算构件的变形、抗裂度或裂缝宽度，使其不超过相应的规定限值；钢结构通过构件的变形(刚度)验算保证；而砌体结构一般情况下可不做验算，由相应的构造措施保证。

(2)荷载效应组合设计值 S_d。

1)对于标准组合，其荷载效应组合的表达式为

$$S_d = \sum_{j=1}^{m} S_{G_{jk}} + S_{Q_{1k}} + \sum_{i=2}^{n} \psi_{c_i} S_{Q_{ik}} \tag{2-6}$$

2)对于频遇组合，其荷载效应组合的表达式为

$$S_d = \sum_{j=1}^{m} S_{G_{jk}} + \psi_{f1} S_{Q_{1k}} + \sum_{i=2}^{n} \psi_{qi} S_{Q_{ik}} \tag{2-7}$$

式中 ψ_{f1}——可变荷载 Q_1 的频遇系数；

ψ_{qi}——可变荷载 Q_i 的准永久值系数。

3)对于准永久组合，荷载效应组合的表达式为

$$S_d = \sum_{j=1}^{m} S_{G_{jk}} + \sum_{i=1}^{n} \psi_{qi} S_{Q_{ik}} \tag{2-8}$$

需要说明，与承载能力极限状态设计相同，对式(2-6)～式(2-8)，混凝土结构采用内力表达，而钢结构采用应力表达。

本章小结

本章主要介绍了荷载的分类，荷载代表值，结构的功能，结构功能的极限状态，结构上的作用、作用效应和结构抗力，以及概率极限状态设计法实用设计表达式。

复习思考题

一、简答题

1. 什么是永久荷载、可变荷载和偶然荷载？举例说明。
2. 什么是荷载代表值？
3. 建筑结构的功能要求有哪些？
4. 什么是建筑结构的极限状态？两种极限状态有哪些具体表现？

二、计算题

某医院钢筋混凝土矩形截面简支梁，安全等级为二级，截面尺寸 $b\times h=250$ mm$\times 450$ mm，计算跨度 $L=5.5$ m，净跨度 $L_0=5.24$ m。承受均布线荷载：活荷载标准值为 5 kN/m，恒荷载标准值为 8 kN/m(不包括自重)。试计算按承载能力极限状态设计时的跨中弯矩设计值和支座边缘截面剪力设计值。

第3章 建筑结构材料

> **内容提要**
>
> 建筑材料可分为结构材料、装饰材料和某些专用材料。结构材料包括木材、竹材、石材、水泥、混凝土、金属、砖瓦、陶瓷、玻璃、工程塑料、复合材料等；装饰材料包括各种涂料、油漆、镀层、贴面、瓷砖、具有特殊效果的玻璃等；专用材料是指用于防水、防潮、防腐、防火、阻燃、隔声、隔热、保温、密封等的材料。
>
> 本章我们将学习建筑结构中的钢材、混凝土和砌体材料，掌握它们的分类和力学性能，是掌握建筑结构构件的受力性能、结构的计算理论和设计方法的基础。

> **知识掌握目标**
>
> 1. 掌握建筑钢筋的分类和力学性能；
> 2. 掌握混凝土材料的强度和变形特征；
> 3. 熟悉砌体结构材料的分类，掌握建筑砂浆的分类方法。

3.1 建筑钢筋

3.1.1 钢筋的分类

1. 根据钢筋的化学成分分类

我国建筑工程中所用钢筋按其化学成分的不同，分为碳素钢和普通低合金钢两大类。根据含碳量的多少，碳素钢分为低碳钢(含碳量小于0.25%)、中碳钢(含碳量为0.25%~0.6%)和高碳钢(含碳量大于0.6%)。含碳量越高，强度越高，但塑性和可焊性越差；反之则强度越低，塑性和可焊性越好。在水利工程中，主要使用低碳钢和中碳钢。普通低合金钢是在碳素钢的基础上，加入了少量的合金元素，如锰、硅、矾、钛等，可使钢材的强度、塑性等综合性能提高，从而具有强度高、塑性及可焊性好的特点。普通低合金钢一般按主要合金元素命名，名称前面的数字代表平均含碳量的万分数，合金元素后的尾标数字表明该元素含量取整的百分数，当其含量小于1.5%时，不加尾标；当其含量为1.5%~2.5%时，取尾标数为2。如40硅2锰钒(40Si2MnV)表示平均含碳量为0.4%，硅元素的平均含量为2%,锰、钒的含量均小于1.5%。

2. 根据钢筋的外形分类

工程中所用的钢筋,按外形分为光圆钢筋和带肋钢筋两类,如图3-1所示。光圆钢筋表面是光圆的。带肋钢筋表面有两条纵向凸缘(纵肋),在纵肋凸缘两侧有许多等距离和等高度的斜向凸缘(斜肋),凸缘斜向相同的表面形成螺纹,凸缘斜向不同的表面形成人字纹。螺纹和人字纹钢筋又称为等高肋钢筋。斜向凸缘和纵向凸缘不相交,剖面几何形状呈月牙形的钢筋称为月牙肋钢筋,与同样公称直径的等高肋钢筋相比,强度稍有提高,凸缘处应力集中也得到改善,但与混凝土之间的黏结强度略低于等高肋钢筋。

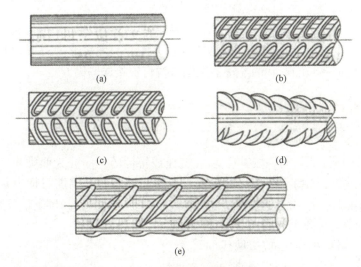

图3-1 各种钢筋的形式
(a)光圆钢筋;(b)螺纹钢筋;(c)人字纹钢筋;(d)月牙肋钢筋;(e)带肋钢筋

3. 根据钢筋的生产加工工艺分类

按生产加工工艺,钢筋可分为热轧钢筋、钢绞线、钢丝、螺纹钢筋。

(1)热轧钢筋。热轧钢筋是经热轧成型并自然冷却的成品钢筋,由低碳钢和普通合金钢在高温状态下压制而成,主要用于钢筋混凝土和预应力混凝土结构的配筋,是土木建筑工程中使用量最大的钢材品种之一。

1)热轧光圆钢筋。热轧光圆钢筋的牌号为HPB300。牌号由HPB+屈服强度特征值构成(300 MPa)。HPB为热轧光圆钢筋的英文缩写。

2)热轧带肋钢筋。普通热轧带肋钢筋主要有HRB335、HRB400、HRB500;牌号由HRB+屈服强度特征值构成(335 MPa、400 MPa、500 MPa)。HRB为热扎带肋钢筋的英文缩写。其广泛用于房屋、桥梁、道路等土建工程中。

3)细晶粒热轧钢筋。细晶粒热轧钢筋牌号为HRBF335、HRBF400、HRBF500;牌号由HRBF+屈服强度特征值构成(335 MPa、400 MPa、500 MPa)。细晶粒热轧钢筋主要作为高强度钢筋使用。结构构件中的受力钢筋的变形性能直接影响结构在地震力作用下的延性,对考虑地震作用的主要结构构件的纵筋、箍筋提出了要求。当有较高要求时,采用细晶粒热轧钢筋。

4)余热处理带肋钢筋。余热处理带肋钢筋牌号为RRB400,牌号由RRB+屈服强度特征值构成(400 MPa)。RRB 为余热处理带肋钢筋的英文缩写。RRB 系列由轧制钢筋经高温淬水、余热处理后提高强度。其延性、可焊性、机械连接性能及施工适应性降低，一般可用于对变形性能及加工性能要求不高的构件中，如基础、大体积混凝土、楼板、墙体以及次要的中小结构构件等。

(2)钢绞线。钢绞线是由冷拉光圆钢丝及刻痕钢丝捻制的用于预应力混凝土结构的，由多根钢丝绞合构成的钢铁制品。表面可以根据需要添加镀锌层、锌铝层、包铝层、镀铜层、涂环氧树脂等。钢绞线直径 d 是指钢绞线外接圆直径。

(3)钢丝。钢丝包括光圆、刻痕和螺旋肋的冷拉或消除应力的高强度钢丝。消除应力钢丝直径为 4~9 mm，强度在 1 000 MPa 以上。

(4)螺纹钢筋。预应力混凝土用螺纹钢筋也称精轧螺纹钢筋，是采用热轧、轧后余热处理或热处理等工艺生产而成的，是一种热轧带有不连续的外螺纹的直条钢筋，该钢筋在任意截面处，均可用带有匹配形状的连接器或锚具进行连接或锚固。

3.1.2 钢筋的力学性能

1. 钢筋的强度

钢筋混凝土中所用的钢筋，按其应力-应变曲线特性的不同分为两类：一类是有明显屈服点的钢筋，另一类是无明显屈服点的钢筋。有明显屈服点的钢筋习惯上称为软钢，如热轧钢筋；无明显屈服点的钢筋习惯上称为硬钢，如热处理钢筋、钢丝及钢绞线等。

(1)有明显屈服点的钢筋。有明显屈服点的钢筋在单向拉伸时的应力-应变曲线如图 3-2 所示。a 点以前应力与应变成直线关系，符合虎克定律。a 点对应的应力称为比例极限。Oa 段属于弹性阶段；a 点以后应变比应力增加要快，应力与应变不成正比；到达 b 点后，钢筋进入屈服阶段，产生很大的塑性变形，在应力-应变曲线中呈现一水平段 bc，称为屈服阶段或流幅，b 点的应力称为屈服强度；过 c 点后，应力与应变继续增加，应力-应变曲线为上升的曲线，进入强化阶段，曲线到达最高点 d，对应于

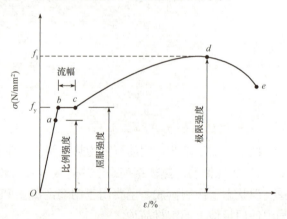

图 3-2 有明显屈服点的钢筋应力-应变曲线

d 点的应力称为抗拉极限强度。过 d 点后，试件内部某一薄弱部位应变急剧增加，应力下降，应力-应变曲线为下降曲线，产生"颈缩"现象，到达 e 点时钢筋被拉断，此阶段称为破坏阶段。由图 3-2 可知，有明显屈服点的钢筋的应力-应变曲线可分为四个阶段：弹性阶段、屈服阶段、强化阶段和破坏阶段。

有明显屈服点的钢筋有两个强度指标：一是 b 点的屈服强度，它是钢筋混凝土构件设计时钢筋强度取值的依据。因为钢筋屈服后要产生较大的塑性变形，这将使构件的变形和裂缝宽度大大增加，以致影响构件的正常使用，因此设计中采用屈服强度作为钢筋的强度限值。另一个强度指标是 d 点的极限强度，一般用作钢筋的实际破坏强度。钢材中含碳量越高，屈服强度和抗拉强度就越高，延伸率就越小，流幅也相应缩短。

（2）无明显屈服点的钢筋。无明显屈服点的钢筋的应力-应变曲线如图3-3所示。由图可以看出，从加载到拉断无明显的屈服点，没有屈服阶段，钢筋的抗拉强度较高，但变形很小。通常取相应于残余应变为0.2%的应力$\delta_{0.2}$作为假定屈服点，称为条件屈服强度，其值约为0.85倍的抗拉极限强度。

无明显屈服点的钢筋塑性差，伸长率小，采用其配筋的钢筋混凝土构件，受拉破坏时，往往突然断裂，不像用软钢的配筋构件在破坏前有明显的预兆。

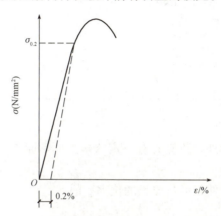

图3-3 无明显屈服点的钢筋应力-应变曲线

普通钢筋强度标准值和普通钢筋强度设计值见表3-1和表3-2。

表3-1 普通钢筋强度标准值   N/mm²

牌号	符号	公称直径 d/mm	屈服强度标准值 f_{yk}	极限强度标准值 f_{stk}
HPB300	ϕ	6~14	300	420
HRB335	Φ	6~14	335	455
HRB400 HRBF400 RRB400	Φ Φ^F Φ^R	6~50	400	540
HRB500 HRBF500	Φ Φ^F	6~50	500	630

表3-2 普通钢筋强度设计值   N/mm²

种类	抗拉强度设计值 f_y	抗压强度设计值 f'_y
HPB300	270	270
HRB335	300	300
HRB400、HRBF400、RRB400	360	360
HRB500、HRBF500	435	435

（3）钢筋的弹性模量。钢筋弹性阶段的应力与应变的比值称为钢筋的弹性模量，用符号E_s表示。由于钢筋在弹性阶段的受压性能与受拉性能类同，所以同一种钢筋的受拉和受压

弹性模量相同，各类钢筋的弹性模量见表 3-3。

表 3-3　钢筋的弹性模量 E_s　　　　　　　　　　　　　　　　N/mm²

牌号或种类	E_s
HPB300	$2.10×10^5$
HRB335、HRB400、HRB500 HRBF400、HRBF500、RRB400 预应力螺纹钢筋	$2.00×10^5$
消除应力钢丝、中强度预应力钢丝	$2.05×10^5$
钢绞线	$1.95×10^5$

注：必要时可采用实测的弹性模量

2. 钢筋的塑性

钢筋除需要足够的强度外，还应具有一定的塑性变形能力。伸长率和冷弯性能是反映钢筋塑性的基本指标。

伸长率是钢筋拉断后的伸长值与原长的比率，即

$$\delta = \frac{l_2 - l_1}{l_1} × 100\% \tag{3-1}$$

式中　δ——伸长率(%)；
　　　l_1——试件拉伸前的标距长度，短试件 $l_1=5d$，长试件 $l_1=10d$，d 为试件的直径；
　　　l_2——试件拉断后的标距长度。

钢筋的伸长率越大，其塑性越好，拉断前有足够的伸长，使构件的破坏有明显预兆；反之，伸长率越小，则塑性越差，其破坏具有突发性，呈脆性特征。

钢筋拉伸试验

冷弯是在常温下将钢筋绕某一规定直径的辊轴进行弯曲，如图 3-4 所示。在达到规定的冷弯角度时，钢筋不发生裂纹、分层或断裂，则钢筋的冷弯性能符合要求。常用冷弯角度 α 和弯心直径 D 反映冷弯性能。弯心直径越小，冷弯角度越大，钢筋的冷弯性能越好。

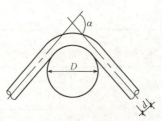
钢筋冷弯试验

图 3-4　钢筋的冷弯

3. 钢筋的冷加工

对热轧钢筋进行机械冷加工后，可提高钢筋的屈服强度，达到节约钢材的目的。常用的冷加工方法有冷拉、冷拔和冷轧。

(1)钢筋的冷拉。冷拉是指在常温下,用张拉设备(如卷扬机)将钢筋拉伸超过它的屈服强度,然后卸载为零,经过一段时间后再拉伸,钢筋就会获得比原来屈服强度更高的新的屈服强度。冷拉只提高了钢筋的抗拉强度,不能提高其抗压强度,计算时仍取原抗压强度。

(2)钢筋的冷拔。冷拔是将直径 6~8 mm 的 HPB300 级热轧钢筋用强力拔过比其直径小的硬质合金拔丝模。在纵向拉力和横向挤压力的共同作用下,钢筋截面变小而长度增加,内部组织结构发生变化,钢筋强度提高,塑性降低。冷拔后,钢筋的抗拉强度和抗压强度都得到提高。

(3)钢筋的冷轧。冷轧钢筋分为冷轧带肋钢筋和冷轧扭钢筋。冷轧带肋钢筋是由热轧圆盘条在常温下冷轧成带有斜肋的月牙肋变形钢筋,其屈服强度明显提高,黏结锚固性能也得到了改善,直径为 4~12 mm。冷轧扭钢筋是将 HPB300 级圆盘钢筋冷轧成扁平再扭转而成的钢筋,直径为 6.5~14 mm。

由于冷加工钢筋的质量不易严格控制,且性质较脆,黏结力较小,延性较差,因此在使用时应符合专门的规程的规定,并逐渐由强度高且性能好的预应力钢筋(钢丝、钢绞线)取代。

4. 钢筋混凝土结构对钢筋性能的要求

(1)钢筋应具有一定的强度(屈服强度和抗拉极限强度)。采用强度较高的钢筋可以节约钢材,获得较好的经济效益。

(2)钢筋应具有足够的塑性(伸长率和冷弯性能)。要求钢筋在断裂前有足够的变形,能给人以破坏的预兆。

(3)钢筋与混凝土应具有较大的黏结力。黏结力是保证钢筋和混凝土能够共同工作的基础。钢筋表面形状及表面积对黏结力很重要。

(4)钢筋应具有良好的焊接性能。要求焊接后钢筋在接头处不产生裂纹及过大变形。

《混凝土结构设计规范(2015 年版)》(GB 50010—2010)(以下简称《规范》)规定:

(1)钢筋混凝土结构中的纵向受力普通钢筋可采用 HRB400、HRB500、HRBF400、HRBF500、HRB335、RRB400、HPB300 级钢筋;

(2)梁、柱和斜撑构件的纵向受力普通钢筋宜采用 HRB400、HRB500、HRBF400、HRBF500 级钢筋;

(3)箍筋宜采用 HRB400、HRBF400、HRB335、HPB300、HRB500、HRBF500 级钢筋;

(4)预应力钢筋宜采用预应力钢丝、钢绞线和预应力螺纹钢筋。

3.2 混凝土

混凝土是由水泥、水和骨料(细骨料为砂、粗骨料为石子)按一定配合比搅拌后,入模振捣、养护硬化形成的建筑材料。水泥和水在凝结硬化过程中形成水泥胶块把骨料黏结在一起,水泥结晶体和砂石骨料组成混凝土的骨架,共同承受外力的作用。由于混凝土的内部结构复杂,因此其力学性能也较为复杂。

3.2.1 混凝土的强度

混凝土的强度指标主要有立方体抗压强度标准值、轴心抗压强度标准值和轴心抗拉强度标准值。

1. 立方体抗压强度标准值 $f_{cu,k}$

混凝土在结构中主要承受压力，抗压强度是混凝土的重要力学指标。由于混凝土受众多因素影响，因此必须有一个标准的强度测定方法和相应的强度评定标准。

混凝土制作及养护方法试验

用边长为 150 mm 的立方体试件，在标准条件下[温度为(20±3) ℃，相对湿度≥90%]养护 28 d，用标准试验方法(加荷速度为每秒 0.15～0.25 N/mm²，试件表面不涂润滑剂、全截面受力)测得的具有 95%保证率的抗压强度称为立方体抗压强度标准值，用符号 $f_{cu,k}$ 表示。

混凝土的强度等级按混凝土立方体抗压强度标准值 $f_{cu,k}$ 确定，用符号 C 表示，单位为 N/mm²。工程中常用的混凝土强度等级分为 14 级，即 C15、C20、C25、C30、C35、C40、C45、C50、C55、C60、C65、C70、C75、C80。其中 C 表示混凝土，后面的数字表示混凝土立方体抗压强度标准值的大小。如 C20 表示混凝土立方体抗压强度的标准值为 20 N/mm²(即 20 MPa)。混凝土强度等级在 C60 以下为普通混凝土；混凝土强度等级在 C60 以上为高强度混凝土。

混凝土立方体抗压强度

素混凝土结构的混凝土强度等级不应低于 C15；钢筋混凝土结构的混凝土强度等级不应低于 C20；采用强度等级 400 MPa 及以上的钢筋时，混凝土强度等级不应低于 C25。

预应力混凝土结构的混凝土强度等级不宜低于 C40，且不应低于 C30。

承受重复荷载的钢筋混凝土构件，混凝土强度等级不应低于 C30。

2. 轴心抗压强度标准值 f_{ck}

在实际工程中，钢筋混凝土受压构件大多数是棱柱体而不是立方体，工作条件与立方体试块的工作条件有较大差别，采用棱柱体试件比立方体试件更能反映混凝土的实际抗压能力。

混凝土应力应变曲线

我国采用 150 mm ×150 mm× 300 mm 的棱柱体试件作为标准试件，测得的混凝土棱柱体抗压强度即为混凝土的轴心抗压强度。随着试件高宽比 h/b 增大，端部摩擦力对中间截面约束减弱，混凝土抗压强度降低。

经测试，轴心抗压强度数值的确要小于立方体抗压强度，它们的比值大致在 0.70～0.92 范围内变化，强度大的比值大些。考虑到实际结构构件制作、养护和受力情况，实际构件强度与试件强度之间存在的差异，《规范》基于安全取偏低值，轴心抗压强度标准值 f_{ck} 与立方体抗压强度标准值 $f_{cu,k}$ 的关系按式(3-2)确定：

混凝土轴心抗压强度

$$f_{ck} = 0.88\alpha_1\alpha_2 f_{cu,k} \tag{3-2}$$

式中　α_1——由试验分析可得，对混凝土强度等级为 C50 及以下的取 0.76，对 C80 混凝土取 0.82，混凝土强度等级在 C50～C80 之间按插值法取值；

　　　α_2——高强度混凝土的脆性折减系数，对 C40 混凝土取 1.0，对 C80 混凝土取 0.87，混凝土强度等级在 C40～C80 之间按插值法取值；

　　　0.88——考虑实际构件与试件之间的差异而取用的折减系数。

轴心抗压强度标准值 f_{ck} 除以混凝土材料分项系数得到轴心抗压强度设计值 f_c。

《规范》中轴心抗压强度标准值 f_{ck}、轴心抗压强度设计值 f_c 取值见表 3-4、表 3-5。

表 3-4　混凝土强度标准值　　　　　　　　　　　　　　　　　N/mm²

强度种类	混凝土强度等级													
	C15	C20	C25	C30	C35	C40	C45	C50	C55	C60	C65	C70	C75	C80
f_{ck}	10.0	13.4	16.7	20.1	23.4	26.8	29.6	32.4	35.5	38.5	41.5	44.5	47.4	50.2
f_{tk}	1.27	1.54	1.78	2.01	2.20	2.39	2.51	2.64	2.74	2.85	2.93	2.99	3.05	3.11

表 3-5　混凝土强度设计值　　　　　　　　　　　　　　　　　N/mm²

强度种类	混凝土强度等级													
	C15	C20	C25	C30	C35	C40	C45	C50	C55	C60	C65	C70	C75	C80
f_c	7.2	9.6	11.9	14.3	16.7	19.1	21.1	23.1	25.3	27.5	29.7	31.8	33.8	35.9
f_t	0.91	1.10	1.27	1.43	1.57	1.71	1.80	1.89	1.96	2.04	2.09	2.14	2.18	2.22

3. 轴心抗拉强度标准值 f_{tk}

混凝土的轴心抗拉强度是确定混凝土抗裂度的重要指标，用 f_{tk} 表示。常用轴心抗拉试验或劈裂试验来测得混凝土的轴心抗拉强度，其值远小于混凝土的抗压强度，一般为其抗压强度的 1/9～1/18，且不与抗压强度成正比。

轴心抗拉强度标准值 f_{tk} 除以混凝土材料分项系数得到轴心抗拉强度设计值 f_t。

混凝土抗拉强度

混凝土轴心抗压强度标准值和轴心抗拉强度标准值见表 3-4、表 3-5。

■ **3.2.2　混凝土的变形**

1. 混凝土的弹性模量

由工程力学可知，材料的应力与应变关系是通过弹性模量反映的，弹性材料的弹性模量为常数。试验表明，混凝土的应力与应变的比值随着应力的变化而变化，即应力与应变的比值不是常数，混凝土强度等级越高，弹性模量越大，见表 3-6。

表 3-6　混凝土弹性模量　　　　　　　　　　　　　　　　　N/mm²

混凝土强度等级	C15	C20	C25	C30	C35	C40	C45	C50	C55	C60
E_c	2.20	2.55	2.80	3.00	3.15	3.25	3.35	3.45	3.55	3.60

2. 混凝土在长期荷载作用下的变形——徐变

混凝土在长期荷载作用下，应力不变，应变随时间的增加而增长的现象，称为混凝土的徐变。

混凝土的徐变开始时增长较快，随着时间的增加逐渐减慢。通常在最初 6 个月内可完成最终徐变量的 70%～80%，第一年内可完成 90% 左右，其余徐变在以后几年内逐渐完成，经过 2～5 年可以认为徐变基本结束。

混凝土的徐变对钢筋混凝土构件的内力分布及其受力性能都有影响。徐变会使钢筋与混凝土间产生应力重分布。例如，钢筋混凝土柱的徐变会使混凝土的应力减小、钢筋的应力增加；徐变会使受弯构件的受压区变形加大、挠度增加；徐变会使偏心受压构件的附加偏心距加大；对于预应力混凝土构件，徐变会产生预应力损失。以上是徐变的不利影响，但徐变也会缓和应力集中现象，降低温度应力，减少支座不均匀沉降引起的结构内力，延续收缩裂缝在受拉构件中的出现，这些又是对结构的有利方面。

影响徐变的因素很多，如受力大小、外部环境、内在因素等。荷载持续作用的时间越长，徐变也越大；混凝土的加载龄期越长，徐变增长越小。水胶比越大，徐变越大；水胶比不变的情况下，水泥用量越多，徐变也越大；混凝土中的骨料越坚硬，弹性模量越大，级配越好，徐变就越小。混凝土的制作、养护也都对徐变有影响。养护环境湿度越大，温度越高，徐变就越小；在使用期处于高温、干燥条件下，则构件的徐变将增大。构件的体积与其表面积之比越大，则徐变就越小。另外，在同等条件下，高强度混凝土的徐变要比普通混凝土的徐变小。

3. 混凝土的收缩、膨胀和温度变形

混凝土在空气中结硬时体积减小的现象称为收缩，混凝土在水中结硬时体积略有增大称为膨胀，但是膨胀值要比收缩值小很多，而且膨胀往往对结构受力有利，所以一般对膨胀可不予考虑。收缩和膨胀是混凝土在结硬过程中本身体积的变形，与荷载无关。

影响混凝土收缩的因素很多，就环境因素而言，凡是影响混凝土中水分保持的，都会影响混凝土的收缩。高温高湿蒸汽养护条件下收缩减少；当混凝土在较高气温下浇筑时，其表面水分容易蒸发而出现过大的收缩变形和过早的开裂，因此应注意混凝土的早期养护。构件的体表比直接涉及混凝土中水分蒸发的速度，体表比比值大，水分蒸发慢，收缩小。

混凝土的制作方法和组成也是影响收缩的重要因素。水泥强度高、水泥用量多、水胶比大，则收缩就大；骨料的弹性模量大、粒径大、所占体积比大，则收缩小；混凝土越密实，收缩越小。

当混凝土在构件中受到各种制约不能自由收缩时，将在混凝土中产生收缩拉应力，导致混凝土产生收缩裂缝，影响构件的耐久性、疲劳强度和外观，还会使预应力混凝土产生预应力损失。为了减少结构中的收缩应力，可设置伸缩缝，必要时也可使用膨胀水泥。在构件中设置构造钢筋，使收缩应力分布均匀，可避免产生集中的大裂缝。

3.2.3 混凝土耐久性规定

混凝土结构应符合有关耐久性规定，以保证其在化学的、生物的以及其他使结构材料性能恶化的各种侵蚀的作用下，达到预期的耐久年限。

结构的使用环境是影响混凝土结构耐久性的最重要的因素。使用环境类别按表 3-7 进行划分。影响混凝土结构耐久性的另一重要因素是混凝土的质量。控制水胶比，减小渗透性，提高混凝土的强度等级，增加混凝土的密实性，以及控制混凝土中氯离子和碱的含量等，对于混凝土的耐久性具有非常重要的作用。

表 3-7 混凝土结构的使用环境类别

环境类别	条件
一	室内干燥环境； 无侵蚀性静水浸没环境
二 a	室内潮湿环境； 非严寒和寒冷地区的露天环境； 非严寒和非寒冷地区与无侵蚀性的水或土壤直接接触的环境； 严寒和寒冷地区的冰冻线以下与无侵蚀性的水或土壤直接接触的环境
二 b	干湿交替环境； 水位频繁变动环境； 严寒和非寒冷地区的露天环境； 严寒和寒冷地区的冰冻线以上与无侵蚀性的水或土壤直接接触的环境
三 a	严寒和寒冷地区冬季水位冰冻区环境； 受除冰盐影响环境； 海风环境
三 b	盐渍土环境； 受除冰盐作用环境； 海岸环境
四	海水环境
五	受人为或自然的侵蚀性物质影响的环境

注：1. 室内潮湿环境是指构件表面经常处于结露或湿润状态的环境。
  2. 严寒和寒冷地区的划分应符合现行国家标准《民用建筑热工设计规范》(GB 50176—2016)的有关规定。
  3. 海岸环境和海风环境宜根据当地情况，考虑主导风向及结构所处迎风、背风部位等因素的影响，由调查研究和工程经验确定。
  4. 受除冰盐影响环境是指受到除冰盐盐雾影响的环境；受除冰盐作用环境是指被除冰盐溶液溅射的环境以及使用除冰盐地区的洗车房、停车楼等建筑。
  5. 暴露的环境是指混凝土结构表面所处的环境。

耐久性对混凝土质量的主要要求如下：

1. **设计使用年限为 50 年的一般结构混凝土**

对于设计使用年限为 50 年的一般结构，混凝土质量应符合表 3-8 的规定。

2. **设计使用年限为 100 年的结构混凝土**

一类环境中，设计使用年限为 100 年的结构混凝土应符合下列规定：

(1) 钢筋混凝土结构混凝土强度等级不应低于 C30；预应力混凝土结构混凝土的最低强度等级为 C40。

(2) 混凝土中氯离子含量不得超过水泥质量的 0.06%。

(3)宜使用非碱活性骨料；当使用碱活性骨料时，混凝土中的碱含量不得超过 3.0 kg/m³。

(4)混凝土保护层厚度应按相应的规定增加 40%；当采取有效的表面防护措施时，混凝土保护层厚度可适当减少。

对于设计使用年限为 100 年且处于二类和三类环境中的混凝土结构应采取专门有效的措施。

表 3-8 结构混凝土材料的耐久性基本要求

环境类别	最大水胶比	最低强度等级	最大氯离子含量/%	最大碱含量/(kg·m⁻³)
一	0.60	C20	0.30	不限制
二 a	0.55	C25	0.20	3.0
二 b	0.50(0.55)	C30(C25)	0.15	
三 a	0.45(0.50)	C35(C30)	0.15	
三 b	0.40	C40	0.10	

注：1. 氯离子含量是指其占胶凝材料总量的百分比。
2. 预应力构件混凝土中的最大氯离子含量为 0.06%；其最低混凝土强度等级宜按表中的规定提高两个等级。
3. 素混凝土构件的水胶比及最低强度等级的要求可适当放松。
4. 有可靠工程经验时，二类环境中的最低混凝土强度等级可降低一个等级。
5. 处于严寒和寒冷地区二 b、三 a 类环境中的混凝土应使用引气剂，并可采用括号中的有关参数。
6. 当使用非碱活性骨料时，对混凝土中的碱含量可不做限制。

3. 其他要求

预应力混凝土结构中的预应力钢筋应根据具体情况采取表面防护、孔道灌浆、加大混凝土保护层厚度等措施，外露的锚固端应采取封锚和混凝土表面处理等有效措施。

有抗渗要求的混凝土结构，混凝土的抗渗等级应符合有关标准的要求。

严寒及寒冷地区的潮湿环境中，结构混凝土应满足抗冻要求，混凝土抗冻等级应符合有关标准的要求。

处于二、三类环境中的悬臂构件宜采用悬臂梁-板的结构形式，或在其上表面增设防护层。

处于二、三类环境中的结构构件，其表面的预埋件、吊钩、连接件等金属部件应采取可靠的防锈措施，对于后张预应力混凝土外露金属锚具，其防护要求见《规范》第 10.3.13 条。

处在三类环境中的混凝土结构构件，可采用阻锈剂、环氧树脂涂层钢筋或其他具有耐腐蚀性能的钢筋、阴极保护措施或可更换的构件等措施。

3.3 砌体材料

砌体结构是由各种块体通过砂浆铺缝砌筑而成的结构，是砖砌体、砌块砌体、石砌体结构的统称。因过去大量应用砖砌体和石砌体，所以习惯上也称之为砖石结构。

3.3.1 块体材料

1. 砖

(1)烧结普通砖。以黏土、页岩、煤矸石或粉煤灰为主要原料,经过焙烧而成的实心或孔洞率不大于规定值且外形尺寸符合规定的砖,称为烧结普通砖。

实心黏土砖是世界上最古老的建筑材料之一,是应用最为广泛的烧结普通砖。它具有一定的强度并有隔热、隔声、耐久及价格低廉等特点,但因其施工机械化程度低,生产时要占用农田,能耗大,不利于环保,所以于2012年9月26日,国家发展和改革委员会宣布,我国将在"十二五"期间在上海等数百个城市和相关县城逐步限制使用黏土制品或禁用实心黏土砖。其他非黏土原料制成的砖的生产和推广应用,既可充分利用工业废料,又可保护农田,是墙体材料发展的方向。如烧结页岩砖、烧结煤矸石砖、烧结粉煤灰砖等。

我国烧结普通"标准砖"的统一规格尺寸为240 mm×115 mm×53 mm,重度为18~19 kN/m³。

(2)非烧结硅酸盐砖。以硅质材料和石灰为主要原料压制成型并经高压釜蒸汽养护而成的实心砖,统称为硅酸盐砖。常用的有蒸压灰砂砖、蒸压粉煤灰砖等。蒸压灰砂砖是以石灰和砂为主要原料,也可掺入着色剂或掺合料,经坯料制备、压制成型、蒸压养护而成的实心砖,简称灰砂砖。色泽一般为灰白色。蒸压粉煤灰砖又称烟灰砖,是以粉煤灰、石灰为主要原料,掺入适量石膏和骨料,经坯料制备、压制成型、高压蒸汽养护而成的实心砖。

硅酸盐砖规格尺寸与实心黏土砖相同,其抗冻性、长期强度稳定性以及防水性能等均不及黏土砖,当长期受热高于200 ℃以及冷热交替作用下或有酸性侵蚀时应避免采用。

(3)空心砖。空心砖分为烧结多孔砖和烧结空心砖两类。

1)烧结多孔砖是以黏土、页岩、煤矸石、粉煤灰为主要原料,经焙烧而成的孔洞率不小于25%,孔洞的尺寸小而数量多,使用时孔洞垂直于受压面,主要用于砌筑墙体的承重用砖。其优点是减轻墙体自重,改善保温隔热性能,节约原料和能源。与实心砖相比,多孔砖厚度较大,不仅能提高块体的抗弯、抗剪强度,还节省了砌筑砂浆量。多孔砖分为M型和P型,有以下三种型号:

①KM1:规格尺寸为190 mm×190 mm×90 mm,如图3-5(a)所示;
　　　配砖尺寸为190 mm×90 mm×90 mm,如图3-5(b)所示;
②KP1:规格尺寸为240 mm×115 mm×90 mm,如图3-5(c)所示;
③KP2:规格尺寸为240 mm×180 mm×115 mm,如图3-5(d)所示。

其中KP1、KP2可与标准砖共同使用。

2)烧结空心砖以黏土、页岩、煤矸石为主要原料,经焙烧而成,孔洞率不小于35%,孔洞的尺寸大而数量少,孔洞采用矩形条孔或其他孔形的水平孔,且平行于大面和条面,其规格和形状如图3-6所示。这种空心砖具有良好的隔热性能,自重较轻,主要用作框架填充墙或非承重隔墙。

实心砖的强度等级是根据标准试验方法测得的砖极限抗压强度值(MPa)来划分的。实心黏土砖和烧结多孔砖强度等级的划分除考虑抗压强度外,还应考虑其抗折强度指标。

烧结普通砖、烧结多孔砖分为MU30、MU25、MU20、MU15和MU10五个强度等级。蒸压灰砂砖、蒸压粉煤灰砖分为MU25、MU20、MU15和MU10四个强度等级。烧

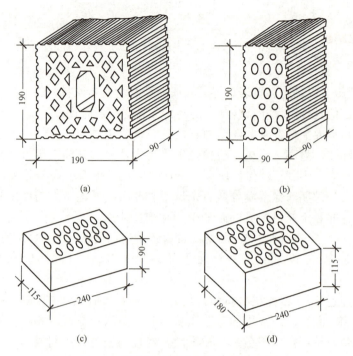

图 3-5 烧结多孔砖的规格和孔洞形式

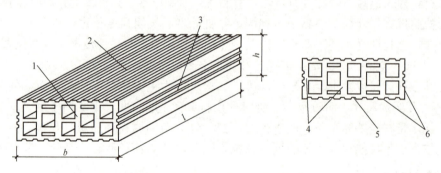

图 3-6 烧结空心砖的外形示意图
1—顶面；2—大面；3—条面；4—肋；5—凹线槽；6—外壁
l—长度；b—宽度；d—高度

结空心砖分为 MU10.0、MU7.5、MU5.0 和 MU3.5 四个强度等级。

2. 砌块

采用较大尺寸的砌块代替小块砖砌筑砌体，可减少劳动量并加快施工进度，是墙体材料改革的一个重要方向。砌块有混凝土空心砌块、加气混凝土砌块及硅酸盐实心砌块等。此外，还有以黏土、煤矸石等为原料，经焙烧而制成的烧结空心砌块。

(1) 混凝土空心砌块。混凝土空心砌块按尺寸大小可分为小、中、大三种规格，我国通常把砌块高度为 180～350 mm 的称为小型砌块，高度为 360～900 mm 的称为中型砌块，高度大于 900 mm 的称为大型砌块。目前，在承重墙体材料中使用最为普遍的是混凝土小型空心砌块，它是由普通混凝土或轻骨料混凝土制成的，主规格尺寸为 390 mm×190 mm×190 mm，空心率一般为 25%～50%，简称混凝土砌块或砌块。

(2)加气混凝土砌块。加气混凝土砌块是用加气混凝土或泡沫混凝土制成的，其堆积密度一般为 4~6 kN/m³，自重较轻，可按使用要求制成各种尺寸，并可在工地进行锯切。它广泛应用于工业与民用建筑的围护结构。

3. 石材

天然石材具有强度高和抗冻性能好等优点，故在有开采和加工条件的地区，常用于砌筑条形基础、承重墙及用作重要房屋的贴面装饰材料等。

天然石材根据其外形和加工精细程度可分为料石与毛石两类。

(1)料石。

1)细料石：通过精细加工，外形规则，表面平整，叠砌面凹入深度不大于 10 mm，截面的宽度、高度均不小于 200 mm，且不小于长度的 1/4。

2)半细料石：规格尺寸同细料石，外形规则，表面基本平整，叠砌面凹入深度不大于 15 mm。

3)粗料石：规格尺寸同细料石，外形规则，表面大致平整，凹入深度不大于 20 mm。

4)毛料石：外形大致方正，一般不做加工或仅稍做修整。高度不小于 200 mm，叠砌面凹入深度不大于 25 mm。

(2)毛石。毛石即形状不规则的石块，也称片石，中部厚度不小于 200 mm。

石材的强度等级是按标准的试验方法测得的立方体石块抗压强度划分的，可分为 MU100、MU80、MU60、MU50、MU40、MU30 和 MU20 七个强度等级。

■ 3.3.2 砌筑砂浆

1. 砂浆

砂浆是由胶凝材料、细骨料、掺合料和水按适当比例配制而成的。砂浆在砌体中的作用是使块体与砂浆接触表面产生黏结力和摩擦力，从而把散放的块体材料凝结成整体以承受荷载，并因抹平块体表面而使应力分布均匀。同时，砂浆填满了块体间的缝隙，减少了砌体的透气性，从而提高砌体的隔热、防水和抗冻性能。砌体对所用砂浆的要求主要是具有足够的强度、适当的可塑性(流动性)和保水性三方面。

砂浆按其所用胶凝材料主要分为水泥砂浆、混合砂浆和石灰砂浆三种。

(1)水泥砂浆。水泥砂浆是由水泥与砂加水按一定配合比拌和而成的不加塑性掺合料的纯水泥砂浆。这种砂浆强度较高，耐久性较好，但流动性和保水性较差。一般多用于含水量较大的地下砌体。

(2)混合砂浆。混合砂浆包括水泥石灰砂浆、水泥黏土砂浆等，是加有塑性掺合料的水泥砂浆。这种砂浆具有较高的强度，较好的耐久性、和易性、保水性，施工方便，质量容易保证，常用于地上砌体。

(3)石灰砂浆。石灰砂浆是由石灰与砂和水按一定的配合比拌和而成的。这种砂浆强度不高，耐久性差，不能用于地面以下或防潮层以下的砌体，一般用于受力不大的简易建筑或临时建筑。

2. 砂浆的强度等级

砂浆的强度等级是以边长为 70.7 mm 的标准立方体试块，在标准条件下养护 28 d，进行抗压试验，按规定方法计算得出的砂浆试块强度值。水泥砂浆及预拌砌筑砂浆的强度等级可分为 M5、M7.5、M10、M15、M20、M25、M30；水泥混合砂浆的强度等级可分为 M5、M7.5、M10、M15。另外，施工阶段尚未凝结或用冻结法施工解冻阶段的砂浆强度为零。

混凝土砌块砌筑砂浆是由水泥、砂、水、掺合料及外加剂等成分，按一定比例采用机械拌和制成，专门用于砌筑混凝土砌块的砌筑砂浆，简称砌块专用砂浆。混凝土砌块砌筑砂浆的强度等级用"Mb"表示。

3. 砌体对砂浆的基本要求

(1) 在强度及抵抗风雨侵蚀方面，砂浆应符合砌体强度及建筑物耐久性要求。

(2) 砂浆应保证在砌筑时能很容易且较均匀地铺开，以提高砌体强度和施工劳动效率，即具有良好的可塑性。

(3) 砂浆应具有足够的保水性，以保证其能正常凝结和发展强度。

砌体结构所用块体材料和砂浆，除考虑承载力要求外，还应根据建筑对耐久性、抗冻性的要求及建筑物全部或个别部位正常使用时的客观环境要求来决定。

本章小结

本章主要介绍了钢筋的分类和力学性能；混凝土的强度和变形；砌体材料的分类及砌筑砂浆。

复习思考题

1. 钢筋混凝土结构中常用钢筋有几种？说明各种钢筋的应用范围。
2. 什么叫作钢筋的伸长率？
3. 砌体结构材料中的块材和砂浆各有哪些种类？砌体结构设计中对块体和砂浆有何要求？
4. 砖砌体中砖和砂浆的强度等级是如何确定的？
5. 砌体有哪几类？目前本地区工程中最常用的砌体有哪些？
6. 钢筋按力学基本性能可分为几种类型？应力-应变曲线各有什么特征？
7. 什么是屈服强度？为什么钢筋混凝土结构设计时把钢筋的屈服强度作为钢筋强度的计算指标？
8. 混凝土的强度指标有哪些？
9. 何谓混凝土的徐变？影响徐变的因素有哪些？
10. 什么是混凝土的温度变形和干缩变形？如何减小混凝土构件中的收缩裂缝？
11. 砌体中的砂浆有哪几类？其作用和适用环境是什么？

第4章 钢筋混凝土受弯构件

内容提要

截面上有弯矩和剪力共同作用,而轴力可以忽略不计的构件称为受弯构件。梁和板是建筑工程中典型的受弯构件,也是应用最广泛的构件。钢筋混凝土梁、板可分为预制梁板和现浇梁板两大类。

本章主要讨论受弯构件的构造要求,受弯构件的正截面承载力计算、斜截面的破坏特征及承载力计算方法。

知识掌握目标

1. 掌握受弯构件的构造要求;
2. 掌握单筋矩形、T形截面受弯构件正截面承载力计算;
3. 熟悉单筋矩形、T形截面受弯构件斜截面承载力计算;
4. 了解双筋矩形截面受弯构件的概念及计算方法。

4.1 受弯构件的构造要求

4.1.1 截面形式及尺寸

梁的截面形式主要有单筋矩形、T形、倒T形、L形、I形、十字形、花篮形等,如图4-1所示。其中,矩形截面由于构造简单、施工方便而被广泛应用。T形截面虽然构造较矩形截面复杂,但受力较为合理,因而应用也较多。

板的截面形式一般为矩形板、空心板、槽形板等,如图4-2所示。

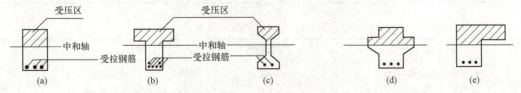

图4-1 梁的截面形式
(a)单筋矩形梁;(b)T形梁;(c)I字形梁;(d)花篮形梁;(e)倒T形梁

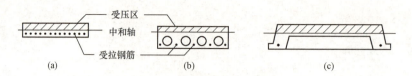

图 4-2　板的截面形式
(a)矩形板；(b)空心板；(c)槽形板

梁、板的截面尺寸必须满足承载力、刚度和裂缝控制要求，同时还应利于模板定型化。按刚度要求，根据经验，梁、板的高跨比不宜小于表 4-1 所列的数值。

从利用模板定型化考虑，梁的截面高度 h 一般可取 250 mm、300 mm、…、800 mm、900 mm、1 000 mm 等，$h \leqslant 800$ mm 时取 50 mm 的倍数，$h > 800$ mm 时取 100 mm 的倍数；矩形截面宽度和 T 形截面的肋宽 b 宜采用 100 mm、120 mm、150 mm、180 mm、200 mm、220 mm、250 mm，大于 250 mm 时取 50 mm 的倍数。梁适宜的截面高宽比 h/b，矩形截面为 2～3.5，T 形截面为 2.5～4。

按构造要求，现浇板的厚度不应小于表 4-2 的数值。现浇板的厚度一般取为 10 mm 的倍数，工程中现浇板的常用厚度为 60 mm、70 mm、80 mm、100 mm、120 mm。

表 4-1　梁、板截面高跨比 h/l_0 参考值

	构件种类		h/l_0
梁	整体肋形梁	主梁 简支梁	1/12
		主梁 连续梁	1/15
		主梁 悬臂梁	1/6
		次梁 简支梁	1/20
		次梁 连续梁	1/25
		次梁 悬臂梁	1/8
	矩形截面独立梁	简支梁	1/12
		连续梁	1/15
		悬臂梁	1/6
板	单向板		1/35～1/40
	双向板		1/40～1/50
	悬臂板		1/10～1/12
	无梁楼板	有柱帽	1/32～1/40
		无柱帽	1/30～1/35

注：表中 l_0 为梁的计算跨度。当梁的 $l_0 \geqslant 9$ m 时，表中数值宜乘以 1.2。

表 4-2　现浇板的最小厚度　　　　　　　　　　　　　　mm

单向板				双向板	密肋楼盖		悬臂板		无梁楼板	现浇空心楼盖
屋面板	民用建筑楼板	工业建筑楼板	行车道下楼板		面板	肋高	悬臂长度 ≤500 mm	悬臂长度 1 200 mm		
60	60	70	80	80	50	250	60	100	150	100

4.1.2 梁、板的配筋

1. 梁的配筋

梁中通常配置纵向受力钢筋、弯起钢筋、箍筋、架立钢筋等，构成钢筋骨架(图4-3)，有时还配置纵向构造钢筋及相应的拉筋等。

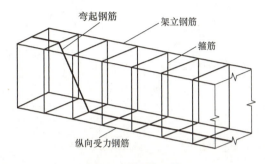

图 4-3 梁的配筋

(1)纵向受力钢筋。根据纵向受力钢筋配置的不同，受弯构件分为单筋截面和双筋截面两种。前者指只在受拉区配置纵向受力钢筋的受弯构件；后者指同时在梁的受拉区和受压区配置纵向受力钢筋的受弯构件。配置在受拉区的纵向受力钢筋主要用来承受由弯矩在梁内产生的拉力，配置在受压区的纵向受力钢筋则是用来补充混凝土受压能力的不足。由于双筋截面利用钢筋来协助混凝土承受压力一般不经济，因此，实际工程中双筋截面梁一般只在有特殊需要时采用。

梁纵向受力钢筋的直径应当适中，太粗不便于加工，与混凝土的黏结力也差；太细则根数增加，在截面内不好布置，甚至降低受弯承载力。梁纵向受力钢筋的常用直径为12～25 mm。当$h<300$ mm 时，$d \geqslant 8$ mm；当$h \geqslant 300$ mm 时，$d \geqslant 10$ mm。一根梁中同一种受力钢筋最好为同一种直径；当钢筋有两种直径时，其直径相差不应小于2 mm，以便施工时辨别。梁中受拉钢筋的根数不应少于2根，最好不少于3～4根。纵向受力钢筋应尽量布置成一层。当一层排不下时，可布置成两层，但应尽量避免出现两层以上的受力钢筋，影响截面受弯承载力。

为了保证钢筋周围的混凝土浇筑密实，避免钢筋锈蚀而影响结构的耐久性，梁的纵向受力钢筋间必须留有足够的净间距，如图4-4所示。当梁的下部纵向受力钢筋配置多于两层时，两层以上钢筋水平方向的中距应比下面两层的中距增大一倍。

(2)架立钢筋。架立钢筋设置在受压区外缘两侧，并平行于纵向受力钢筋。其作用为：一是固定箍筋位置以形成梁的钢筋骨架；二是承受因温度变化和混凝土收缩而产生的拉应力，防止发生裂缝。受压区配置的纵向受压钢筋可兼作架立钢筋。

架立钢筋的直径与梁的跨度有关，其最小直径不宜小于表4-3所列数值。

表4-3 架立钢筋的最小直径

梁跨/m	<4	4～6	>6
架立钢筋最小直径/mm	8	10	12

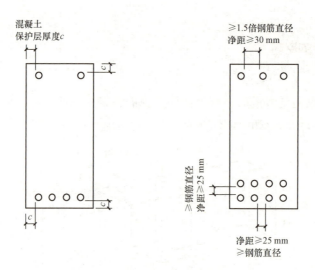

图 4-4　纵向受力钢筋的排列

(3)弯起钢筋。弯起钢筋在跨中是纵向受力钢筋的一部分,在靠近支座的弯起段弯矩较小处则用来承受弯矩和剪力共同产生的主拉应力,即作为受剪钢筋的一部分。钢筋的弯起角度一般为 45°,梁高 $h>800$ mm 时可采用 60°。当按计算需设弯起钢筋时,前一排(对支座而言)弯起钢筋的弯起点至后一排的弯终点的距离不应大于表 4-4 中 $V>0.7f_tbh_0$ 栏的规定。实际工程中第一排弯起钢筋的弯终点距支座边缘的距离通常取 50 mm,如图 4-5 所示。

表 4-4　梁中箍筋和弯起钢筋的最大间距 S_{max}　　　　　　　　　　　　mm

梁高 h/mm	$V>0.7f_tbh_0$	$V \leqslant 0.7f_tbh_0$
$150<h \leqslant 300$	150	200
$300<h \leqslant 500$	200	300
$500<h \leqslant 800$	250	350
$h>800$	300	400

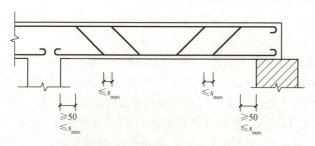

图 4-5　弯起钢筋的布置

(4)箍筋。箍筋应根据计算确定。按计算不需要箍筋的梁,当梁的截面高度 $h>300$ mm,应沿梁全长按构造配置箍筋;当 $h=150\sim300$ mm 时,可仅在梁的端部各 1/4 跨度范围内设置箍筋,但当梁的中部 1/2 跨度范围内有集中荷载作用时,仍应沿梁的全长设置箍筋;若 $h<150$ mm,可不设箍筋。

梁内箍筋宜采用 HPB300、HRB335、HRB400 级钢筋。当梁截面高度 $h \leqslant 800$ mm 时,

箍筋直径不宜小于 6 mm；当 $h>800$ mm 时，箍筋直径不宜小于 8 mm。当梁中配有计算需要的纵向受压钢筋时，箍筋直径还不应小于纵向受压钢筋最大直径的 1/4。为了便于加工，箍筋直径一般不宜大于 12 mm。箍筋的常用直径为 6 mm、8 mm、10 mm。

箍筋的最大间距应符合表 4-4 的规定。当梁中配有计算需要的纵向受压钢筋时，箍筋的间距不应大于 $15d$（d 为纵向受压钢筋的最小直径），同时不应大于 400 mm；当一层内的纵向受压钢筋多于 5 根且直径大于 18 mm 时，箍筋间距不应大于 $10d$。

箍筋的形式可分为开口式和封闭式两种，如图 4-6 所示。除无振动荷载且计算不需要配置纵向受压钢筋的现浇 T 形梁的跨中部分可用开口箍筋外，均应采用封闭式箍筋。箍筋肢数：当梁的宽度 $b\leqslant150$ mm 时，可采用单肢；当 $b\leqslant400$ mm 且一层内的纵向受压钢筋不多于 4 根时，可采用双肢箍筋；当 $b>400$ mm 且一层内的纵向受压钢筋多于 3 根，或当梁的宽度不大于 400 mm 但一层内的纵向受压钢筋多于 4 根时，应设置复合箍筋。

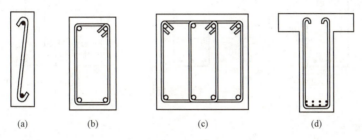

图 4-6 箍筋形式

梁支座处的箍筋一般从梁边（或墙边）50 mm 处开始设置。支承在砌体结构上的独立梁，在纵向受力钢筋的锚固长度 l_{as} 范围内应配置两道箍筋，其直径不宜小于纵向受力钢筋最大直径的 0.25 倍，间距不宜大于纵向受力钢筋最小直径的 10 倍。当梁与钢筋混凝土梁或柱整体连接时，支座内可不设置箍筋，如图 4-7 所示。应当注意，箍筋是受拉钢筋，必须有良好的锚固，其端部应采用 135°弯钩，弯钩端头直段长度不小于 50 mm，且不小于 $5d$。

(5)纵向构造钢筋及拉筋。当梁的截面高度较大时，为了防止在梁的侧面产生垂直于梁轴线的收缩裂缝，同时也为了增强钢筋骨架的刚度，增强梁的抗扭作用，当梁的腹板高度 $h_w\geqslant450$ mm 时，应在梁的两个侧面沿高度配置纵向构造钢筋（也称腰筋），并用拉筋固定，如图 4-8 所示。每侧纵向构造钢筋（不包括梁的受力钢筋和架立钢筋）的截面面积不应小于腹板截面面积 bh_w 的 0.1%，且其间距不宜大于 200 mm。此处 bh_w 的取值为：矩形截面取截面有效高度，T 形截面取有效高度减去翼缘高度，I 形截面取腹板净高，如图 4-9 所示。纵向构造钢筋一般不必做弯钩。拉筋直径一般与箍筋相同，间距常取箍筋间距的两倍。

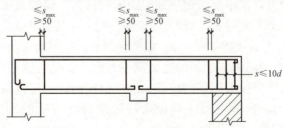

图 4-7 箍筋布置图

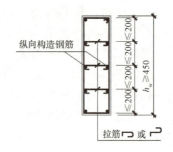

图 4-8 腰筋和拉筋

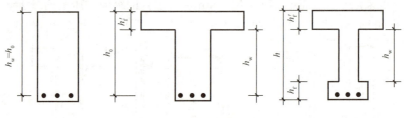

图 4-9 腹板高度的取值

2. 板的配筋

板通常只配置纵向受力钢筋和分布钢筋,如图 4-10 所示。

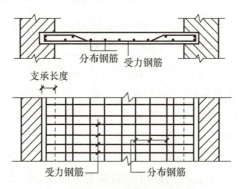

图 4-10 板的配筋

(1)受力钢筋。梁式板的受力钢筋沿板的传力方向布置在截面受拉一侧,用来承受弯矩产生的拉力。板的纵向受力钢筋的常用直径为 6 mm、8 mm、10 mm、12 mm。

为了正常地分担内力,板中受力钢筋的间距不宜过大,但为了绑扎方便和保证浇捣质量,板的受力钢筋间距也不宜过密。当 $h \leqslant 150$ mm 时,不宜大于 200 mm;当 $h > 150$ mm 时,不宜大于 $1.5h$,且不宜大于 250 mm。板的受力钢筋间距通常不宜小于 70 mm。

(2)分布钢筋。分布钢筋垂直于板的受力钢筋方向,在受力钢筋内侧按构造要求配置。分布钢筋的作用:一是固定受力钢筋的位置,形成钢筋网;二是将板上荷载有效地传到受力钢筋上去;三是防止温度或混凝土收缩等原因沿跨度方向的裂缝。分布钢筋宜采用 HPB300、HRB335 级钢筋,常用直径为 6 mm、8 mm。梁式板中单位长度上分布钢筋的截面面积不宜小于单位宽度上受力钢筋截面面积的 15%,且不宜小于该方向板截面面积的

0.15%。分布钢筋的直径不宜小于 6 mm，间距不宜大于 250 mm；当集中荷载较大时，分布钢筋截面面积应适当增加，间距不宜大于 200 mm。分布钢筋应沿受力钢筋直线段均匀布置，并且受力钢筋所有转折处的内侧也应配置，如图 4-11 所示。

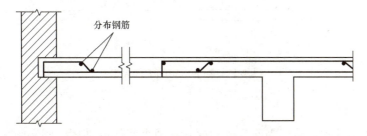

图 4-11 受力钢筋所有转折处分布钢筋的布置

4.1.3 混凝土保护层厚度

最外层钢筋外边缘至混凝土表面的距离称为钢筋的混凝土保护层厚度。其主要作用：一是保护钢筋不致锈蚀，保证结构的耐久性；二是保证钢筋与混凝土间的黏结；三是在火灾等情况下，避免钢筋过早软化。

纵向受力钢筋的混凝土保护层厚度不应小于钢筋的公称直径，并符合表 4-5 的规定。

表 4-5 混凝土保护层最小厚度　　　　　　　　　　　　　　　　　　　　　mm

环境类别	板、墙、壳	梁、柱、杆
一	15	20
二 a	20	25
二 b	25	35
三 a	30	40
三 b	40	50

注：1. 混凝土强度等级不大于 C25 时，表中保护层厚度数值应增加 5 mm。
　　2. 钢筋混凝土基础宜设置混凝土垫层，基础中钢筋的混凝土保护层厚度应从垫层顶面算起，且不应小于 40 mm

4.1.4 钢筋的弯钩、锚固和连接

在结构设计中，常要在材料选用和构造方面采取一些措施，以使钢筋和混凝土之间具有足够的黏结力，确保钢筋与混凝土能共同工作。材料措施包括选择适当的混凝土强度等级、采用黏结强度较高的变形钢筋等。构造措施包括保证足够的混凝土保护层厚度和钢筋间距、保证受力钢筋有足够的锚固长度、光圆钢筋端部设置弯钩、绑扎钢筋的接头保证足够的搭接长度并且在搭接范围内加密箍筋等。

1. 钢筋的弯钩

为了增加钢筋在混凝土内的抗滑移能力和钢筋端部的锚固作用，绑扎钢筋骨架中的受拉光圆钢筋末端应做弯钩。标准弯钩的构造要求如图 4-12 所示。

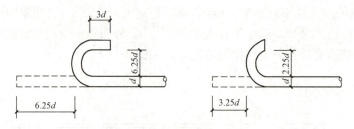

图 4-12 标准弯钩的构造要求

2. 钢筋的锚固

钢筋混凝土构件中，某根钢筋若要发挥其在某个截面的强度，则必须从该截面向前延伸一个长度，以借助该长度上钢筋与混凝土的黏结力把钢筋锚固在混凝土中，这一长度称为锚固长度。钢筋的锚固长度取决于钢筋强度及混凝土强度，并与钢筋外形有关。它根据钢筋应力达到屈服强度时钢筋才被拔动的条件确定。

(1)当计算中充分利用钢筋的抗拉强度时，普通受拉钢筋的锚固长度 l_a 按下式计算：

$$l_a = \alpha \frac{f_y}{f_t} d \tag{4-1}$$

式中 l_a——受拉钢筋的基本锚固长度；

f_y——普通钢筋、预应力钢筋的抗拉强度设计值；

f_t——混凝土轴心抗拉强度设计值，当混凝土强度等级高于 C40 时，按 C40 取值；

d——钢筋的公称直径；

α——锚固钢筋的外形系数，按表 4-6 采用。

表 4-6 锚固钢筋的外形系数 α

钢筋类型	光圆钢筋	带肋钢筋	螺旋肋钢丝	三股钢绞线	七股钢绞线
α	0.16	0.14	0.13	0.16	0.17

按式(4-1)计算的锚固长度应按下列规定进行修正，但经修正后的锚固长度不应小于计算值的 0.7 倍，且不应小于 250 mm：

1)对 HRB335、HRB400 和 RRB400 级钢筋，当直径大于 25 mm 时乘以系数 1.1，在锚固区的混凝土保护层厚度大于钢筋直径的 3 倍且配有箍筋时乘以系数 0.8；

2)对 HRB335、HRB400 和 RRB400 级的环氧树脂钢筋乘以系数 1.25；

3)当钢筋在混凝土施工中易受扰动(如滑模施工)时乘以系数 1.1；

4)除构造需要的锚固长度外，当纵向受力钢筋的实际配筋面积大于其设计计算面积时，如有充分依据和可靠措施，其锚固长度可乘以设计计算面积与实际配筋面积的比值(有抗震设防要求及直接承受动力荷载的构件除外)。

当 HRB335、HRB400 和 RRB400 级纵向受拉钢筋末端采用机械锚固措施(图 4-13)时，包括附加锚固端头在内的锚固长度可取为按式(4-1)计算的锚固长度的 0.7 倍。

(2)当计算中充分利用钢筋的抗压强度时，其锚固长度不应小于式(4-1)计算的锚固长度的 0.7 倍。按上述规定计算的纵向受拉、受压钢筋的最小锚固长度见表 4-7。

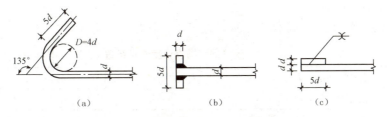

图 4-13　钢筋机械锚固的形式及构造要求
(a)末端带 135°弯钩；(b)末端与钢板穿孔塞焊；(c)末端与短钢筋双面贴焊

表 4-7　钢筋的最小锚固长度　　　　　　　　　　　　　　　　　　　mm

序号	混凝土强度等级	C15		C20		C25		C30		C35		≥C40	
	钢筋直径 d/mm	≤25	>25	≤25	>25	≤25	>25	≤25	>25	≤25	>25	≤25	>25
1	钢筋种类 HPB300	$\frac{37d}{26d}$		$\frac{34d}{22d}$		$\frac{27d}{19d}$		$\frac{24d}{17d}$		$\frac{22d}{15d}$		$\frac{20d}{14d}$	
2	HRB335	—		$\frac{38d}{27d}$	$\frac{42d}{30d}$	$\frac{33d}{23d}$	$\frac{37d}{26d}$	$\frac{30d}{21d}$	$\frac{32d}{23d}$	$\frac{27d}{19d}$	$\frac{30d}{21d}$	$\frac{25d}{17d}$	$\frac{27d}{19d}$
3	HRB400 RRB400	—		$\frac{46d}{32d}$	$\frac{51d}{36d}$	$\frac{40d}{28d}$	$\frac{44d}{31d}$	$\frac{36d}{25d}$	$\frac{39d}{27d}$	$\frac{32d}{23d}$	$\frac{36d}{25d}$	$\frac{30d}{21d}$	$\frac{33d}{23d}$

3. 钢筋的连接

钢厂生产的热轧钢筋，直径较细时采用盘条供货，直径较粗时采用直条供货。盘条钢筋长度较长，连接较少，而直条钢筋长度有限（一般为 9～15 m），施工中常需连接。当需要采用施工缝或后浇带等构造措施时，也需要连接。

钢筋的连接形式分为两类：绑扎搭接；机械连接或焊接。《规范》规定，轴心受拉及小偏心受拉构件的纵向受力钢筋不得采用绑扎搭接；直径大于 25 mm 的受拉钢筋及直径大于 28 mm 的受压钢筋不宜采用绑扎搭接接头。

钢筋连接的原则是：接头应设置在受力较小处，同一根钢筋上应尽量少设接头；机械连接接头能产生较牢固的连接力，所以应优先采用机械连接。

(1) 绑扎搭接接头。绑扎搭接接头的工作原理是，通过钢筋与混凝土之间的黏结强度来传递钢筋的内力。因此，绑扎搭接接头必须保证足够的搭接长度，而且光圆钢筋的端部还需做弯钩(图 4-14)。

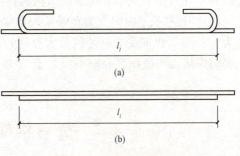

图 4-14　钢筋绑扎搭接接头
(a)光圆钢筋；(b)带肋钢筋

纵向受拉钢筋绑扎搭接接头的搭接长度 l_l 应根据位于同一连接区段内的钢筋搭接接头面积百分率按下式计算，且在任何情况下均不应小于 300 mm：

$$l_l = \zeta l_a \geq 300 \text{ mm} \quad (4-2)$$

式中 l_a——受拉钢筋的锚固长度；

ζ——受拉钢筋搭接长度修正系数，按表 4-8 采用。

表 4-8 受拉钢筋搭接长度修正系数

同一连接区段搭接钢筋面积百分率/%	≤25	50	100
搭接长度修正系数 ζ	1.2	1.4	1.6

纵向受压钢筋采用搭接连接时，其受压搭接长度不应小于按式(4-2)计算的受拉搭接长度的 0.7 倍，且在任何情况下均不应小于 200 mm。

钢筋绑扎搭接接头连接区段的长度为 1.3 倍搭接长度，凡搭接接头中点位于该长度范围内的搭接接头均属于同一连接区段（图 4-15）。位于同一连接区段内的受拉钢筋搭接接头面积百分率（即有接头

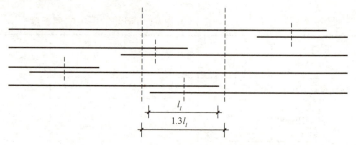

图 4-15 同一连接区段内的受拉钢筋搭接接头

的纵向受力钢筋截面面积占全部纵向受力钢筋截面面积的百分率），对于梁类、板类和墙类构件，不宜大于 25%；对于柱类构件，不宜大于 50%。当工程中确有必要增大受拉钢筋搭接接头面积百分率时，对于梁类构件，不应大于 50%；对于板类、墙类及柱类构件，可根据实际情况放宽。

同一构件中相邻纵向的绑扎搭接接头宜相互错开。在纵向受力钢筋搭接长度范围内应配置箍筋，其直径不应小于搭接钢筋较大直径的 0.25 倍。当钢筋受拉时，箍筋间距 s 不应大于搭接钢筋较小直径的 5 倍，且不应大于 100 mm；当钢筋受压时，箍筋间距 s 不应大于搭接钢筋较小直径的 10 倍，且不应大于 200 mm。当受压钢筋直径大于 25 mm 时，还应在搭接接头两个端面外 100 mm 范围内各设置两个箍筋。

(2)机械连接接头。纵向受力钢筋机械连接接头宜相互错开。钢筋机械连接接头连接区段的长度为 $35d$（d 为纵向受力钢筋的较大直径）。在受力较大处设置机械连接接头时，位于同一连接区段内纵向受拉钢筋机械连接接头面积百分率不宜大于 50%，纵向受压钢筋可不受限制；在直接承受动力荷载的结构构件中不应大于 50%。

(3)焊接接头。纵向受力钢筋的焊接接头应相互错开。钢筋机械连接接头连接区段的长度为 $35d$（d 为纵向受力钢筋的较大直径）且不小于 500 mm。位于同一连接区段内纵向受拉钢筋的焊接接头面积百分率不应大于 50%，纵向受压钢筋可不受限制。

4.2 受弯构件正截面承载力计算

钢筋混凝土受弯构件通常承受弯矩和剪力共同作用，其破坏有两种可能：一种是由弯矩引起的，破坏截面与构件的纵轴线垂直，称为沿正截面破坏；另一种是由弯矩和剪力共

同作用引起的,破坏截面是倾斜的,称为沿斜截面破坏。所以,设计受弯构件时,需进行正截面承载力和斜截面承载力计算。

4.2.1 单筋矩形截面

1. 单筋截面受弯构件沿正截面的破坏特征

钢筋混凝土受弯构件正截面的破坏形式与钢筋和混凝土的强度以及纵向受拉钢筋配筋率 ρ 有关。ρ 用纵向受拉钢筋的截面面积与正截面的有效面积的比值来表示,即 $\rho = \dfrac{A_s}{bh_0}$,其中 A_s 为受拉钢筋截面面积;b 为梁的截面宽度;h_0 为梁的截面有效高度。

适筋破坏

根据梁纵向钢筋配筋率的不同,钢筋混凝土梁可分为适筋梁、超筋梁和少筋梁三种类型,不同类型梁的破坏特征不同。

(1)适筋梁。配置适量纵向受力钢筋的梁称为适筋梁。

适筋梁从开始加载到完全破坏,其应力变化经历了三个阶段,如图 4-16 所示。

图 4-16 适筋梁工作的三个阶段

第Ⅰ阶段(弹性工作阶段):荷载很小时,混凝土的压应力及拉应力都很小,应力和应变几乎呈直线关系,如图 4-16(a)所示。

当弯矩增大时,受拉区混凝土表现出明显的塑性特征,应力和应变不再呈直线关系,应力分布呈曲线。当受拉边缘纤维的应变达到混凝土的极限拉应变 ε_{tu} 时,截面处于将裂未裂的极限状态,即第Ⅰ阶段末,用Ⅰ$_a$ 表示,此时截面所能承担的弯矩称抗裂弯矩 M_{cr},如图 4-16(b)所示。Ⅰ$_a$ 阶段的应力状态是抗裂验算的依据。

第Ⅱ阶段(带裂缝工作阶段):当弯矩继续增加时,受拉区混凝土的拉应变超过其极限拉应变 ε_{tu},受拉区出现裂缝,截面即进入第Ⅱ阶段。裂缝出现后,在裂缝截面处,受拉区混凝土大部分退出工作,拉力几乎全部由受拉钢筋承担。随着弯矩的不断增加,裂缝逐渐向上扩展,中性轴逐渐上移,受压区混凝土呈现出一定的塑性特征,应力图形呈曲线形,如图 4-16(c)所示。当弯矩继续增加,钢筋应力达到屈服强度 f_y,这时截面所能承担的弯矩称为屈服弯矩 M_y。它标志着截面进入第Ⅱ阶段末,以Ⅱ$_a$ 表示,如图 4-16(d)所示。第Ⅱ阶段的应力状态是裂缝宽度和变形验算的依据。

第Ⅲ阶段(破坏阶段):弯矩继续增加,受拉钢筋的应力保持屈服强度不变,钢筋的应变迅速增大,促使受拉区混凝土的裂缝迅速向上扩展,受压区混凝土的塑性特征表现得更加充分,压应力呈显著曲线分布[图 4-16(e)]。到本阶段末(即Ⅲ$_a$阶段),受压边缘混凝土压应变达到极限压应变,受压区混凝土产生近乎水平的裂缝,混凝土被压碎,甚至崩脱[图 4-17(a)],截面宣告破坏,此时截面所承担的弯矩即为破坏弯矩 M_u。Ⅲ$_a$阶段的应力状态是构件承载力计算的依据[图 4-16(f)]。

由上述可知,适筋梁的破坏始于受拉钢筋屈服。从受拉钢筋屈服到受压区混凝土被压碎(即弯矩由 M_y 增大到 M_u),需要经历较长的过程。由于钢筋屈服后产生很大的塑性变形,使裂缝急剧开展和挠度急剧增大,给人以明显的破坏预兆,这种破坏称为延性破坏。适筋梁的材料强度能得到充分发挥。

(2)超筋梁。纵向受力钢筋配筋率大于最大配筋率的梁称为超筋梁。这种梁由于纵向钢筋配置过多,受压区混凝土在钢筋屈服前即达到极限压应变被压碎而破坏。破坏时的钢筋应力还未达到屈服强度,因而裂缝宽度均较小,且形不成一条开展宽度较大的主裂缝[图 4-17(b)],梁的挠度也较小。这种单纯因混凝土被压碎而引起的破坏,发生时没有明显的预兆,属于脆性破坏。实际工程中不应采用超筋梁。

(3)少筋梁。配筋率小于最小配筋率的梁称为少筋梁。这种梁破坏时,裂缝往往集中出现一条,不但开展宽度大,而且沿梁高延伸较大。一旦出现裂缝,钢筋的应力就会迅速增大并超过屈服强度而进入强化阶段,甚至被拉断。在此过程中,裂缝迅速开展,构件严重向下挠曲,最后因裂缝过宽、变形过大而丧失承载力,甚至被折断,如图 4-17(c)所示。这种破坏也是突然的,没有明显预兆,属于脆性破坏。实际工程中不应采用少筋梁。

超筋破坏

少筋破坏

图 4-17 梁的正截面破坏
(a)适筋梁;(b)超筋梁;(c)少筋梁

2. 单筋矩形截面受弯构件正截面承载力计算

(1) 基本计算假定。如前所述，钢筋混凝土受弯构件正截面承载力计算以适筋梁Ⅲ$_a$阶段的应力状态为依据。为便于建立基本公式，现做如下假定：

1) 构件正截面弯曲变形后仍保持一平面，即在三个阶段中，截面上的应变沿截面高度为线性分布。这一假定称为平截面假定。由实测结果可知，混凝土受压区的应变基本呈线性分布，受拉区的平均应变大体也符合平截面假定。

2) 钢筋的应力 σ_s 等于钢筋的应变 ε_s 与其弹性模量 E_s 的乘积，但不得大于其强度设计值 a'_s，即 $\sigma_s = A_s \leqslant f_y$。

3) 不考虑截面受拉区混凝土的抗拉强度。

4) 受压混凝土采用理想化的应力-应变关系（图4-18），当混凝土强度等级为C50及以下时，混凝土极限压应变 $\varepsilon_{cu} = 0.0033$。

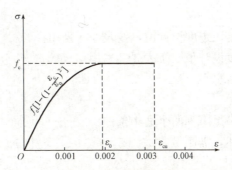

图 4-18　受压混凝土采用理想化的应力-应变关系

(2) 基本公式及其适用条件。为便于建立基本公式，适筋梁Ⅲ$_a$阶段的应力图形可简化为图4-19(b)所示的曲线应力图，其中 x_n 为实际混凝土受压区高度。为进一步简化计算，按照受压区混凝土的合力大小不变、受压区混凝土的合力作用点不变的原则，将其简化为图4-19(c)所示的等效矩形应力图。等效矩形应力图的混凝土受压区高度 $x = \beta_1 x_n$，等效矩形应力图的应力值为 $\alpha_1 f_c$，其中 f_c 为混凝土轴心抗压强度设计值，β_1 为等效矩形应力图受压区高度与中性轴高度的比值，α_1 为受压区混凝土等效矩形应力图的应力值与混凝土轴心抗压强度设计值的比值，β_1、α_1 的值见表4-9。

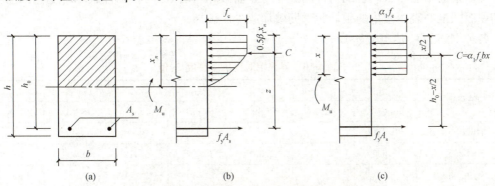

图 4-19　适筋梁Ⅲ$_a$阶段截面应力分布图

(a) 应变分布图；(b) 曲线应力图；(c) 等效矩形应力图

表 4-9 β_1、α_1 值

混凝土强度等级	≤C50	C55	C60	C65	C70	C75	C80
β_1	0.8	0.79	0.78	0.77	0.76	0.75	0.74
α_1	1.0	0.99	0.98	0.97	0.96	0.95	0.94

由图 4-19(c) 所示等效矩形应力图,根据静力平衡条件,可得出单筋矩形截面梁正截面承载力计算的基本公式:

$$\alpha_1 f_c bx = f_y A_s \tag{4-3}$$

$$M \leqslant \alpha_1 f_c bx \left(h_0 - \frac{x}{2}\right) \tag{4-4}$$

或

$$M \leqslant A_s f_y \left(h_0 - \frac{x}{2}\right) \tag{4-5}$$

式中 M——弯矩设计值;

f_c——混凝土轴心抗压强度设计值,按表 3-5 采用;

f_y——钢筋抗拉强度设计值,按表 3-2 采用;

x——混凝土受压区高度。

其余符号意义同前。

式(4-3)~式(4-5)应满足下列两个适用条件:

1)为防止发生超筋破坏,需满足 $\xi \leqslant \xi_b$ 或 $x \leqslant \xi_b h_0$,其中 ξ、ξ_b 分别称为相对受压区高度和界限相对受压区高度;

2)为防止发生少筋破坏,应满足 $\rho \geqslant \rho_{min}$ 或 $A_s \geqslant \rho_{min} bh$,其中 ρ_{min} 为截面最小配筋率。

下面讨论 ξ_b 和 ρ_{min}。

比较适筋梁和超筋梁的破坏,前者始于受拉钢筋屈服,后者始于受压区混凝土被压碎。理论上,二者间存在一种界限状态,即所谓界限破坏。这种状态下,受拉钢筋达到屈服强度和受压区混凝土边缘达到极限压应变是同时发生的。我们将受弯构件等效矩形应力图的混凝土受压区高度 x 与截面有效高度 h_0 之比称为相对受压区高度,用 ξ 表示,即 $\xi = x/h_0$。适筋梁界限破坏时等效受压区高度与截面有效高度之比称为界限相对受压区高度,用 ξ_b 表示。ξ_b 值是用来衡量构件破坏时钢筋强度能否被充分利用的一个特征值。若 $\xi > \xi_b$,构件破坏时受拉钢筋不能屈服,表明构件的破坏为超筋破坏;若 $\xi \leqslant \xi_b$,构件破坏时受拉钢筋已经达到屈服强度,表明发生的破坏为适筋破坏或少筋破坏。

各种钢筋的 ξ_b 值见表 4-10。

表 4-10 界限相对受压区高度 ξ_b 值

钢筋级别	ξ_b						
	≤C50	C55	C60	C65	C70	C75	C80
HPB300	0.614	—	—	—	—	—	—
HRB335	0.550	0.541	0.531	0.522	0.512	0.503	0.493
HRB400 RRB400	0.518	0.508	0.499	0.490	0.481	0.472	0.463

注:表中"—"表示高强度混凝土不宜配置低强度钢筋

在式(4-4)中，取 $x=\xi_b h_0$，即得到单筋矩形截面所能承受的最大弯矩的表达式

$$M_{u,\max}=\alpha_1 f_c b h_0^2 \xi_b(1-0.5\xi_b) \tag{4-6}$$

少筋破坏的特点是"开裂即坏"。为了避免出现少筋情况，必须控制截面配筋率，使之不小于某一界限值，即从理论上讲，最小配筋率的确定原则是：配筋率为 $\rho_{\min}$ 的钢筋混凝土受弯构件，按Ⅲ$_a$阶段计算的正截面受弯承载力应等于同截面素混凝土梁所能承受的弯矩 M_{cr}（M_{cr} 为按Ⅰ$_a$阶段计算的开裂弯矩）。当构件按适筋梁计算所得的配筋率小于 $\rho_{\min}$ 时，理论上讲，梁可以不配受力钢筋，作用在梁上的弯矩仅素混凝土梁就足以承受，但考虑到混凝土强度的离散性，加之少筋破坏属于脆性破坏，以及收缩等因素，《规范》规定梁的配筋率不得小于 $\rho_{\min}$。实际上 $\rho_{\min}$ 往往是根据经验得出的。

梁的截面最小配筋率按表 4-11 查取。而对于受弯构件，$\rho_{\min}$ 按下式计算：

$$\rho_{\min}=\max(0.45f_t/f_y,\ 0.20\%) \tag{4-7}$$

表 4-11 钢筋混凝土结构构件中纵向受力钢筋的最小配筋率　　　　　　　%

受力类型			最小配筋率
受压构件	全部纵向钢筋	强度等级 500 MPa	0.50
		强度等级 400 MPa	0.55
		强度等级 300 MPa、335 MPa	0.60
	一侧纵向钢筋		0.20
受弯构件、偏心受拉构件、轴心受拉构件一侧的受拉钢筋			0.20 和 $0.45f_t/f_y$ 较大值

注：1. 受压构件全部纵向钢筋最小配筋百分率，当采用 C60 及以上混凝土强度时，应按表中规定增大 0.1。
2. 板类受弯构件（不包括悬臂板）的受拉钢筋，当采用强度等级为 400 MPa、500 MPa 的钢筋时，其最小配筋百分率应允许采用 0.15 和 $0.45f_t/f_y$ 中的较大值。
3. 偏心受拉构件中的受压钢筋，应按受压构件一侧纵向受力钢筋考虑。
4. 受压构件全部纵向钢筋和一侧纵向钢筋的配筋率以及轴心受拉构件和小偏心受拉构件一侧受拉钢筋的配筋率均应按构件的全截面面积计算。
5. 受弯构件、大偏心受拉构件一侧受拉钢筋的配筋率应按全截面面积扣除受压翼缘面积$(b_f'-b)h_f'$后的截面面积计算。
6. 当钢筋沿构件截面周边布置时，"一侧纵向钢筋"是指沿受力方向两个对边中的一边布置的纵向钢筋。

(3) 正截面承载力计算的步骤。单筋矩形截面受弯构件正截面承载力计算，可以分为两类问题：一是截面设计；二是复核已知截面的承载力。

1) 截面设计。

已知：弯矩设计值 M，混凝土强度等级，钢筋级别，构件截面尺寸 b、h。求：所需受拉钢筋截面面积 A_s。

计算步骤如下：

①确定截面有效高度 h_0：

$$h_0=h-a_s \tag{4-8}$$

式中　h——梁的截面高度；

　　　a_s——受拉钢筋合力点到截面受拉边缘的距离，承载力计算时，室内正常环境下的梁、板，a_s 可近似按表 4-12 取用。

表 4-12　室内正常环境下的梁、板 a_s 的近似值　　　　　　　　mm

构件种类	纵向受力钢筋层数	混凝土强度等级	
		≤C20	≥C25
梁	一层	40	35
梁	二层	65	60
板	一层	25	20

②计算混凝土受压区高度 x，并判断是否属于超筋梁。

$$x = h_0 - \sqrt{h_0^2 - \frac{2M}{\alpha_1 f_c b}} \tag{4-9}$$

若 $x \leqslant \xi_b h_0$，则不属于超筋梁；否则为超筋梁。当为超筋梁时，应加大截面尺寸，或提高混凝土强度等级，或改用双筋截面。

③计算钢筋截面面积 A_s，并判断是否属于少筋梁。

$$A_s = \alpha_1 f_c b x / f_y \tag{4-10}$$

若 $A_s \geqslant \rho_{min} bh$，则不属于少筋梁；否则为少筋梁。当为少筋梁时，应取 $A_s = \rho_{min} bh$。

④选配钢筋。

2) 复核已知截面的承载力。已知：构件截面尺寸 b、h，钢筋截面面积 A_s，混凝土强度等级，钢筋级别，弯矩设计值 M。求：复核截面是否安全。

计算步骤如下：

①确定截面有效高度 h_0。

②判断梁的类型。

$$x = \frac{A_s f_y}{\alpha_1 f_c b} \tag{4-11}$$

若 $A_s \geqslant \rho_{min} bh$，且 $x \leqslant \xi_b h_0$，为适筋梁；若 $x > \xi_b h_0$，为超筋梁；若 $A_s < \rho_{min} bh$，为少筋梁。

③计算截面受弯承载力 M_u。

适筋梁：

$$M_u = A_s f_y \left(h_0 - \frac{x}{2} \right) \tag{4-12}$$

超筋梁：

$$M_u = M_{u,max} = \alpha_1 f_c b h_0^2 \xi_b (1 - 0.5 \xi_b) \tag{4-13}$$

对少筋梁，应将其受弯承载力降低使用（已建成工程）或修改设计。

④判断截面是否安全。

若 $M \leqslant M_u$，则截面安全。

【例 4-1】　某钢筋混凝土矩形截面简支梁，跨中弯矩设计值 $M = 80$ kN·m。梁的截面尺寸 $b \times h = 200$ mm × 450 mm。采用 C25 混凝土、HRB400 级钢筋。试确定跨中截面纵向受力钢筋的数量。

【解】　查表得 $f_c = 11.9$ N/mm², $f_t = 1.27$ N/mm², $f_y = 360$ N/mm², $\alpha_1 = 1.0$, $\xi_b = 0.518$。

(1)确定截面有效高度 h_0。

假设纵向受力钢筋为单层,则 $h_0 = h - 35 = 450 - 35 = 415 (\text{mm})$。

(2)计算 x,并判断是否为超筋梁。

$$x = h_0 - \sqrt{h_0^2 - \frac{2M}{\alpha_1 f_c b}} = 415 - \sqrt{415^2 - \frac{2 \times 80 \times 10^6}{1.0 \times 11.9 \times 200}}$$

$$= 91.0(\text{mm}) < \xi_b h_0 = 0.518 \times 415 = 215.0(\text{mm})$$

不属于超筋梁。

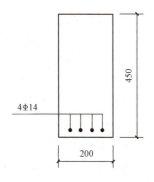

图 4-20 例 4-1 图

(3)计算 A_s,并判断是否为少筋梁。

$A_s = \alpha_1 f_c b x / f_y = 1.0 \times 11.9 \times 200 \times 91.0 / 360 = 601.6 (\text{mm}^2)$

$0.45 f_t / f_y = 0.45 \times 1.27 / 360 = 0.16\% < 0.2\%$,取 $\rho_{\min} = 0.2\%$

$A_{s,\min} = 0.2\% \times 200 \times 450 = 180 (\text{mm}^2) < A_s = 601.6 (\text{mm}^2)$

不属于少筋梁。

(4)选配钢筋。选配 4Φ14($A_s = 615 \text{ mm}^2$),如图 4-20 所示。

【例 4-2】 某教学楼钢筋混凝土矩形截面简支梁,安全等级为二级,截面尺寸 $b \times h = 250 \text{ mm} \times 550 \text{ mm}$,跨中弯矩设计值 $M = 148 \text{ kN} \cdot \text{m}$,计算跨度 $l_0 = 6 \text{ m}$,采用 C20 混凝土、HRB335 级钢筋。试确定纵向受力钢筋的数量。

【解】 查表得 $f_c = 9.6 \text{ N/mm}^2$,$f_t = 1.10 \text{ N/mm}^2$,$f_y = 300 \text{ N/mm}^2$,$\alpha_1 = 1.0$,$\xi_b = 0.518$。

(1)计算 h_0。假定受力钢筋排一层,则 $h_0 = h - 40 = 550 - 40 = 510 (\text{mm})$。

(2)计算 x,并判断是否属于超筋梁。

$$h_0 - \sqrt{h_0^2 - \frac{2M}{\alpha_1 f_c b}} = 510 - \sqrt{510^2 - \frac{2 \times 148 \times 10^6}{1.0 \times 9.6 \times 250}}$$

$$= 140.2(\text{mm}) < \xi_b h_0 = 0.550 \times 510 = 280.5(\text{mm})$$

不属于超筋梁。

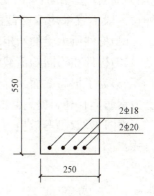

图 4-21 例 4-2 图

(3)计算 A_s,并判断是否为少筋梁。

$A_s = \alpha_1 f_c b x / f_y = 1.0 \times 9.6 \times 250 \times 140.2 / 300 = 1\,121.6 (\text{mm}^2)$

$0.45 f_t / f_y = 0.45 \times 1.10 / 300 = 0.17\% < 0.2\%$,取 $\rho_{\min} = 0.2\%$

$\rho_{\min} b h = 0.2\% \times 250 \times 550 = 275 (\text{mm}^2) < A_s = 1\,121.6 (\text{mm}^2)$

不属于少筋梁。

(4)选配钢筋。选配 2Φ18+2Φ20($A_s = 1\,137 \text{ mm}^2$),如图 4-21 所示。

【例 4-3】 某钢筋混凝土矩形截面梁,截面尺寸 $b \times h = 200 \text{ mm} \times 500 \text{ mm}$,混凝土强度等级为 C25,纵向受拉钢筋为 3Φ18,混凝土保护层厚度为 25 mm。该梁承受最大弯矩设计值 $M = 105 \text{ kN} \cdot \text{m}$。试复核该梁是否安全。

【解】 查表得 $f_c = 9.6 \text{ N/mm}^2$,$f_t = 1.10 \text{ N/mm}^2$,$f_y = 300 \text{ N/mm}^2$,$\alpha_1 = 1.0$,$\xi_b = 0.518$,$A_s = 763 \text{ mm}^2$。

(1)计算 h_0。因纵向受拉钢筋布置成一层,故 $h_0 = h - 35 = 450 - 35 = 415 (\text{mm})$。

(2)判断梁的类型。

$$x = \frac{A_s f_y}{\alpha_1 f_c b} = \frac{763 \times 360}{1.0 \times 11.9 \times 200} = 115.4 \text{ mm} < \varepsilon_b h_0 = 0.518 \times 465 = 240.9 \text{(mm)}$$

$0.45 f_t / f_y = 0.45 \times 1.27 / 360 = 0.16\% < 0.2\%$,取 $\rho_{min} = 0.2\%$

$\rho_{min} bh = 0.2\% \times 200 \times 500 = 200 \text{(mm}^2) < A_s = 763 \text{ mm}^2$

故该梁属于适筋梁。

(3)求截面受弯承载力 M_u,并判断该梁是否安全。

已判断该梁为适筋梁,故

$M_u = f_y A_s (h_0 - x/2) = 360 \times 763 \times (465 - 115.4/2) = 111.88 \times 10^6 \text{(N·mm)} > M = 105 \text{ kN·m}$

该梁安全。

■ 4.2.2 双筋矩形截面

在截面受拉区和受压区同时按计算配置受力钢筋的受弯构件称为双筋截面受弯构件[图 4-22(a)]。由于采用受压钢筋来承受截面的部分压力是不经济的,因此,除下列情况外,一般不宜采用双筋截面梁:

(1)构件所承受的弯矩较大,而截面尺寸受到限制,采用单筋梁无法满足要求;

(2)构件在不同的荷载组合下,同一截面可能承受变异弯矩作用;

(3)为了提高截面的延性而要求在受压区配置受力钢筋。在截面受压区配置一定数量的受力钢筋,有利于提高截面的延性。

由图 4-22(d)等效应力图形,根据平衡条件,可得双筋矩形截面正截面承载力计算基本公式:

$$\alpha_1 f_c bx + f'_y A'_s = f_y A_s \tag{4-14}$$

$$M \leq \alpha_1 f_c bx \left(h_0 - \frac{x}{2}\right) + f'_y A'_s (h_0 - a'_s) \tag{4-15}$$

式中 f'_y——钢筋的抗压强度设计值;

A'_s——受压钢筋的截面面积;

a'_s——受压钢筋的合力作用点到截面受压边缘的距离;

A_s——受拉钢筋的截面面积。

其余符号同前。

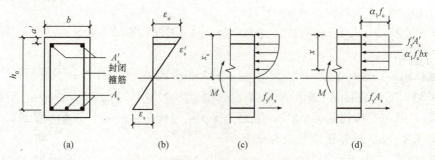

图 4-22 双筋梁截面受弯构件应力分布图
(a)截面;(b)应变;(c)实际应力;(d)等效应力

4.2.3 单筋 T 形截面

在单筋矩形截面梁正截面受弯承载力计算中是不考虑受拉区混凝土的作用的。如果把受拉区两侧的混凝土挖掉一部分,将受拉钢筋配置在肋部,既不会降低截面承载力,又可以节省材料,减轻自重,这样就形成了 T 形截面梁。T 形截面受弯构件在工程实际中应用较广,除独立 T 形梁[图 4-23(a)]外,槽形板[图 4-23(b)]、空心板[图 4-23(c)]、现浇肋形楼盖中的主梁和次梁的跨中截面[图 4-23(d) Ⅰ-Ⅰ 截面]也按 T 形梁计算。但翼缘位于受拉区的倒 T 形截面梁,当受拉区开裂后,翼缘就不起作用了,因此其受弯承载力应按截面为 $b \times h$ 的矩形截面计算[图 4-23(d) Ⅱ—Ⅱ 截面]。

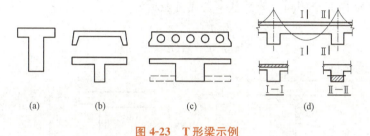

图 4-23 T 形梁示例

1. 翼缘计算宽度

试验表明,T 形梁破坏时,其翼缘上混凝土的压应力是不均匀的,越接近肋部应力越大,超过一定距离时压应力几乎为零。在计算中,为简便起见,假定只在翼缘一定宽度范围内受有压应力,且均匀分布,该范围以外的部分不起作用,这个宽度称为翼缘计算宽度,用 b'_f 表示,其值取表 4-13 中各项的最小值。

表 4-13 T 形、I 形及倒 L 形截面受弯构件翼缘计算宽度 b'_f

项次	考虑情况		T 形截面、I 形截面		倒 L 形截面
			肋形梁、肋形板	独立梁	肋形梁、肋形板
1	按计算跨度 l_0 考虑		$l_0/3$	$l_0/3$	$l_0/6$
2	按梁(纵肋)净距 s_n 考虑		$b+s_n$	—	$b+s_n/2$
3	按翼缘高度 h'_f 考虑	$h'_f/h_0 \geqslant 0.1$	—	$b+12h'_f$	—
		$0.05 \leqslant h'_f/h_0 < 0.1$	$b+12h'_f$	$b+6h'_f$	$b+h'_f$
		$h'_f/h_0 < 0.05$	$b+12h'_f$	b	$b+5h'_f$

注:表中 b 为梁的腹板宽度(图 4-24)

2. T 形截面的分类

根据受力大小,T 形截面的中性轴可能通过翼缘(图 4-24),也可能通过肋部(图 4-25)。中性轴通过翼缘者称为第一类 T 形截面,通过肋部者称为第二类 T 形截面。

经分析,当符合下列条件时,必然满足 $x \leqslant b'_f$,即为第一类 T 形截面,否则为第二类 T 形截面。

$$f_y A_s \leqslant \alpha_1 f_c b'_f h'_f \tag{4-16}$$

或

$$M \leqslant \alpha_1 f_c b'_f h'_f (h_0 - h'_f/2) \tag{4-17}$$

式中 x——混凝土受压区高度；

h'_f——T形截面受压翼缘的高度。

式(4-16)、式(4-17)即为第一类、第二类T形截面的鉴别条件。式(4-16)用于截面复核，式(4-17)用于截面设计。

3. 基本计算公式及其适用条件

(1)基本计算公式。

1)第一类T形截面。由图4-24可知，第一类T形截面的受压区为矩形，面积为$b'_f x$。由前述知识可知，梁截面承载力与受拉区形状无关。因此，第一类T形截面承载力与截面为$b'_f \times h$的矩形截面完全相同，故其基本公式可表示为

$$\alpha_1 f_c b'_f x = f_y A_s \tag{4-18}$$

$$M \leqslant \alpha_1 f_c b'_f h'_f (h_0 - x/2) \tag{4-19}$$

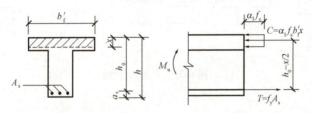

图 4-24 第一类 T 形截面

2)第二类T形截面。为了便于建立第二类T形截面的基本公式，现将其应力图形分成两部分：一部分由肋部受压区混凝土的压力与相应的受拉钢筋A_{s1}的拉力组成，相应的截面受弯承载力设计值为M_{u1}；另一部分则由翼缘混凝土的压力与相应的受拉钢筋A_{s2}的拉力组成，相应的截面受弯承载力设计值为M_{u2}，如图4-25所示。

根据平衡条件可建立两部分的基本计算公式，因$M_u = M_{u1} + M_{u2}$，$A_s = A_{s1} + A_{s2}$，故将两部分叠加即得整个截面的基本公式

$$\alpha_1 f_c h'_f (b'_f - b) + \alpha_1 f_c b x = f_y A_s \tag{4-20}$$

$$M \leqslant \alpha_1 f_c h'_f (b'_f - b)(h_0 - h'_f/2) + \alpha_1 f_c b x (h_0 - x/2) \tag{4-21}$$

(2)基本公式的适用条件。

1)$x \leqslant \xi_b h_0$。该条件是为了防止出现超筋梁。但第一类T形截面一般不会超筋，故计算时可不验算这个条件。

2)$A_s \geqslant \rho_{min} bh$ 或 $\rho \geqslant \rho_{min}$。该条件是为了防止出现少筋梁。第二类T形截面的配筋较多，一般不会出现少筋的情况，故可不验算这一条件。

应当注意，由于肋宽为b、高度为h的素混凝土T形梁的受弯承载力比截面为$b \times h$的矩形截面素混凝土梁的受弯承载力大不了多少，故T形截面的配筋率按矩形截面的公式计算，即$\rho = \dfrac{A_s}{bh}$，式中b为肋宽。

4.2.4 T形正截面承载力计算步骤

T形截面受弯构件的正截面承载力计算也可分为截面设计和截面复核两类问题，这里

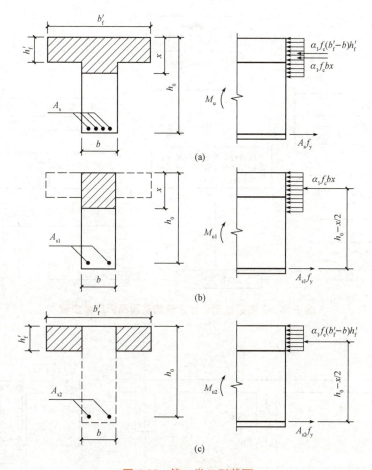

图 4-25 第二类 T 形截面
(a)整个截面；(b)第一部分截面；(c)第二部分截面

只介绍截面设计的方法。

已知：弯矩设计值 M，混凝土强度等级，钢筋级别，截面尺寸。求：受拉钢筋截面面积 A_s。

计算步骤如图 4-26 所示。

【例 4-4】 某现浇肋形楼盖次梁，截面尺寸如图 4-27 所示，梁的计算跨度为 4.8 m，跨中弯矩设计值为 100 kN·m，采用 C25 混凝土和 HRB400 级钢筋。试确定纵向钢筋截面面积。

【解】 查表知 $f_c=11.9 \text{ N/mm}^2$，$f_t=1.27 \text{ N/mm}^2$，$f_y=360 \text{ N/mm}^2$，$\alpha_1=1.0$，$\varepsilon_b=0.518$。假定纵向钢筋排一层，则 $h_0=h-a_s=400-35=365 \text{(mm)}$。

(1)确定翼缘计算宽度 b_f'。

根据表 4-13 得：

按梁的计算跨度 l_0 考虑：$b_f'=l_0/3=4\,800/3=1\,600\text{(mm)}$。

按梁净距 s_n 考虑：$b_f'=b+s_n=3\,000 \text{ mm}$。

按翼缘厚度 h_f' 考虑：$h_f'/h_0=80/365=0.219>0.1$，不受此项限制。

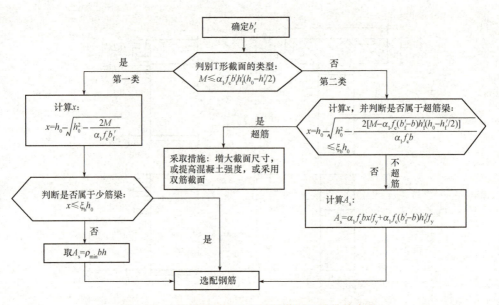

图 4-26　T 形梁截面设计及钢筋截面面积计算步骤

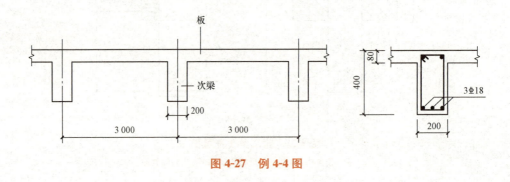

图 4-27　例 4-4 图

取较小值得翼缘计算宽度 $b'_f = 1\ 600$ mm。

(2)判别 T 形截面的类型。

$$\alpha_1 f_c b'_f h'_f (h_0 - h'_f/2) = 1.0 \times 11.9 \times 1\ 600 \times 80 \times (365 - 80/2)$$
$$= 495.04 \times 10^6 (\text{N} \cdot \text{mm}) > M = 100\ \text{kN} \cdot \text{m}$$

属于第一类 T 形截面。

(3)计算 x。

$$x = h_0 - \sqrt{h_0^2 - \frac{2M}{\alpha_1 f_c b}} = 365 - \sqrt{365^2 - \frac{2 \times 100 \times 10^6}{1.0 \times 11.9 \times 1\ 600}}$$
$$= 14.68 (\text{mm})$$

(4)计算 A_s，并验算是否属于少筋梁。

$A_s = \alpha_1 f_c b'_f x / f_y = 1.0 \times 11.9 \times 1\ 600 \times 14.68/360 = 776.41 (\text{mm}^2)$

$0.45 f_t / f_y = 0.45 \times 1.27/360 = 0.16\% < 0.2\%$，取 $\rho_{\min} = 0.2\%$

$\rho_{\min} bh = 0.2\% \times 200 \times 400 = 160 (\text{mm}^2) < A_s = 776.41\ \text{mm}^2$

不属于少筋梁。

选配 3⊕18（$A_s = 763 \text{ mm}^2$，$\dfrac{782.8-763}{782.8}=2.5\%<5\%$，可以），钢筋布置如图 4-27 所示。

4.3　受弯构件斜截面承载力计算

通过前面的学习可知，受弯构件在主要承受弯矩的区段将会产生垂直于梁轴线的裂缝，若其受弯承载力不足，则将沿正截面破坏。一般而言，在荷载作用下，受弯构件不仅在各个截面上引起弯矩 M，同时还产生剪力 V。在弯曲正应力和剪应力共同作用下，受弯构件将产生与轴线斜交的主拉应力和主压应力。图 4-28(a)所示 为梁在弯矩 M 和剪力 V 共同作用下的主应力迹线，其中实线为主拉应力迹线，虚线为主压应力迹线。由于混凝土抗压强度较高，受弯构件一般不会因主压应力而引起破坏。但当主拉应力超过混凝土的抗拉强度时，混凝土便沿垂直于主拉应力的方向出现斜裂缝[图 4-28(b)]，进而可能发生斜截面破坏。斜截面破坏通常较为突然，具有脆性，其危险性更大。所以，钢筋混凝土受弯构件除应进行正截面承载力计算外，还须对弯矩和剪力共同作用的区段进行斜截面承载力计算。

斜截面
承载力模拟

梁的斜截面承载能力包括斜截面受剪承载力和斜截面受弯承载力。在实际工程设计中，斜截面受剪承载力通过计算配置腹筋来保证，而斜截面受弯承载力则通过构造措施来保证。

一般来说，板的跨高比较大，具有足够的斜截面承载能力，故受弯构件斜截面承载力计算主要是对梁和厚板而言。

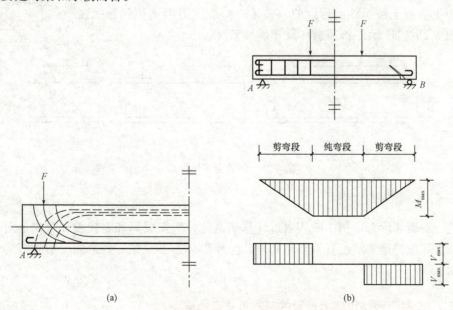

图 4-28　受弯构件主应力迹线及斜裂缝示意
(a)梁的主应力迹线；(b)梁的斜裂缝

4.3.1 受弯构件斜截面受剪破坏形态

受弯构件斜截面受剪破坏形态主要取决于箍筋数量和剪跨比 λ。$\lambda = a/h_0$,其中 a 称为剪跨,即集中荷载作用点至支座的距离。随着箍筋数量和剪跨比的不同,受弯构件主要有以下三种斜截面受剪破坏形态。

1. 斜拉破坏

当箍筋配置过少,且剪跨比较大($\lambda > 3$)时,常发生斜拉破坏。其特点是一旦出现斜裂缝,与斜裂缝相交的箍筋应力立即达到屈服强度,箍筋对斜裂缝发展的约束作用消失,随后斜裂缝迅速延伸到梁的受压区边缘,构件裂为两部分而破坏,如图4-29(a)所示。斜拉破坏的破坏过程急剧,具有很明显的脆性。

斜拉破坏

2. 剪压破坏

构件的箍筋适量,且剪跨比适中($\lambda = 1 \sim 3$)时将发生剪压破坏。当荷载增加到一定值时,首先在剪弯段受拉区出现斜裂缝,其中一条将发展成临界斜裂缝(即延伸较长和开展较大的斜裂缝)。荷载进一步增加,与临界斜裂缝相交的箍筋应力达到屈服强度。随后,斜裂缝不断扩展,斜截面末端剪压区不断缩小,最后剪压区混凝土在正应力和剪应力共同作用下达到极限状态而压碎,如图4-29(b)所示。剪压破坏没有明显预兆,属于脆性破坏。

剪压破坏

3. 斜压破坏

当梁的箍筋配置过多过密或者梁的剪跨比较小($\lambda < 1$)时,斜截面破坏形态将主要是斜压破坏。斜压破坏是因梁的剪弯段腹部混凝土被一系列平行的斜裂缝分割成许多倾斜的受压柱体,在正应力和剪应力共同作用下混凝土被压碎而导致的,破坏时箍筋应力尚未达到屈服强度,如图4-29(c)所示。斜压破坏属于脆性破坏。

斜压破坏

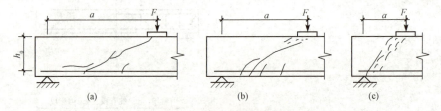

图4-29 斜截面破坏形态
(a)斜拉破坏;(b)剪压破坏;(c)斜压破坏

上述三种破坏形态,剪压破坏通过计算来避免,斜压破坏和斜拉破坏分别通过采用截面限制条件与按构造要求配置箍筋来防止。剪压破坏形态是建立斜截面受剪承载力计算公式的依据。

4.3.2 斜截面受剪承载力计算的基本公式及适用条件

影响受弯构件斜截面受剪承载力的因素很多,除剪跨比 λ、配箍率 ρ_{sv} 外,混凝土强度、纵向钢筋配筋率、截面形状、荷载种类和作用方式等都有影响，精确计算比较困难，现行计算公式带有经验性质。

1. 基本公式

钢筋混凝土受弯构件斜截面受剪承载力计算以剪压破坏形态为依据。为便于理解，现将受弯构件斜截面受剪承载力表示为三项相加的形式(图 4-30)，即

$$V_u = V_c + V_{sv} + V_{sb} \tag{4-22}$$

式中 V_u——受弯构件斜截面受剪承载力；
V_c——剪压区混凝土受剪承载力设计值，即无腹筋梁的受剪承载力；
V_{sv}——与斜裂缝相交的箍筋受剪承载力设计值；
V_{sb}——与斜裂缝相交的弯起钢筋受剪承载力设计值。

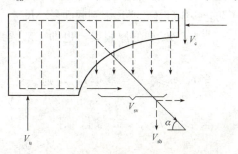

图 4-30 斜截面受剪承载力的组成

需要说明的是，式(4-22)中 V_c 和 V_{sv} 密切相关，无法分开表达，故以 $V_{cs} = V_c + V_{sv}$ 来表达混凝土和箍筋总的受剪承载力，于是有：

$$V_u = V_{cs} + V_{sb} \tag{4-23}$$

《规范》在理论研究和试验结果的基础上，结合工程实践经验总结出了以下斜截面受剪承载力计算公式。

(1) 仅配置箍筋的受弯构件。对矩形、T 形及 I 形截面一般受弯构件，其受剪承载力计算基本公式为

$$V \leqslant V_{cs} = 0.7 f_t b h_0 + f_{yv} \frac{A_{sv}}{s} h_0 \tag{4-24}$$

对集中荷载作用下(包括作用多种荷载，其中集中荷载对支座截面或节点边缘所产生的剪力占该截面总剪力值的 75% 以上的情况)的独立梁，其受剪承载力计算基本公式为

$$V \leqslant V_{cs} = \frac{1.75}{\lambda + 1.0} f_t b h_0 + f_{yv} \frac{A_{sv}}{s} h_0 \tag{4-25}$$

式中 f_t——混凝土轴心抗拉强度设计值，按表 3-5 采用；
A_{sv}——配置在同一截面内箍筋各肢的全部截面面积，$A_{sv} = n A_{sv1}$ 时，其中 n 为箍筋肢数，A_{sv1} 为单肢箍筋的截面面积；
s——箍筋间距；
f_{yv}——箍筋抗拉强度设计值，按表 3-2 采用，$f_{yv} \leqslant 360 \text{ N/mm}^2$；
λ——计算截面的剪跨比，当 $\lambda < 1.5$ 时，取 $\lambda = 1.5$；当 $\lambda > 3$ 时，取 $\lambda = 3$。

(2) 同时配置箍筋和弯起钢筋的受弯构件。同时配置箍筋和弯起钢筋的受弯构件，其受剪承载力计算基本公式为

$$V \leqslant V_u = V_{cs} + 0.8 f_y A_{sb} \sin \alpha_s \tag{4-26}$$

式中 f_y——弯起钢筋的抗拉强度设计值；
A_{sb}——同一弯起平面内的弯起钢筋的截面面积。

其余符号意义同前。

式(4-26)中的系数 0.8,是考虑弯起钢筋与临界斜裂缝的交点有可能过分靠近混凝土剪压区时,弯起钢筋达不到屈服强度而采用的强度降低系数。

2. 基本公式适用条件

(1)防止出现斜压破坏的条件——最小截面尺寸的限制。试验表明,当箍筋量达到一定程度时,再增加箍筋,截面受剪承载力几乎不再增加。相反,若剪力很大,而截面尺寸过小,即使箍筋配置很多,也不能完全发挥作用,因为箍筋屈服前混凝土已被压碎而发生斜压破坏。所以,为了防止斜压破坏,必须限制截面最小尺寸。对矩形、T 形及 I 形截面受弯构件,其限制条件为

当 $h_w/b \leqslant 4.0$(厚腹梁,也即一般梁)时,则

$$V \leqslant 0.25\beta_c f_c b h_0 \tag{4-27}$$

当 $h_w/b \geqslant 6.0$(薄腹梁)时,则

$$V \leqslant 0.2\beta_c f_c b h_0 \tag{4-28}$$

当 $4.0 < h_w/b < 6.0$ 时,则

$$V \leqslant 0.025\beta_c(14-h_w/b)f_c b h_0 \tag{4-29}$$

式中 b——矩形截面宽度,T 形和 I 形截面的腹板宽度;

h_w——截面的腹板高度,矩形截面取有效高度 h_0,T 形截面取有效高度减去翼缘高度,I 形截面取腹板净高(图 4-9);

β_c——混凝土强度影响系数,当混凝土强度等级≤C50 时,$\beta_c=1.0$;当混凝土强度等级为 C80 时,$\beta_c=0.8$,其间按直线内插法取用。

实际上,截面最小尺寸条件也就是最大配箍率的条件。

(2)防止出现斜拉破坏的条件——最小配箍率的限制。

为了避免出现斜拉破坏,构件配箍率应满足:

$$\rho_{sv}=\frac{A_{sv}}{bs}=\frac{nA_{sv1}}{bs} \geqslant \rho_{sv,min}=0.24 f_t/f_{yv} \tag{4-30}$$

式中 A_{sv}——配置在同一截面内箍筋各股的全部截面面积,$A_{sv}=nA_{sv1}$,其中 n 为箍筋股数,A_{sv1} 为单肢箍筋的截面面积;

b——矩形截面的宽度,T 形、I 形截面的腹板宽度;

s——箍筋间距。

4.3.3 斜截面受剪承载力计算

1. 斜截面受剪承载力计算位置

斜截面受剪承载力的计算位置,一般按下列规定采用:

(1)支座边缘处的斜截面,如图 4-31 所示截面 1—1;
(2)弯起钢筋弯起点处的斜截面,如图 4-31 所示截面 2—2;
(3)受拉区箍筋截面面积或间距改变处的斜截面,如图 4-31 所示截面 3—3;
(4)腹板宽度改变处的截面,如图 4-31 所示截面 4—4。

2. 斜截面受剪承载力计算步骤

已知:剪力设计值 V,截面尺寸,混凝土强度等级,箍筋级别,纵向受力钢筋的级别和数量。求:腹筋数量。

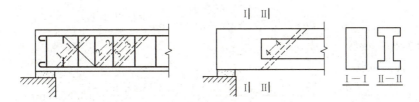

图 4-31 斜截面受剪承载力计算位置

计算步骤如下：
(1)复核截面尺寸。梁的截面尺寸应满足式(4-27)～式(4-29)的要求，否则，应加大截面尺寸或提高混凝土强度等级。
(2)确定是否需按计算配置箍筋。当满足下式条件时，可按构造配置箍筋，否则，需按计算配置箍筋。

$$V \leqslant 0.7 f_t b h_0 \tag{4-31}$$

或

$$V \leqslant \frac{1.75}{\lambda+1.0} f_t b h_0 \tag{4-32}$$

(3)确定腹筋数量。
仅配箍筋时

$$\frac{A_{sv}}{s} \geqslant \frac{V-0.7 f_t b h_0}{f_{yv} h_0} \tag{4-33}$$

或

$$\frac{A_{sv}}{s} \geqslant \frac{V-\dfrac{1.75}{\lambda+1.0} f_t b h_0}{f_{yv} h_0} \tag{4-34}$$

求出 $\dfrac{A_{sv}}{s}$ 的值后，即可根据构造要求选定箍筋肢数 n 和直径 d，然后求出间距 s，或者根据构造要求选定 n、s，然后求出 d。箍筋的间距和直径应满足构造要求。

同时配置箍筋和弯起钢筋时，其计算较复杂，读者可参考有关文献。
(4)验算配箍率。配箍率应满足式(4-30)的要求。

【**例 4-5**】 某办公楼矩形截面简支梁，截面尺寸为 250 mm×500 mm，$h_0=465$ mm，承受均布荷载作用，已求得支座边缘剪力设计值为 185.85 kN。混凝土强度等级为 C25，箍筋采用 HPB300 级钢筋。试确定箍筋数量。

【**解**】 查表知 $f_c=11.9$ N/mm^2，$f_t=1.27$ N/mm^2，$f_{yv}=270$ N/mm^2，$\beta_c=1.0$。
(1)复核截面尺寸。

$$h_w/b = h_0/b = 465/250 = 1.86 < 4.0$$

应按式(4-27)复核截面尺寸。

$$0.25 \beta_c f_c b h_0 = 0.25 \times 1.0 \times 11.9 \times 250 \times 465$$
$$= 345\,843.75(\text{N}) = 345.84 \text{ kN} > V = 185.85 \text{ kN}$$

截面尺寸满足要求。
(2)确定是否需按计算配置箍筋。

$$\frac{V}{0.7f_t bh_0} = \frac{185.85 \times 10^3}{0.7 \times 1.27 \times 250 \times 465} = 1.80 > 1.0$$

需按计算配置箍筋。

(3) 确定箍筋数量。

$$\frac{A_{sv}}{s} \geqslant \frac{V - 0.7 f_t bh_0}{f_{yv} h_0} = \frac{185.85 \times 10^3 - 0.7 \times 1.27 \times 250 \times 465}{270 \times 465} = 0.657 (\text{mm}^2/\text{mm})$$

按构造要求，箍筋直径不宜小于 6 mm，现选用 Φ8 双肢箍筋（$A_{sv1} = 50.3 \text{ mm}^2$），则箍筋间距为

$$s \leqslant \frac{A_{sv}}{0.657} = \frac{nA_{sv1}}{0.657} = \frac{2 \times 50.3}{0.657} = 153.12 (\text{mm})$$

查表 4-4 得 $s_{max} = 200$ mm，取 $s = 110$ mm。

(4) 验算配箍率。

$$\rho_{sv} = \frac{nA_{sv1}}{bs} = \frac{2 \times 50.3}{250 \times 110} = 0.36\%$$

$$\rho_{sv, min} = 0.24 f_t / f_y = 0.24 \times 1.27/210 = 0.15\% < \rho_{sv} = 0.36\%$$

配箍率满足要求。

所以箍筋选用 Φ8@110，沿梁长均匀布置。

4.3.4　保证斜截面受弯承载力的构造措施

如前所述，受弯构件斜截面受弯承载力是通过构造措施来保证的。这些措施包括纵向钢筋的锚固、简支梁下部纵筋伸入支座的锚固长度、支座截面负弯矩纵筋截断时的伸出长度、弯起钢筋弯终点外的锚固要求、箍筋的间距与肢距等，其中部分已在前面介绍，下面补充介绍其他措施。

1. 纵向受拉钢筋弯起与截断时的构造

梁的正、负纵向钢筋都是根据跨中或支座最大弯矩值计算配置的。从经济角度考虑，当截面弯矩减小时，纵向受力钢筋的数量也应随之减少。对于正弯矩区段内的纵向钢筋，通常采用弯向支座(用来抗剪或承受负弯矩)的方式来减少多余钢筋，而不应将梁底部承受正弯矩的钢筋在受拉区截断。这是因为纵向受拉钢筋在跨间截断时，钢筋截面面积会发生突变，混凝土中会产生应力集中现象，在纵筋截断处提前出现裂缝。如果截断钢筋的锚固长度不足，则会导致黏结破坏，从而降低构件承载力。对于连续梁和框架梁承受支座负弯矩的钢筋，则往往采用截断的方式来减少多余纵向钢筋，如图 4-32 所示。纵向受力钢筋弯起点及截断点的确定比较复杂，此处不作详细介绍。工程量计算和施工时，钢筋弯起和截断位置应严格按照施工图的要求。

梁底层钢筋中的角部钢筋不应弯起，顶层钢筋中的角部钢筋不应弯下。

弯起钢筋在弯终点外应有一直线段的锚固长度，以保证在斜截面处发挥其强度。《规范》规定，当直线段位于受拉区时，其长度不小于 $20d$，位于受压区时不小于 $10d$（d 为弯起钢筋的直径）。光面钢筋的末端应设弯钩。为了防止弯折处混凝土挤压力过于集中，弯折半径应不小于 $10d$，如图 4-33 所示。

当纵向受力钢筋不能在需要的地方弯起或弯起钢筋不足以承受剪力时，可单独为抗剪设置弯起钢筋。此时，弯起钢筋应采用"鸭筋"形式，严禁采用"浮筋"，如图 4-34 所示"鸭筋"的构造与弯起钢筋基本相同。

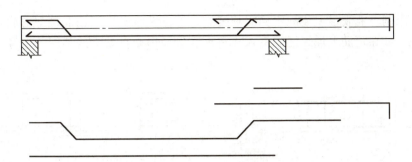

图 4-32 梁内钢筋的弯起与截断

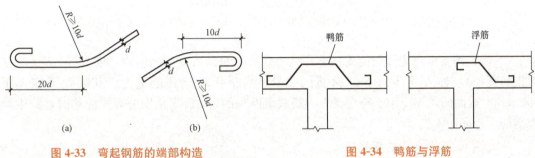

图 4-33 弯起钢筋的端部构造
(a)受拉区；(b)受压区

图 4-34 鸭筋与浮筋

2. 纵向受力钢筋在支座内的锚固

(1)梁。简支支座处弯矩虽较小，但剪力最大，在弯、剪共同作用下，容易在支座附近发生斜裂缝。斜裂缝产生后，与裂缝相交的纵筋所承受的弯矩会由原来的 M_C 增加到 M_D（图 4-35），纵筋的拉力明显增大。若纵筋无足够的锚固长度，就会从支座内拔出而使梁发生沿斜截面的弯曲破坏。因此，《规范》规定，钢筋混凝土简支梁和连续梁简支端的下部纵向受力钢筋伸入支座内的锚固长度 l_{as} 的数值不应小于表 4-14 的规定。同时规定，伸入梁支座范围内锚固的纵向受力钢筋的数量不宜少于 2 根，但梁宽 $b<100$ mm 的梁可为 1 根。

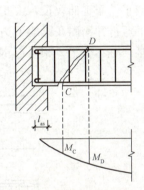

图 4-35 荷载作用下梁简支端纵筋受力状态

表 4-14 简支支座的钢筋锚固长度 l_{as}

锚固条件		$V \leqslant 0.7 f_t b h_0$	$V > 0.7 f_t b h_0$
钢筋类型	光圆钢筋(带弯钩)	5d	15d
	带肋钢筋		12d
	C25 及以下混凝土，跨边有集中力作用		15d

注：1. d 为纵向受力钢筋直径。
   2. 跨边有集中力作用，是指混凝土梁的简支座跨边 1.5h 范围内有集中力作用，且其对支座截面所产生的剪力占总剪力值的 75% 以上。

因条件限制不能满足上述规定锚固长度时，可将纵向受力钢筋的端部弯起，或采取附加锚固措施，如在钢筋上加焊锚固钢板或将钢筋端部焊接在梁端的预埋件上等，如图4-36所示。

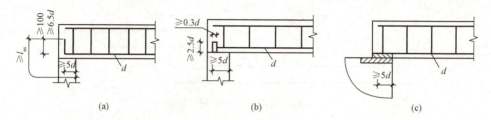

图 4-36 锚固长度不足时的措施
(a)纵筋端部弯起锚固；(b)纵筋端部加焊锚固钢板；(c)纵筋端部焊接在梁端预埋件上

(2)板。简支板或连续板简支端下部纵向受力钢筋伸入支座的锚固长度$l_{as} \geq 5d$（d为受力钢筋直径）。伸入支座的下部钢筋的数量，当采用弯起式配筋时，其间距不应大于400 mm，截面面积不应小于跨中受力钢筋截面面积的1/3；当采用分离式配筋时，跨中受力钢筋应全部伸入支座。

3. 悬臂梁纵筋的弯起与截断

试验表明，在作用剪力较大的悬臂梁内，由于梁全长受负弯矩作用，临界斜裂缝的倾角较小，而延伸较长，因此不应在梁的上部截断负弯矩钢筋。此时，负弯矩钢筋可以分批向下弯折并锚固在梁的下边（其弯起点位置和钢筋端部构造按前述弯起钢筋的构造确定），但必须有不少于2根上部钢筋伸至悬臂梁外端，并向下弯折不小于$12d$，如图4-37所示。

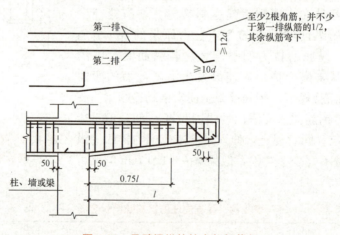

图 4-37 悬臂梁纵筋的弯起与截断

4.3.5 变形及裂缝宽度验算的概念

1. 变形验算

钢筋混凝土受弯构件在荷载作用下会产生挠曲。过大的挠度会影响结构的正常使用。例如，楼盖的挠度超过正常使用的某一限值时，一方面会在使用中发生有感觉的震颤，给人一种不舒服和不安全的感觉,另一方面将造成楼层地面不平或使上部的楼面及下部的抹灰开裂,影响结构的功能;屋面构件挠度过大会妨碍屋面排水;起重机梁挠度过大会加剧起重机运行时的冲击和振动,甚至使起重机运行困难等。因此,受弯构件除应满足承载力要求外,必要时还需进行变形验算,以保证其不超过正常使用极限状态,确保结构构件的正常使用。

钢筋混凝土受弯构件的挠度应满足:

$$f \leqslant [f] \tag{4-35}$$

式中 $[f]$——钢筋混凝土受弯构件的挠度限值,对屋盖、楼盖及楼梯构件,$[f]=(1/200 \sim 1/400)l_0$,对起重机梁,$[f]=(1/500 \sim 1/600)l_0$,其中 l_0 为构件计算跨度。

当不能满足式(4-35)时,说明受弯构件的弯曲刚度不足,应采取措施后重新验算。理论上讲,提高混凝土强度等级,增加纵向钢筋的数量,选用合理的截面形状(如T形、I形等)都能提高梁的弯曲刚度,但其效果并不明显,最有效的措施是增加梁的截面高度。

2. 裂缝宽度验算

钢筋混凝土受弯构件的裂缝有两种:一种是由于混凝土的收缩或温度变形引起的;另一种则是由荷载引起的。对于前一种裂缝,主要是采取控制混凝土浇筑质量,改善水泥性能,选择骨料成分,改进结构形式,设置伸缩缝等措施解决,不需进行裂缝宽度计算。以下所说的裂缝均指由荷载引起的裂缝。混凝土的抗拉强度很低,荷载还较小时,构件受拉区就会开裂,因此我们说钢筋混凝土受弯构件基本上是带裂缝工作的。但裂缝过大时,会使钢筋锈蚀,从而降低结构的耐久性,并且裂缝的出现和扩展还会降低构件的刚度,从而使变形增大,甚至影响构件的正常使用。

影响裂缝宽度的主要因素如下:

(1)纵向钢筋的应力。裂缝宽度与钢筋应力近似呈线性关系。

(2)纵筋的直径。当构件内受拉纵筋截面相同时,采用细而密的钢筋则会增大钢筋表面积,因而使黏结力增大,裂缝宽度变小。

(3)纵筋表面形状。带肋钢筋的黏结强度较光圆钢筋大得多,可减小裂缝宽度。

(4)纵筋配筋率。构件受拉区混凝土截面的纵筋配筋率越大,裂缝宽度越小。

(5)保护层厚度。保护层越厚,裂缝宽度越大。

由于上述第(2)、(3)两个原因,施工中用粗钢筋代替细钢筋、光圆钢筋代替带肋钢筋时,应重新验算裂缝宽度。

钢筋混凝土受弯构件在荷载长期效应组合作用下的最大裂缝宽度 ω_{max} 应满足:

$$\omega_{max} \leqslant \omega_{lim} \tag{4-36}$$

式中 ω_{lim}——最大裂缝宽度限值,对钢筋混凝土结构构件,$\omega_{lim}=0.2 \sim 0.4$ mm。

当不能满足式(4-36)时,说明裂缝宽度过大,应采取措施后重新验算。减小裂缝宽度的措施包括:①增大钢筋截面面积;②在钢筋截面面积不变的情况下,采用较小直径的钢筋;③采用变形钢筋;④提高混凝土强度等级;⑤增大构件截面尺寸;⑥减小混凝土保护层厚度。其中,采用较小直径的变形钢筋是减小裂缝宽度最简单而经济的措施。

本章小结

(1)钢筋混凝土受弯构件由于配筋率的不同,其正截面破坏有少筋破坏、适筋破坏、超筋破坏三种破坏形态，其中，少筋梁和超筋梁破坏前没有明显的预兆，属于脆性破坏，设计时应避免。

(2) 适筋梁的破坏形态经历三个阶段。受拉区混凝土开裂和纵向受拉钢筋屈服是划分三个受力阶段的界限状态。第Ⅰ阶段末Ⅰ$_a$为受弯构件抗裂度验算的依据；第Ⅱ阶段是一般钢筋混凝土受弯构件的正常使用阶段，同时也是裂缝宽度验算和变形验算的依据；第Ⅲ阶段末Ⅲ$_a$是受弯构件正截面承载力计算的依据。

(3) 钢筋混凝土受弯构件正截面承载力计算公式是在基本假定的基础上，用等效矩形应力图代替实际的混凝土压应力图，根据平衡条件得到的。在应用时，应注意验算基本公式相应的适用条件。

(4) 斜截面破坏形态有三种：剪压破坏、斜拉破坏、斜压破坏。剪压破坏为正常破坏，有一定的破坏预兆，斜截面受剪承载力计算公式是以剪压破坏的受力特征为依据建立的。斜拉破坏和斜压破坏为非正常破坏，分别通过控制最小配箍率和限制最小截面尺寸来防止这两种破坏。

(5) 斜截面承载力包括斜截面受剪承载力和斜截面受弯承载力两方面。设计时，不仅要满足计算要求，而且应采取必要的构造措施来保证。弯起钢筋的弯起位置、纵筋的截断位置以及有关纵筋的锚固要求、箍筋的构造要求等，在设计中应予以重视。

(6) 钢筋混凝土构件的变形及裂缝宽度验算均属于正常使用极限状态验算，作用在构件上的荷载以及钢筋和混凝土的强度均采用其标准值。

复习思考题

一、简答题

1. 钢筋混凝土梁和板中通常配置哪几种钢筋？分别起什么作用？
2. 混凝土保护层的作用是什么？室内正常环境中梁、板的保护层厚度一般取多少？
3. 根据纵向受力钢筋配筋率的不同，钢筋混凝土梁可分为哪几种类型？不同类型梁的破坏特征有何不同？如何防止少筋和超筋？
4. 单筋矩形截面受弯构件正截面承载力计算公式的适用条件是什么？
5. 什么是双筋截面受弯构件？何时采用双筋截面？
6. 纵向受拉钢筋、纵向受压钢筋的强度得以充分利用的条件各是什么？
7. T形截面有何优点？两类T形截面如何判别？
8. 减小裂缝宽度的措施有哪些？

二、计算题

1. 钢筋混凝土矩形截面简支梁，计算跨度 $l_0=5$ m，梁上主要的均布荷载设计值 $q=30$ kN/m(不包括梁自重)。试选择此梁的截面尺寸、材料强度等级，并计算所需的纵向受力钢筋。

2. 某办公楼走廊为现浇钢筋混凝土简支板，计算跨度 $l_0=2.4$ m，承受均布荷载设计值 15 kN/m^2(包括自重)，C30 混凝土，HRB400 级钢筋。试确定板的厚度 h，计算所需受力钢筋截面面积，并画出配筋图。

3. 已知钢筋混凝土矩形截面梁 $b×h=200$ mm×500 mm，混凝土强度等级为C30，纵筋为HRB400级钢筋，已配置 6⌀20 纵向受拉钢筋。试复核当梁承受的弯矩设计值 $M=30$ kN·m

时该梁是否安全。若不安全，则重新设计，但不改变截面尺寸和混凝土强度等级。

4. 已知一双筋矩形截面梁 $b \times h = 200 \text{ mm} \times 450 \text{ mm}$，混凝土强度等级为C30，纵筋采用HRB400级钢筋。配置 2Φ14 受压钢筋、5Φ22 受拉钢筋，试求该截面所能承受的最大弯矩设计值。

5. 某T形截面梁，$b = 200 \text{ mm}$，$h = 600 \text{ mm}$，$b'_f = 400 \text{ mm}$，$h'_f = 100 \text{ mm}$，混凝土强度等级为C30，纵筋采用HRB400级钢筋，配有 6Φ22 受拉纵筋，试计算该梁所能承受的最大弯矩设计值。

6. 某T形截面梁，$b = 200 \text{ mm}$，$h = 500 \text{ mm}$，$b'_f = 500 \text{ mm}$，$h'_f = 100 \text{ mm}$，混凝土强度等级为C30，纵筋采用HRB400级钢筋，弯矩设计值 $M = 180 \text{ kN} \cdot \text{m}$。试求所需纵向受拉钢筋的截面面积。

第5章 钢筋混凝土受压构件

内容提要

受压构件是建筑结构中的重要章节,它分为轴心受压和偏心受压(单向偏心受压构件和双向偏心受压构件)两部分。轴心受压构件截面应力分布均匀,两种材料承受压力之和,在考虑构件稳定影响系数后,即为构件承载力计算公式。偏心受压构件因偏心距大小和受拉钢筋多少的不同,将有两种截面破坏情况,即大偏心受压(截面破坏时受拉钢筋能屈服)和小偏心受压(截面破坏时受拉钢筋不能屈服)。

本章主要介绍钢筋混凝土受压构件的构造要求、钢筋混凝土轴心受压构件的承载力计算、钢筋混凝土偏心受压构件的承载力计算。

知识掌握目标

1. 掌握受压构件的构造要求;
2. 掌握轴心受压构件受力性能及破坏特征;
3. 掌握轴心受压构件正截面承载力计算;
4. 掌握偏心受压构件正截面破坏形式;
5. 熟悉偏心受压构件承载力计算。

5.1 受压构件构造要求

受压构件按其受力情况可分为轴心受压构件和偏心受压构件,而偏心受压构件又有平面偏心形式——单向偏心受压构件[图 5-1(a)]和空间偏心形式——双向偏心受压构件[图 5-1(b)]两类。

对于单一匀质材料的构件,当轴向压力的作用线与构件截面形心轴线重合时,称为轴心受压;不重合时为偏心受压。材料的不均匀性会改变这种几何上的均衡。钢筋混凝土构件由两种材料组成,混凝土是非匀质材料,钢筋可能出现在不同边缘的不对称布置,但为了方便与简化计算,可以忽略钢筋混凝土的不匀质性,近似地用轴向压力的作用点与构件正截面形心的相对位置来划分受压构件的类型。当轴向压力的作用点位于构件正截面重心

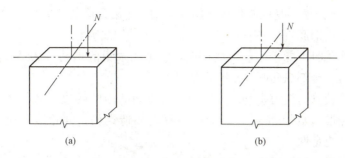

图 5-1 偏心受压构件
(a)单向偏心受压构件;(b)双向偏心受压构件

时,为轴心受压构件。当轴向压力的作用点只对构件正截面的一个主轴有偏心距时,为单向偏心受压构件。当轴向压力的作用点对构件正截面的两个主轴都有偏心距时,为双向偏心受压构件。

5.1.1 截面形式及尺度

为便于制作模板,轴心受压构件截面一般采用方形或矩形,有时也采用圆形或多边形。偏心受压构件一般采用矩形截面,但为了节约混凝土和减轻柱的自重,特别是在装配式柱中,较大尺寸的柱常采用"Ⅰ"形截面。

方形柱的截面尺寸不宜小于 250 mm。对于矩形截面的轴心受压构件,为了避免长细比过大,可能导致失稳破坏,致使承载力降低过多,常取 $l_0/b \leqslant 30$ 和 $l_0/h \leqslant 25$。此处,l_0 为柱的计算长度,b 为矩形截面短边边长,h 为矩形截面长边边长。

此外,为了施工支模方便,柱截面尺寸宜使用整数,边长 800 mm 及以下的,宜取 50 mm 的倍数;800 mm 以上的,可取 100 mm 的倍数。对于"Ⅰ"形截面柱,翼缘厚度不宜小于 120 mm,否则会因为翼缘太薄,使构件过早出现裂缝。另外,"Ⅰ"形截面柱靠近柱底处的翼缘混凝土容易在使用过程中碰坏,影响柱的承载力和使用年限,因此底部一般做成矩形截面。"Ⅰ"形截面柱腹板厚度不宜小于 100 mm,抗震区使用"Ⅰ"形截面柱时,其腹板宜再加厚些。

5.1.2 混凝土

混凝土强度等级对受压构件的承载能力影响较大。为了减小构件的截面尺寸,节省钢材,宜采用较高强度等级的混凝土。多层建筑一般采用 C35 以下混凝土,9～20 层建筑物底层柱宜采用 C40～C50 混凝土,对于 20 层以上的高层建筑的底层柱,可采用高强度等级的混凝土 C50、C60 等。

5.1.3 纵向钢筋

受压构件的纵向钢筋一般采用 HRB400 级、HRB335 级和 RRB400 级钢筋,不宜采用高强度钢筋。这是由于高强度钢筋的屈服应变量大,在与混凝土共同受压时,混凝土的破坏压应变不能使之屈服,不能充分发挥其高强度的作用。

轴心受压构件、偏心受压构件全部纵筋的配筋率不应小于 0.6%;同时,一侧钢筋的配筋率不应小于0.2%。轴心受压构件的纵向受力钢筋应沿截面的四周均匀放置，所有凸角均必须由钢筋配置，且钢筋直径不宜小于12 mm，通常钢筋直径在16~32 mm范围内选用。为了减少钢筋在施工时可能产生的纵向弯曲，宜采用较粗的钢筋。从经济、施工以及受力性能等方面来考虑，全部纵筋配筋率不宜超过5%。

偏心受压构件的纵向受力钢筋应放置在偏心方向截面的两边。当截面高度 $h \geqslant 600$ mm 时，在侧面应增加设置直径为10~16 mm的纵向构造钢筋，并相应地设置附加箍筋或拉筋，保证其位置与稳定性。

柱内纵筋的混凝土保护层厚度对一级环境取30 mm。纵筋净距不应小于50 mm。在水平位置上浇筑的预制柱，其纵筋最小净距可减小，但不应小于30 mm和1.5d（d为钢筋的最大直径）。纵向受力钢筋彼此间的中距不应大于300 mm。纵筋的连接接头宜设置在受力较小处。钢筋的接头可采用机械连接接头，也可采用焊接接头和搭接接头。对于直径大于28 mm的受拉钢筋和直径大于32 mm的受压钢筋，不宜采用绑扎搭接接头。

5.1.4 箍筋

受压构件的箍筋一般采用HPB300级、HRB335级钢筋，也可采用HRB400级钢筋。为了使箍筋能够箍住纵筋，防止纵筋压曲，柱中箍筋应做成封闭式，其间距在绑扎骨架中不应大于15d，在焊接骨架中则不应大于20d（d为纵筋最小直径），且不应大于400 mm，也不应大于构件横截面的短边尺寸。

为了保证地震情况下，在混凝土保护层脱落后，箍筋不会散开而失去对纵筋以及核心混凝土的约束，抗震地区箍筋的端头要做成135°的弯钩，且弯折后的平直段不宜小于10d。非抗震地区不做此要求，箍筋弯折仅做成90°即可。

箍筋直径不应小于$d/4$（d为纵筋最大直径），且不应小于6 mm。当纵筋配筋率超过3%时，箍筋直径不应小于8 mm，其间距不应大于10d（d为纵筋最小直径），且不应大于200 mm。当构件截面各边纵筋多于3根时，应设置附加箍筋；当截面短边不大于400 mm，且纵筋不多于4根时，可不设置附加箍筋（图5-2）。

在纵筋搭接长度范围内，箍筋的直径不宜小于搭接钢筋直径的0.25倍；箍筋间距应加密，当搭接钢筋为受拉时，其箍筋间距不应大于5d，且不应大于100 mm；当搭接钢筋为受压时，其箍筋间距不应大于10d（d为受力钢筋中的最小直径），且不应大于200 mm。当搭接受压钢筋直径大于25 mm时，应在搭接接头两个端面外100 mm范围内各设置两根箍筋。

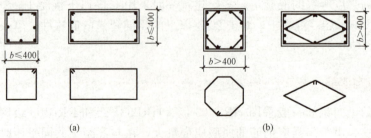

图5-2 箍筋的形式
(a)基本箍筋；(b)附加箍筋

对于截面形状复杂的构件，不可采用具有内折角的箍筋，避免产生向外的拉力，致使折角处的混凝土破损(图 5-3)。

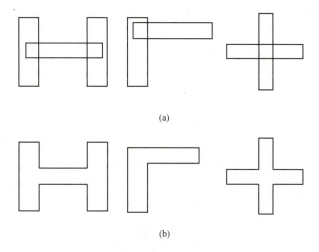

图 5-3　箍筋的弯折
(a)异形截面可以采用的箍筋形式；(b)异形截面不可以采用的箍筋形式

5.2　轴心受压构件承载力计算

在实际工程结构中，由于混凝土材料的非匀质性、纵向钢筋的不对称布置、荷载作用位置的不准确及施工时不可避免的尺寸误差等原因，真正的轴心受压构件几乎不存在，但在设计以承受恒荷载为主的多层房屋的内柱及桁架的受压腹杆等构件时，可近似地按轴心受压构件计算。另外，轴心受压构件正截面承载力计算还可用于偏心受压构件垂直弯矩平面的承载力验算。

■ 5.2.1　轴心受压构件受力性能及破坏特征

轴心受压构件内配有纵向钢筋和箍筋。轴心受压构件的纵向钢筋除了与混凝土共同承担轴向压力外，还能承担由于初始偏心或其他偶然因素引起的附加弯矩在构件中产生的拉力。在配置普通箍筋的轴心受压构件中，箍筋可以固定纵向受力钢筋的位置，防止纵向受力钢筋在混凝土压碎之前压屈，保证纵筋与混凝土共同受力，直到构件破坏。

根据构件的长细比(构件的计算长度 l_0 与构件的截面回转半径 i 之比)的不同，轴心受压构件分为短构件(对一般截面 $l_0/i \leqslant 28$；对矩形截面 $l_0/b \leqslant 8$，b 为截面宽度)和中长构件。习惯上将前者称为短柱，将后者称为长柱。

钢筋混凝土轴心受压短柱的试验表明：在整个加载过程中，可能的初始偏心对构件原载力无明显影响。由于钢筋和混凝土之间存在着黏结力，两者压应变相等。当达到极限荷载时，钢筋混凝土短柱的极限压应变大致与混凝土棱柱体受压破坏时的压应变相同；混凝土的应力达到棱柱体抗压强度 f_{ck}。若钢筋的屈服压应变小于混凝土破坏时的压应变，则钢筋将首先达到抗压屈服

强度 f_{yk},随后钢筋承担的压力维持不变,而继续增加的荷载全部由混凝土承担,直至混凝土被压碎。在这类构件中,钢筋和混凝土的抗压强度都得到充分利用。

对于高强度钢筋,在构件破坏时可能达不到屈服,当混凝土的强度等级不大于C50,钢筋应力为 $\sigma'_s = 0.002E_s = 400 \text{ N/mm}^2$ 时,钢材的强度不能被充分利用,此时,只能取 400 N/mm²。轴心受压短柱中,无论受压钢筋在构件破坏时是否屈服,构件的最终承载力都是由混凝土压碎来控制的。在临近破坏时,短柱四周出现明显的纵向裂缝,箍筋间的纵向钢筋发生压曲外鼓,呈灯笼状(图5-4),最终因混凝土压碎而破坏。

图 5-4　短柱破坏特征

对于钢筋混凝土轴心受压长柱,试验表明,加荷时由于种种因素形成的初始偏心距对试验结果影响较大。它将使构件产生附加弯矩和弯曲变形,如图 5-5 所示。对长细比很大的构件来说,则有可能在材料强度尚未达到以前即由于构件丧失稳定而引起破坏(图 5-6)。

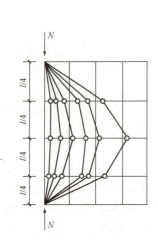

图 5-5　弯曲变形

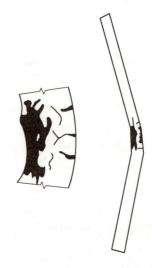

图 5-6　细长轴心受压构件的破坏

试验结果也表明,长柱的承载力低于相同条件短柱的承载力。可采用引入稳定系数 φ 来考虑长柱纵向挠曲的不利影响,φ 值小于 1.0 且随着长细比的增大而减小,具体见表 5-1。

表 5-1　钢筋混凝土轴心受压构件的稳定系数表

l_0/b	l_0/d	l_0/i	φ	l_0/b	l_0/d	l_0/i	φ
≤8	≤7	≤28	1.00	30	26	104	0.52
10	8.5	35	0.98	32	28	111	0.48
12	10.5	42	0.95	34	29.5	118	0.44
14	12	48	0.92	36	31	125	0.40
16	14	55	0.87	38	33	132	0.36
18	15.5	62	0.81	40	34.5	139	0.32
20	17	69	0.75	42	36.5	146	0.29
22	19	76	0.70	44	38	153	0.26
24	21	83	0.65	46	40	160	0.23

续表

l_0/b	l_0/d	l_0/i	φ	l_0/b	l_0/d	l_0/i	φ
26	22.5	90	0.60	48	41.5	167	0.21
28	24	97	0.56	50	43	174	0.19

注：1. 表中 l_0 为构件计算长度；b 为矩形截面的短边尺寸；d 为圆形截面直径；i 为截面回转半径。
　　2. 构件计算长度 l_0：当构件两端固定时取 $0.5l$；当一端固定、一端为不动铰支座时取 $0.7l$；当两端为不动铰支座时取 l；当一端固定、一端自由时取 $2l$。l 为构件支座间长度。

■ 5.2.2　钢筋混凝土轴心受压构件正截面承载力计算公式及适用条件

在轴向压力设计值 N 作用下，轴心受压构件的计算简图如图 5-7 所示，由静力平衡条件并考虑长细比等因素的影响后，承载力可按下式计算：

$$N \leqslant 0.9\varphi(f_y' A_s' + f_c A) \quad (5-1)$$

式中　φ——钢筋混凝土构件的稳定系数，按表 5-1 取用；
　　　N——轴向压力设计值；
　　　f_y'——钢筋抗压强度设计值；
　　　f_c——混凝土轴心抗压强度设计值；
　　　A_s'——全部纵向受压钢筋截面面积；
　　　A——构件截面面积；
　　　0.9——为了保持与偏心受压构件正截面承载力计算具有相近的可靠度而引入的系数。

式(5-1)的适用条件为 $0.6\% \leqslant \rho' = \dfrac{A_s'}{A} \leqslant 3\%$。

当 $\rho' > 3\%$ 时，公式中的 A 改用 $A_c = A - A_s'$，但 ρ_{max} 不能超过 5%。

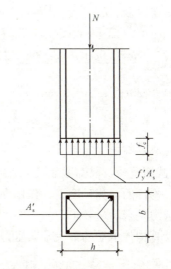

图 5-7　轴心受压柱的计算简图

■ 5.2.3　公式的应用

(1)截面设计。已知轴向压力设计值 N，材料强度设计值 f_y' 及 f_c，构件的计算长度 l_0，截面尺寸 $b \times h$。求纵向受压钢筋的截面面积 A_s'。

计算步骤如下：

1)求稳定系数 φ。由 l_0/b 或 l_0/d 查表 5-1。

2)求 A_s'。假设 $\rho' < 3\%$，由式(5-1)得

$$A_s' = \frac{N - 0.9\varphi f_c A}{0.9\varphi f_y'} \quad (5-2)$$

3)验算适用条件：$0.6\% \leqslant \rho' = \dfrac{A_s'}{A} \leqslant 3\%$。

若计算结果为 $0.6\% \leqslant \rho' = \dfrac{A_s'}{A} \leqslant 3\%$，此时 A_s' 就是所需的截面面积。

若计算结果为 $3\% < \rho' = \dfrac{A'_s}{A} \leqslant 5\%$ 时,则按下式重新计算 A'_s:

$$A'_s = \dfrac{N - 0.9\varphi f_c A}{0.9\varphi(f'_y - f_c)} \tag{5-3}$$

4)选配钢筋。

【例 5-1】 某轴心受压柱,轴心压力设计值 $N = 2\ 680$ kN,计算高度为 $l_0 = 6.2$ m,混凝土强度等级为 C25,纵筋采用 HRB400 级钢筋,试求柱截面尺寸,并配置受力钢筋。

【解】 初步估算截面尺寸:

查表得 C25 混凝土的 $f_c = 11.9$ N/mm², HRB400 级钢筋的 $f'_y = 360$ N/mm²。

取 $\varphi = 1.0$,$\rho' = 1\%$,由式(5-1)可得

$$A = \dfrac{N}{0.9\varphi(f_c + f'_y \rho')} = \dfrac{2\ 680 \times 10^3}{0.9 \times 1.0 \times (11.9 + 360 \times 0.01)} = 192.1 \times 10^3 (\text{mm}^2)$$

若采用方柱,$h = b = \sqrt{A} = 438$ mm,取 $b \times h = 450$ mm²,$l_0/b = 6.2/0.45 = 13.78$,查表 5-1 得 $\varphi = 0.92$,由式(5-1)可求得

$$A'_s = \dfrac{N - 0.9\varphi f_c A}{0.9\varphi f'_y} = \dfrac{2\ 680 \times 10^3 - 0.9 \times 0.92 \times 11.9 \times 450 \times 450}{0.9 \times 0.92 \times 360} = 2\ 268 (\text{mm}^2)$$

选配 8⌀20($A'_s = 2\ 513$ mm²)

$$\rho' = \dfrac{2\ 513}{450 \times 450} = 1.24\% > \rho_{\min} = 0.4\%$$

因此配筋合适。

(2)截面复核。已知截面尺寸 $b \times h$,纵向受压钢筋的截面面积 A'_s,钢筋和混凝土的强度等级,构件的计算长度 l_0,作用在受压构件上的轴向压力设计值 N,试验算受压构件正截面承载力是否满足要求。

1)计算构件承受的最大轴向压力设计值 N_u。

若 $0.6\% \leqslant \rho' = \dfrac{A'_s}{A} \leqslant 3\%$,则 $N_u = 0.9\varphi(f_c A + f'_y A'_s)$;

若 $3\% < \rho' = \dfrac{A'_s}{A} \leqslant 5\%$ 时,则 $N_u = 0.9\varphi[f_c(A - A'_s) + f'_y A'_s]$。

2)判断承载力是否满足要求。

若 $N \leqslant N_u$,柱子正截面承载力满足要求;否则,正截面承载力不满足要求。

【例 5-2】 某轴心受压柱截面尺寸 $b \times h = 400$ mm $\times 400$ mm,计算长度 $l_0 = 4\ 000$ mm,混凝土强度等级 C20($f_c = 9.6$ N/mm²),钢筋 4⌀20($A'_s = 1\ 256$ mm²,$f'_y = 300$ N/mm²),若该柱承受轴向压力设计值 $N = 1\ 650$ kN,试验算柱子正截面承载力是否满足要求。

【解】 (1)计算柱子承受的最大轴向压力设计值 N_u。

$l_0/b = 4\ 000/400 = 10$,由表 5-1 查得 $\varphi = 0.98$。

$\rho' = A'_s/A = 1\ 256/160\ 000 = 0.78\% > 0.6\%$ 并且 $\leqslant 3\%$。

则 $N_u = 0.9\varphi(f_c A + f'_y A'_s) = 0.9 \times 0.98 \times (9.6 \times 400 \times 400 + 300 \times 1\ 256) = 1\ 687$ (kN)

(2)判断承载力是否满足要求。

$$N = 1\ 650 \text{ kN} < 1\ 687 \text{ kN}$$

所以柱子正截面承载力满足要求。

5.3 偏心受压构件承载力计算

在实际工程中,完全轴心受压构件几乎是不存在的,基本上是简化计算的结果;而偏心受压构件是十分普遍的,结构中多数的柱都是偏心受压构件。形成偏心受压构件的主要原因,除了有一些压力本身就是偏心的外,还在于受压构件在承担轴线压力的同时,还要承担弯矩的作用,形成压弯作用。

■ 5.3.1 偏心受压构件正截面破坏形式

偏心受压构件正截面破坏形式见表 5-2。

表 5-2 偏心受压构件正截面破坏形式

破坏类型	大偏心受压破坏(受拉破坏)	小偏心受压破坏(受压破坏)
发生条件	偏心距 e_0 较大,远离纵向力一侧钢筋 A_s 不多	偏心距 e_0 较小,靠近纵向力一侧钢筋 A_s' 不多;或 e_0 不小但远离纵向力一侧钢筋 A_s 过多
破坏时应力图形		

续表

破坏类型	大偏心受压破坏(受拉破坏)	小偏心受压破坏(受压破坏)
破坏特征	破坏时,受拉区混凝土已开裂,远离纵向力一侧钢筋 A_s 受拉并且达到屈服强度,受压区混凝土也达到极限应变 0.003 3。靠近纵向力一侧钢筋受压,可能屈服也可能未屈服	破坏时,靠近纵向力一侧钢筋 A_s' 受压并且达到抗压强度设计值 f_y',该侧混凝土也达到极限抗压强度;远离纵向力一侧的钢筋 A_s 可能受拉也可能受压,但都不能屈服
截面应力分布	(1)偏心距较大时,部分截面受拉,部分截面受压,所有纵向受力钢筋均能达到抗拉、抗压强度设计值; (2)偏心距很大时,大部分截面受拉,少部分截面受压,受压钢筋应力很小未屈服	(1)偏心距较小时,大部分截面受压,少部分截面受拉;偏心距更小时,全截面受压,靠近纵向力一侧的钢筋受压并且达到 f_y',A_s 可能受拉也可能受压,但都不能屈服; (2)偏心距较大时,部分截面受拉,部分截面受压,破坏时 A_s' 也达到 f_y'。但 A_s 过多,应力很小,这种破坏不经济,不宜采用
结论	(1)对于大偏心受压,受拉区纵向钢筋先达到屈服强度后,还可以继续加荷,直到受压区混凝土压碎,所以也叫作受拉破坏,这种破坏具有明显预兆,属于延性破坏,这种构件抗震性能较好,宜优先采用; (2)对于小偏心受压,靠近纵向力作用一侧截面受压大,该侧受压钢筋和受压混凝土先破坏,另一侧钢筋可能受拉也可能受压,但应力很小,所以也叫作受压破坏,这种破坏无明显预兆,属于脆性破坏,这种构件抗震性能很差,设计时要避免	

通过以上分析可以看出,随着偏心距的增大,受压区高度越来越小,受拉区高度越来越大。从受压区先破坏到受拉区先破坏,它们之间一定存在这样一种破坏:受拉区钢筋刚达到屈服强度的同时,受压区钢筋和混凝土也破坏,这种破坏叫界限破坏。它相当于适筋的双筋梁,所以界限破坏时,界限相对受压区高度同受弯构件界限相对受压区高度 ξ_b 意义相同。即:当 $\xi \leqslant \xi_b$ 时为大偏心受压;当 $\xi > \xi_b$ 时为小偏心受压。

5.3.2 偏心距增大系数

对于偏心受压柱,当长细比较大时,在纵向压力作用下将产生弯曲变形,在临界截面处,实际偏心距 e_i 增大到 $e_i + f$,其最大弯矩也将由 $N_u e_i$ 增大为 $N_u(e_i + f)$,如图 5-8 所示。

对于长细比小的短柱,由于附加挠度 f 很小,一般忽略。对于长柱要考虑 f 的影响,则扩大后的偏心距 $e_i + f = e_i(1 + f/e_i) = e_i \eta$,其中 η 称为偏心距增大系数。

钢筋混凝土偏心受压构件按其长细比 l_0/h 不同分为短柱、长柱和细长柱,其偏心距增大系数 η 分别按下述方法确定:

$l_0/h \leqslant 5$ 时为偏心受压短柱,$\eta = 1.0$;否则为偏心受压长柱,$\eta > 1$。

对于偏心受压长柱,η 可按下列公式计算:

$$\eta = 1 + \frac{1}{1\,400 \dfrac{e_i}{h_0}} \left(\frac{l_0}{h}\right)^2 \zeta_1 \zeta_2 \tag{5-4}$$

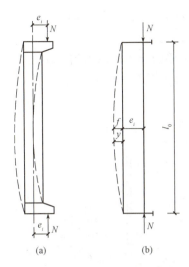

图 5-8　偏心受压柱的侧向弯曲

$$\zeta_1 = \frac{0.5 f_c A}{N} \leqslant 1.0 \tag{5-5}$$

$$\zeta_2 = 1.15 - 0.01 \frac{l_0}{h} \leqslant 1.0 \tag{5-6}$$

式中　h_0——截面有效高度；

e_i——初始偏心距，$e_i = e_0 + e_a$；

e_0——轴向压力对截面重心的偏心距，$e_0 = M/N$；

e_a——附加偏心距，e_a 取 20 mm 和 $h/30$ 两者中的较大值；

ζ_1——偏心受压构件截面曲率修正系数；

ζ_2——构件长细比对截面曲率的修正系数。

5.3.3　矩形截面对称配筋正截面承载力计算

偏心受压构件截面纵筋可以采用对称配筋和非对称配筋。非对称配筋能充分发挥混凝土的抗压能力，纵筋可以减少，但容易放错左右纵向受力钢筋的位置。另外，由于柱子往往承受左右变化的水平荷载(如水平地震作用)，使得同一截面上往往承受正反两个方向的弯矩，因此柱子常采用对称配筋。

(1)基本假定。偏心受压构件正截面承载力计算的基本假定同受弯构件，同样将受压区混凝土曲线应力分布根据受压区混凝土等效换算条件折算成等效矩形应力图形，折算后混凝土抗压强度取值 $\alpha_1 f_c$，受压区高度为 x。

(2)大偏心受压计算公式及适用条件。

1)计算公式。大偏心受压构件的计算简图如图 5-9 所示，由静力平衡条件得

$$N \leqslant N_u = \alpha_1 f_c b x + f'_y A'_s - f_y A_s \tag{5-7}$$

$$Ne \leqslant N_u e = \alpha_1 f_c b x (h_0 - x/2) + f'_y A'_s (h_0 - a'_s) \tag{5-8}$$

式中　N_u——截面破坏时所承担的纵向力；

N——作用在受压构件上的纵向力设计值；

e——纵向力 N 的作用点到远离纵向力一侧纵向受力钢筋 A_s 的合力作用点之间的距离，$e = \eta e_i + h/2 - a_s$；

a_s——远离纵向力一侧钢筋的合力作用点到混凝土边缘的距离；

a_s'——受压钢筋 A_s' 的合力作用点到混凝土边缘的距离。

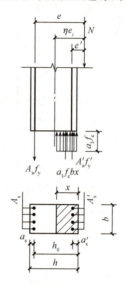

图 5-9 大偏心受压构件计算简图

若采用对称配筋，$f_y'A_s' = f_y A_s$，取极限平衡状态 $N = N_u$，由式(5-7)得 $x = N/\alpha_1 f_c b$，代入式(5-8)得

$$A_s' = A_s = \frac{Ne - \alpha_1 f_c b x (h_0 - x/2)}{f_y'(h_0 - a_s')} \tag{5-9}$$

2) 适用条件。为了保证受压钢筋 A_s' 能达到 f_y'，受压区高度不能太小，必须满足以下条件：

$$x \geqslant a_s' \tag{5-10}$$

为了保证受拉钢筋 A_s 能达到 f_y，防止发生超筋破坏，受压区高度不能太大，必须满足以下条件：

$$x \leqslant x_b = \xi_b h_0 \tag{5-11}$$

当受压区高度太小(图 5-10)，说明受压钢筋 A_s' 未能达到 f_y'，为了安全起见取 $x = 2a_s'$，并对受压钢筋 A_s' 合力点取矩，可得

$$Ne' \leqslant N_u e' = f_y A_s (h_0 - a_s') \tag{5-12}$$

式中 e'——纵向力 N 到受压钢筋 A_s' 的合力作用点之间的距离，$e' = \eta e_i - (h/2 - a_s')$。

由式(5-12)得

$$A_s' = A_s = \frac{Ne'}{f_y(h_0 - a_s')} \tag{5-13}$$

(3) 小偏心受压计算公式及适用条件。对于小偏心受压，在纵向压力作用下，靠近纵向力一侧 A_s' 受压并且达到 f_y'，而远离纵向力一侧钢筋随着偏心距由小到大的增加，混凝土受压区面积变得越来越小，使得远离纵向力一侧钢筋 A_s 由受压变为受拉，但应力 σ_s 小于钢筋

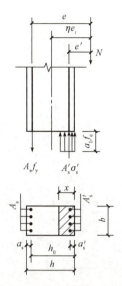

图 5-10 大偏心受压(第二种情况)

的屈服强度。

计算简图如图 5-11 所示,由静力平衡条件得

$$N \leqslant N_u = \alpha_1 f_c bx + f'_y A'_s - \sigma_s A_s \tag{5-14}$$

$$Ne \leqslant N_u e = \alpha_1 f_c bx(h_0 - x/2) + f'_y A'_s (h_0 - a'_s) \tag{5-15}$$

取 $N = N_u$,由式(5-15)得

$$A'_s = A_s = \frac{Ne - \alpha_1 f_c bx(h_0 - x/2)}{f'_y (h_0 - a'_s)} = \frac{Ne - \alpha_1 f_c b h_0^2 \xi(1 - 0.5\xi)}{f'_y (h_0 - a'_s)} \tag{5-16}$$

ξ 计算很复杂,为计算方便,可近似按下列公式计算:

$$\xi = \frac{N - f_c b h_0 \xi_b}{\dfrac{Ne - 0.43 \alpha_1 f_c b h_0^2}{(\beta_1 - \xi_b)(h_0 - a'_s)} + \alpha_1 f_c b h_0} + \xi_b \tag{5-17}$$

(4)公式的应用(对称配筋矩形截面的设计)。

已知柱子截面尺寸为 $b \times h$,混凝土及钢筋的强度等级,柱子计算长度 l_0,承受弯矩设计值 M,轴向压力设计值 N。求纵向受力钢筋的截面面积 $A'_s = A_s$。

步骤如下:

1)判断偏心受压类型。

$x = \dfrac{N}{\alpha_1 f_c b} \leqslant \xi_b h_0$ 为大偏心受压,$x = \dfrac{N}{\alpha_1 f_c b} > \xi_b h_0$ 为小偏心受压。

2)计算 $A'_s = A_s$。

若是大偏心受压,当 $x \geqslant 2a'_s$ 时,由式 $x = \dfrac{N}{\alpha_1 f_c b}$ 和式(5-9)求 $A'_s = A_s$;当 $x < 2a'_s$ 时,由式(5-13)求 $A'_s = A_s$。

若是小偏心受压,则由式(5-16)及式(5-17)求 $A'_s = A_s$。

3)适用条件验算。

$$A'_s = A_s \geqslant 0.002bh$$

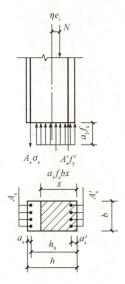

图 5-11　小偏心受压构件计算简图

4)验算垂直弯矩作用平面承载力。

同轴压构件,但公式中的全部纵向受压钢筋用 A'_s+A_s 即可。若不能满足,可增加配筋。

若偏心受压柱在承受弯矩、轴力的同时,还承受剪力作用,则还应进行斜截面受剪承载力计算。

【例 5-3】 已知偏心受压柱其截面尺寸为 $b\times h=300\text{ mm}\times 400\text{ mm}$,混凝土强度等级为 C20($f_c=9.6\text{ N/mm}^2$),$\alpha_1=1.0$,钢筋为 HRB335 级($f_y=f'_y=300\text{ N/mm}^2$),柱子计算长度 $l_0=3\,000\text{ mm}$,承受弯矩设计值 $M=150\text{ kN}\cdot\text{m}$,轴向压力设计值 $N=260\text{ kN}$,$a_s=a'_s=40\text{ mm}$。求纵向受力钢筋的截面面积 $A'_s=A_s$。

【解】　(1)判断偏心受压类型。

$$x=\frac{N}{\alpha_1 f_c b}=\frac{260\,000}{1.0\times 9.6\times 300}=90.3\,(\text{mm})<x_b=\xi_b h_0=0.55\times(400-40)=198\,(\text{mm})$$

且 $x>2a'_s=80\text{ mm}$。

所以为大偏心受压,并且 A'_s 也达到 f'_y。

(2)求 η。

$$e_0=M/N=150\times 10^6/(260\times 10^3)=577\,(\text{mm})$$
$$e_a=\max(20,\ h/30)=\max(20,400/30)=20\text{ mm}$$
$$e_i=e_0+e_a=577+20=597\,(\text{mm})$$

$l_0/h=3\,000/400=7.5>5$,故应按式(5-4)计算 η。

$$\zeta_1=\frac{0.5f_c A}{N}=\frac{0.5\times 9.6\times 300\times 400}{260\times 10^3}=2.22>1.0,\text{ 取 }\zeta_1=1.0$$

$$\zeta_2=1.15-0.01\frac{l_0}{h}=1.15-0.01\times\frac{3\,000}{400}=1.075>1.0,\text{ 取 }\zeta_2=1.0$$

$$\eta=1+\frac{1}{1\,400\dfrac{e_i}{h_0}}\left(\frac{l_0}{h}\right)^2\zeta_1\zeta_2=1+\frac{1}{1\,400\times\dfrac{597}{360}}\times\left(\frac{3\,000}{400}\right)^2\times 1.0\times 1.0=1.024$$

(3)求 $A_s' = A_s$。
$$e = \eta e_i + h/2 - a_s = 1.024 \times 597 + 400/2 - 40 = 771 \text{(mm)}$$
$$A_s' = A_s = \frac{Ne - \alpha_1 f_c bx(h_0 - x/2)}{f_y'(h_0 - a_s')}$$
$$= \frac{260 \times 10^3 \times 771 - 1.0 \times 9.6 \times 300 \times 90.3 \times (360 - 90.3/2)}{300 \times (360 - 40)}$$
$$= 1\,235 \text{(mm}^2\text{)}$$

(4)适用条件验算。
$A_s' + A_s = 2 \times 1\,235 = 2\,470 \text{(mm}^2\text{)} > \rho_{\min} = 0.6\% bh = 0.6\% \times 300 \times 400 = 720 \text{(mm}^2\text{)}$
且 $< \rho_{\max} = 5\% bh = 5\% \times 300 \times 400 = 6\,000 \text{(mm}^2\text{)}$。
$A_s' = A_s = 1\,235 \text{ mm}^2 > \rho_{\min} = 0.2\% bh = 0.2\% \times 300 \times 400 = 240 \text{(mm}^2\text{)}$
满足要求。

每侧选用 $2\Phi 22 + 1\Phi 25 = 1\,251 \text{ mm}^2$，箍筋选用 $\Phi 8$，配筋如图 5-12 所示。

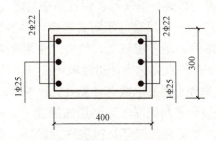

图 5-12 例 5-3 配筋图

【例 5-4】 上例中其他条件不变，但 $N = 200 \text{ kN}$，求纵向受力钢筋的截面面积 $A_s' = A_s$。

【解】 (1)判断偏心受压类型。
$$x = \frac{N}{\alpha_1 f_c b} = \frac{200\,000}{1.0 \times 9.6 \times 300} = 69.4 \text{(mm)} < x_b = \xi_b h_0 = 0.55 \times (400 - 40) = 198 \text{(mm)}$$
且 $x < 2a_s' = 80 \text{ mm}$。
所以为大偏心受压，并且 A_s' 未达到 f_y'。

(2)求 η。
$$e_0 = M/N = 150 \times 10^6 / (200 \times 10^3) = 750 \text{(mm)}$$
$$e_a = \max(20, h/30) = \max(20, 400/30) = 20 \text{(mm)}$$
$$e_i = e_0 + e_a = 750 + 20 = 770 \text{(mm)}$$

$l_0/h = 3\,000/400 = 7.5 > 5$，故应按式(5-4)计算 η。

$$\zeta_1 = \frac{0.5 f_c A}{N} = \frac{0.5 \times 9.6 \times 300 \times 400}{200 \times 10^3} = 2.88 > 1.0，取 \zeta_1 = 1.0;$$

$$\zeta_2 = 1.15 - 0.01 \frac{l_0}{h} = 1.15 - 0.01 \times \frac{3\,000}{400} = 1.075 > 1.0，取 \zeta_2 = 1.0，则$$

$$\eta = 1 + \frac{1}{1\,400 \frac{e_i}{h_0}} \left(\frac{l_0}{h}\right)^2 \zeta_1 \zeta_2 = 1 + \frac{1}{1\,400 \times \frac{770}{360}} \left(\frac{3\,000}{400}\right)^2 \times 1.0 \times 1.0 = 1.019$$

(3)求 $A_s' = A_s$。

$$e' = \eta e_i - (h/2 - a_s') = 1.019 \times 770 - (400/2 - 40) = 625 \text{(mm)}$$

$$A_s' = A_s = \frac{Ne'}{f_y(h_0 - a_s')} = \frac{200 \times 10^3 \times 625}{300 \times (360 - 40)} = 1\,302 \text{(mm}^2)$$

每侧纵筋选配 3Φ25。

本章小结

1. 受压构件按其受力情况可分为轴心受压构件和偏心受压构件，而偏心受压构件又分为单向偏心受压构件和双向偏心受压构件。轴心受压构件截面一般采用方形或矩形，有时也采用圆形或多边形。受压构件宜采用较高强度等级的混凝土，纵向钢筋一般采用 HRB400 级、HRB335 级和 RRB400 级，不宜采用高强度钢筋。

2. 轴心受压构件的纵向钢筋除了与混凝土共同承担轴向压力外，还能承担由于初始偏心或其他偶然因素引起的附加弯矩在构件中产生的拉力；箍筋可以固定纵向受力钢筋的位置，防止纵向受力钢筋在混凝土压碎之前压屈，保证纵筋与混凝土共同受力。

3. 轴心受压短柱初始偏心对构件原载力无明显影响，钢筋和混凝土的抗压强度都得到充分利用。轴心受压长柱初始偏心距影响较大，构件产生附加弯矩和弯曲变形，有可能在材料强度尚未达到以前即由于构件丧失稳定而引起破坏。

4. 钢筋混凝土轴心受压构件正截面承载力计算公式：$N \leq 0.9\varphi(f_y'A_s' + f_cA)$。

5. 对于大偏心受压，受拉区纵向钢筋先达到屈服强度后，还可以继续加荷，直到受压区混凝土压碎，叫受拉破坏，属于延性破坏，抗震性能较好，宜优先采用；对于小偏心受压，靠近纵向力作用一侧截面受压钢筋和受压混凝土先破坏，另一侧钢筋可能受拉也可能受压，应力很小，叫受压破坏，属于脆性破坏，抗震性能很差，设计时要避免。

复习思考题

一、简答题

1. 轴心受压构件中纵筋的作用是什么？
2. 为什么要考虑附加偏心距？
3. 试从破坏原因、破坏性质及影响承载力的主要因素来分析偏心受压构件的两种破坏特征。当构件的截面、配筋及材料强度给定时，形成两种破坏特征的条件是什么？
4. 大偏心受压和小偏心受压破坏特征有何区别？截面应力状态有何不同？它们分界条件是什么？
5. 钢筋混凝土受压构件配置箍筋有何作用？其直径、间距和附加箍筋有何要求？

二、计算题

1. 某四层四跨现浇框架结构的第二层内柱轴向压力设计值 $N=140 \times 10^4$ N，楼层高 $H=5.4$ m，混凝土强度等级为 C25，HRB400 级钢筋。试求柱截面尺寸及纵筋面积。

2. 已知矩形截面柱 $b \times h = 400$ mm $\times 600$ mm，计算长度 $l_0 = 3$ m，作用轴向压力设计值 $N = 350$ kN，弯矩设计值 $M = 150$ kN·m，混凝土强度等级为 C20，钢筋采用 HRB335 级。设计对称配筋的钢筋数量 $A_s(A_s')$。

3. 某钢筋混凝土框架底层中柱，截面尺寸 $b \times h = 400$ mm $\times 600$ mm，构件的计算长度

$l_0=5.7$ m，承受包括自重在内的轴向压力设计值 $N=2\,000$ kN，该柱采用 C20 混凝土、HRB335 级纵向受力钢筋，试确定柱的配筋。

4. 某矩形截面柱，其尺寸 $b\times h=400$ mm$\times 500$ mm，该柱承受的轴向压力设计值 $N=2\,950$ kN，计算长度 $l_0=4$ m，采用 C25 混凝土、HRB400 级钢筋，已配置纵向受力钢筋 $4\Phi25(A_s'=1\,964$ mm$^2)$，试验算截面是否安全。

5. 某钢筋混凝土柱截面尺寸 $b\times h=300$ mm$\times 500$ mm，柱计算长度 $l_0=6$ m，轴向压力设计值 $N=1\,300$ kN，弯矩设计值 $M=253$ kN·m。采用混凝土强度等级为 C20，纵向受力钢筋采用 HRB335 级，按对称配筋设计，求钢筋截面面积 $A_s=A_s'(a_s=a_s'=40$ mm$)$。

6. 钢筋混凝土矩形截面柱，对称配筋，截面尺寸 $b\times h=350$ mm$\times 500$ mm，$a_s=a_s'=35$ mm，$l_0/h=8$，混凝土强度等级为 C25，纵向受力钢筋为 HRB335 级。承受轴向压力设计值 $N=350$ kN，弯矩设计值 $M=255$ kN·m。试求该柱的纵向钢筋 $A_s=A_s'$。

7. 已知柱截面尺寸 $b\times h=300$ mm$\times 600$ mm，$a_s=a_s'=35$ mm，$l_0=4.8$ m，承受轴向压力 $N=1\,000$ kN，弯矩 $M=300$ kN·m，混凝土强度等级为 C30，纵筋为 HRB335 级钢筋，采用对称配筋。求对称配筋的钢筋数量 $A_s=A_s'$。

第 6 章 钢筋混凝土楼盖

内容提要

钢筋混凝土楼盖是建筑结构的重要组成部分，合理选择楼盖，对整个房屋的使用和经济指标具有重要的影响。钢筋混凝土楼盖按施工方法的不同可分为现浇整体式楼盖、装配式楼盖和装配整体式楼盖三种。

本章主要介绍现浇整体式钢筋混凝土单向板楼盖的设计方法和构造要求、现浇整体式钢筋混凝土双向板楼盖的设计方法和构造要求及装配式楼盖的设计要求。

知识掌握目标

1. 掌握现浇整体式钢筋混凝土单向板楼盖的设计方法和构造要求；
2. 了解现浇整体式钢筋混凝土双向板楼盖的设计方法和构造要求；
3. 了解装配式楼盖的设计要求。

6.1 现浇钢筋混凝土肋梁楼盖

钢筋混凝土楼盖是建筑结构的重要组成部分，如楼盖、屋盖、阳台、楼梯、雨篷等。在建筑结构中，混凝土楼盖的自重和造价均占有较大的比例。因此，合理选择楼盖的结构形式，正确进行楼盖设计，对整个房屋的使用和经济指标具有重要的影响。

钢筋混凝土楼盖按施工方法的不同可分为现浇整体式楼盖、装配式楼盖和装配整体式楼盖三种。其中现浇整体式楼盖具有整体刚度好、抗震性能强、防水性能好、能适应不规则平面等优点，广泛用于平面形状不规则、防水要求高、有振动荷载或布置上有特殊要求的建筑物和高层建筑。但同时也有现场工作量大、模板用量多和施工周期长的缺点。装配式楼盖与现浇整体式楼盖相比，具有节省模板、工期短、受季节影响小等优点，但它的整体性、抗震性和防水性能较差，不便开设洞口，一般用于平面布置规则、防水要求低且无振动荷载的多层民用建筑。装配整体式楼盖既避开了现浇整体式楼盖的费工、费模板及施工周期长的弊病，同时楼盖本身又具有了一定的整体刚度和抗震性能，从理论上讲，它是一种性能最优的楼盖结构形式，但其造价高，施工复杂。

现浇整体式钢筋混凝土楼盖按楼板支撑受力条件的不同,可分为单向板肋梁楼盖、双向板肋梁楼盖、井式楼盖和无梁楼盖等几种形式(图 6-1)。

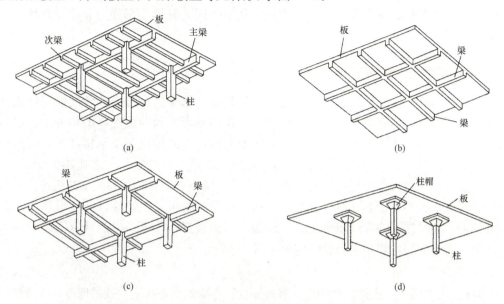

图 6-1　楼盖结构形式
(a)单向板肋梁楼盖；(b)双向板肋梁楼盖；(c)井式楼盖；(d)无梁楼盖

现浇肋形楼盖由板、次梁和主梁组成的梁板结构,是楼盖中最常见的结构形式,同其他结构形式相比,其整体性好、用钢量少。

梁板结构主要承受垂直于板面的荷载作用,荷载由上至下依次传递,板上的荷载先传递给次梁,次梁上的荷载再传递给主梁,主梁上的荷载再传递给柱或墙,最后传递到基础和地基上。在整体式梁板结构中,板区格的四周一般均有梁或墙体支承。因为梁的抗弯刚度比板大得多,所以可以将梁视为板的不动支承。四边支撑的板的荷载通过板的双向弯曲传到两个方向上。传到支承上的荷载的大小,取决于该板两个方向上边长的比值。当板的长短边的比值超过一定数值时,沿板长边方向所分配的荷载可以忽略不计,故荷载可视为仅沿短边方向传递,这样的四边支承可视为两边支承。因此,根据长边、短边的比值,肋形结构可分为单向板和双向板两种。

(1)单向板肋形结构。当板上的荷载主要沿短边方向传递给梁,短边为主要弯曲方向,受力钢筋沿短边方向布置,长边方向仅按构造布置分布钢筋,此种梁板结构称为单向板肋形结构。单向板肋形结构的优点是计算简单、施工方便[图 6-1(a)]。

(2)双向板肋形结构。当板的两个方向上的弯曲相近,板上的荷载沿两个方向传递给四边的支承,板是双向受力,在两个方向上板都要布置受力钢筋,此种梁板结构称为双向板肋形结构。双向板肋形结构的优点是经济美观,故在公共建筑的门厅和楼盖中经常应用[图 6-1(b)]。

井式楼盖是由肋形楼盖演变而来,与肋形楼盖不同的是,井式楼盖的支撑梁在交点处不设柱子,互相交叉形成井字状,不分主、次梁,其两个方向上的梁的截面尺寸相同,比肋形楼盖截面高度小,梁的跨度较大,常用于公共建筑的大厅等结构[图 6-1(c)]。

无梁楼盖是一种由板、柱组成的梁板结构,没有主梁和次梁[图 6-1(d)]。其结构特点是钢筋混凝土楼板直接支承在柱上,同肋梁楼盖相比,无梁楼盖厚度更大。当荷载和柱网较大时,为了改善板的受力条件,提高柱顶处板的抗冲切能力以及降低板中的弯矩,通常在每层柱的上部设置柱帽,柱帽截面一般为矩形。无梁楼盖具有楼层净空高、天棚平整、采光性好、节省模板、支模简单及施工方便等优点,因而常用于书库、仓库、商场、水池底板以及筏板基础等结构。

■ 6.1.1 单向板肋梁楼盖

肋梁楼盖由板、次梁、主梁组成,三者整体相连,通常为多跨连续的超静定结构。每一区格的板一般四边均有支承,板上的荷载通过双向受弯传到四边支承的构件上。但当区格板的长边与短边之比较大时,板上的荷载主要沿短边方向传递到支承构件上,而沿长边方向传递的荷载较小,可忽略不计。《规范》规定,当长边与短边长度之比不大于2.0时,应按双向板计算;当长边与短边长度之比大于2.0,但小于3.0时,宜按双向板计算;当长边与短边长度之比不小于3.0时,宜按沿短边方向受力的单向板计算,并应沿长边方向布置构造钢筋。肋梁楼盖的设计步骤是:①结构的平面布置;②板、梁的计算简图和内力计算;③板、梁的配筋计算;④绘制结构施工图。

1. 结构布置

单向板肋形楼盖中,次梁的间距决定板的跨度;主梁的间距决定次梁的跨度;柱或墙的间距决定主梁的跨度。在实际工程中,单向板、次梁、主梁的常用跨度为:单向板1.7~2.5 m,一般不宜超过3 m;次梁4~6 m;主梁5~8 m。

单向板肋形楼盖的结构平面布置方案通常有以下两种:

(1)主梁横向布置。主梁横向布置,次梁纵向布置,这种结构布置的优点是主梁和柱可形成横向框架,房屋横向抗侧移刚度大,各榀横向框架间由纵向的次梁相连,整体性较好[图6-2(a)]。此外,由于次梁沿外纵墙方向布置,使外纵墙上窗户高度可开得大些,对室内采光有利。因此,工程中常采用该种结构布置方案。

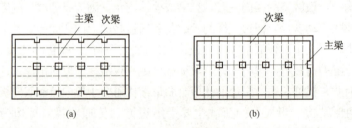

图6-2 单向板肋形楼盖结构平面布置方案
(a)主梁横向布置;(b)主梁纵向布置

(2)主梁纵向布置。主梁纵向布置,次梁横向布置,这种结构布置的优点是减小了主梁的截面高度,增加了室内净高,适用于横向柱距比纵向柱距大得多的情况或是房屋有集中通风要求的情况[图6-2(b)]。

2. 计算简图

(1)荷载计算。作用在楼盖上的荷载有恒荷载和活荷载两种。恒荷载包括结构自重、各楼层自重、永久设备自重等。活荷载主要为建筑使用时的人群、家具及一般设备的自重。楼盖上的荷载通常按均布荷载考虑。

当楼面承受均布荷载时，通常取 1 m 宽板带作为计算单元，板所承受的荷载为板带自重及板上的均布活荷载。同时，忽略结构的连续性，认为次梁只承受与所计算次梁相邻的两半边梁间距范围内板传来的荷载和次梁本身自重。而对主梁，为简化计算，将主梁自重分段化成若干个集中荷载，叠加到次梁传来的集中荷载里，荷载计算具体如图 6-3 所示。

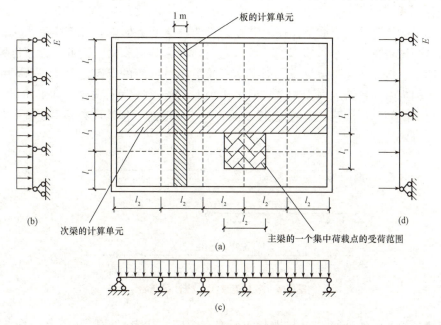

图 6-3 单向板肋梁楼盖计算简图
(a)梁、板计算单元及荷载计算范围；(b)板计算简图；(c)次梁计算简图；(d)主梁计算简图

(2)支座简化。单向板肋梁楼盖构件计算时，考虑到构件本身刚度与支撑构件刚度的差异，支座对构件转动约束强度也不同，在满足工程精度的条件下，视板为支撑于墙体或次梁上的多跨连续板，次梁为支撑于墙体或主梁上的多跨连续梁，对于主梁，当节点两侧梁的线刚度之和与节点上下柱的线刚度之和的比值大于 3 时，也将柱视作主梁的不动铰支座，主梁内力也按多跨连续梁计算；否则，应按框架进行内力分析。

(3)折算荷载。在进行连续梁(板)内力计算时，忽略了支座对梁(板)的约束作用而按铰支座考虑；而实际次梁的抗扭刚度部分阻止了板的自由转动，主梁同样也部分阻止了次梁的转动，使其支座处转角小于铰支座的转角，即相当于减小了梁、板的跨中最大正弯矩，因此，在工程计算中，常采用加大恒荷载减小活荷载的方法来考虑此有利因素的影响，即以折算荷载代替实际荷载进行连续梁(板)构件内力的计算。

对于板，折算后的恒荷载和活荷载为

$$g' = g + \frac{q}{2} \tag{6-1}$$

$$q' = \frac{q}{2} \tag{6-2}$$

对于次梁，折算后的恒荷载和活荷载为

$$g' = g + \frac{q}{4} \tag{6-3}$$

$$q' = \frac{3q}{4} \tag{6-4}$$

式中 g'、q'——折算后的恒荷载和活荷载；

g、q——实际作用的恒荷载和活荷载。

3. 计算跨数与计算跨度

当连续梁的某跨受到荷载作用时，其相邻各跨也会受到影响，并产生变形和内力，但这种影响是距该跨越远越小，当超过两跨以上时，其影响可忽略。因此，对于五跨和五跨以内的连续梁、板按实际跨数计算；对于实际跨数超过五跨的等跨连续梁、板，可简化为五跨计算，因为中间各跨的内力与第三跨的内力非常接近，为了减少计算工作量，所有中间跨的内力和配筋均可按第三跨处理(图 6-4)；对于非等跨，但跨度相差不超过 10% 的连续梁、板可按等跨计算。

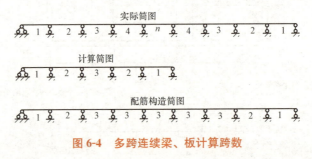

图 6-4 多跨连续梁、板计算跨数

连续梁、板各跨的计算跨度与支座的形式、构件的截面尺寸以及内力计算方法有关，通常可按表 6-1 采用。当连续梁、板各跨跨度不等时，如各跨计算跨度相差不超过 10%，仍可按等跨连续梁、板来计算各截面的内力。但在计算各跨跨中截面内力时，应取本跨计算跨度；在计算支座截面内力时，取左、右两跨计算跨度的平均值。

表 6-1 板、次梁、主梁的计算跨度

跨数	支座情形		计算跨度	
			板	梁
单跨	两端简支		$l_0 = l_n + h$	$l_0 = l_n + h$
	一端简支、一端与梁整体连接		$l_0 = l_n + 0.5h$	$l_0 = l_n + a \leq 1.05 l_n$
	两端与梁整体连接		$l_0 = l_n$	$l_0 = l_n$
多跨	两端简支		当 $a \leq 0.1 l_c$，$l_0 = l_c$	当 $a \leq 0.05 l_c$，$l_0 = l_c$
			当 $a > 0.1 l_c$，$l_0 = 1.1 l_n$	当 $a > 0.05 l_c$，$l_0 = 1.05 l_c$
	一端入墙内另一端与梁整体连接	按塑性计算	$l_0 = l_n + 0.5h$	$l_0 = l_n + 0.5a \leq 1.025 l_n$
		按弹性计算	$l_0 = l_n + (h+b)$	$l_0 = l_c \leq 1.025 l_n + 0.5b$
	两端均与梁整体连接	按塑性计算	$l_0 = l_n$	$l_0 = l_n$
		按弹性计算	$l_0 = l_c$	$l_0 = l_c$

注：l_n——支座间净距；l_c——支座中心间距离；h——板厚；a——边支座宽度；b——中间支座宽度

4. 内力计算

(1)弹性方法结构内力计算。连续板和梁的内力计算方法有两种：弹性理论计算和考虑内力重分布的塑性理论计算。这里先介绍弹性理论计算法。按弹性理论计算法计算内力，就是假定板和梁都为理想弹性体，根据前面所述的方法选取计算简图，因连续板和梁都是超静定结构，需要按结构力学的力矩分配法计算内力。由于力矩分配法计算量很大，为方便计算，多采用现成的连续板、梁的内力系数表进行计算。对于板和次梁而言，其受到的荷载大多可以简化成均布荷载，而要计算最大内力设计值，首先需要确定荷载的最不利布置，再按照效应组合来计算内力设计值。恒荷载应按实际情况分布。活荷载是按一整跨为单元来改变其位置的，因此在设计连续梁、板时，应研究活荷载如何布置将使梁、板内支座截面或跨内截面的内力绝对值最大，这种布置称为活荷载的最不利布置。

1)均布活荷载最不利布置。表 6-2 所示为五跨连续梁分别于不同跨单独布置活荷载后的弯矩图和剪力图。当活荷载布置在连续梁的 1、3、5 跨时，这些活荷载各自在梁的 1、3、5 跨跨中所产生的弯矩都是正弯矩，从而使梁在 1、3、5 跨跨中出现正弯矩最大值；如果活荷载布置在 2、4 跨，就会在 2、4 跨跨中出现正弯矩最大值或在 1、3、5 跨跨中产生负弯矩，即使跨中正弯矩减小；当活荷载布置在 1、2、4 跨时，在 B 支座出现最大负弯矩及最大剪力。由此可知，活荷载在连续梁各跨满布时，并不是梁的最不利布置。

通过分析弯矩和剪力分布规律以及不同组合后的效果，得出以下确定截面活荷载最不利布置的规律：

①求某跨跨内最大正弯矩时，应在本跨布置活荷载，然后隔跨布置；
②求某跨跨内最大负弯矩时，本跨不布置活荷载，而在其左右邻跨布置，然后隔跨布置；
③求某支座绝对值最大的负弯矩时，或支座左、右截面最大剪力时，应在该支座左右两跨布置活荷载，然后隔跨布置。

表 6-2 连续 5 跨梁均布活荷载最不利布置

可变荷载分布图	最不利内力		
	最大正弯矩	最大负弯矩	最大剪力
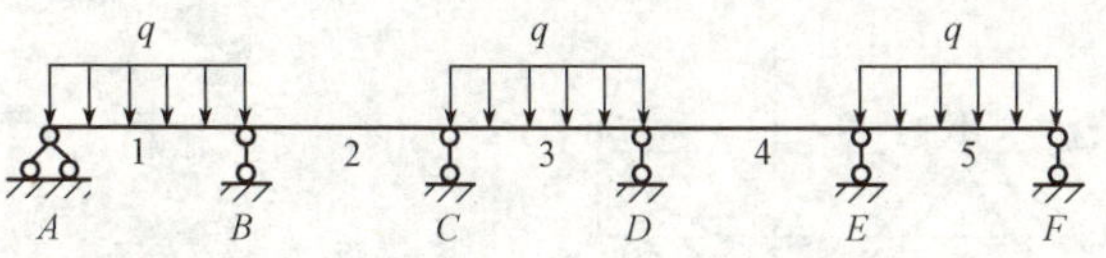 跨 1、3、5 布置活荷载	M_1、M_3、M_5	M_2、M_4	M_A、V_F
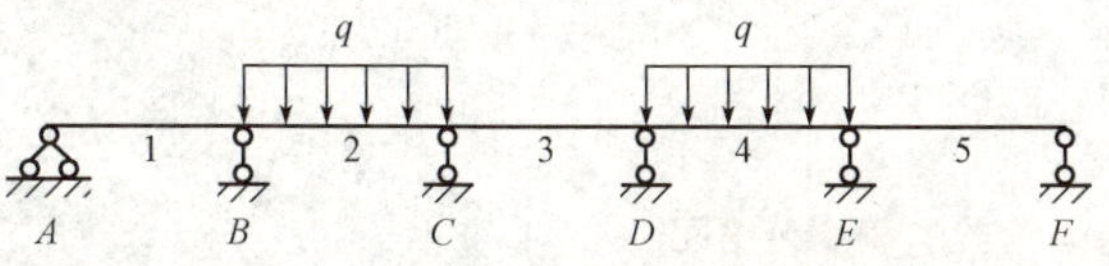 跨 2、4 布置活荷载	M_2、M_4	M_1、M_3、M_5	
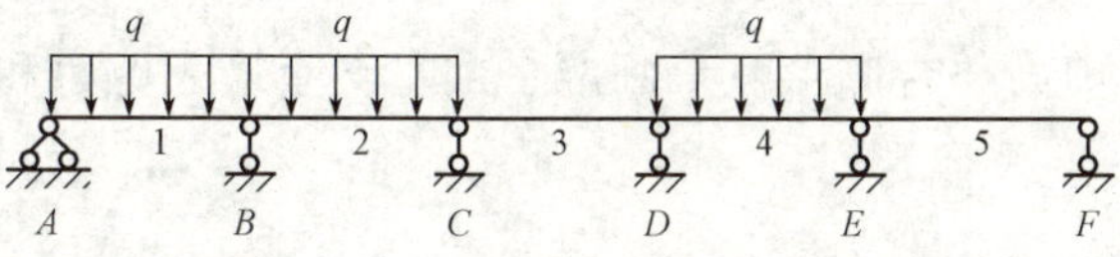 跨 1、2、4 布置活荷载		M_B	M_B'、V_B'
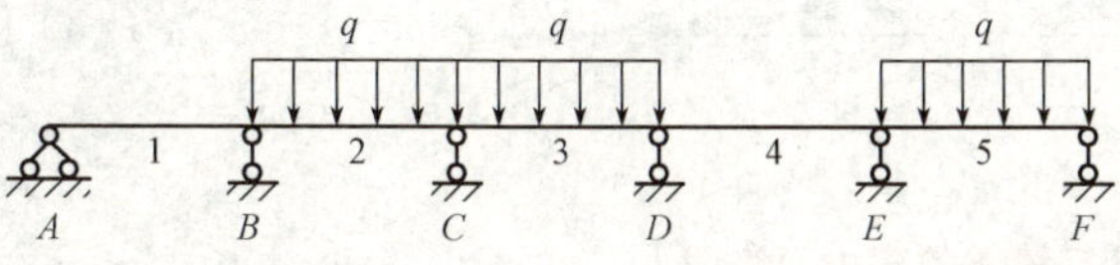 跨 2、3、5 布置活荷载		M_C	M_C'、V_C'

2)内力计算。对于等跨或跨差不大于10%的连续梁(板),在活荷载的最不利位置确定后,即可直接应用表格查得在恒荷载和各种活荷载作用下梁的内力系数,并按下列公式求出梁有关截面的弯矩和剪力。

当均布荷载作用时:

$$M = k_1 g l_0^2 + k_2 q l_0^2 \tag{6-5}$$

$$V = k_3 g l_0 + k_4 q l_0 \tag{6-6}$$

当集中荷载作用时:

$$M = k_1 G l_0 + k_2 Q l_0 \tag{6-7}$$

$$V = k_3 G + k_4 Q \tag{6-8}$$

式中 k_1、k_2、k_3、k_4——内力系数;

g、q——单位长度上的均布恒荷载和均布活荷载;

G、Q——集中恒荷载和集中活荷载;

l_0——梁的计算跨度,计算支座弯矩时,取支座两邻跨的平均值;其余情况取本跨的计算跨度。

3)内力包络图。当求出跨内截面和支座截面的最大弯矩值和最大剪力值后,就可以进行正截面和斜截面承载力设计,确定钢筋用量。但这只能确定跨内截面和支座截面的配筋,而不能确定钢筋在跨内的变化情况。如梁上部纵向钢筋的截断与下部纵向钢筋的弯起,这就需要知道每一跨内其他截面最大弯矩和最大剪力沿跨度的变化情况,即内力包络图。

内力包络图由内力叠合图形的外包线构成,现以承受均布线荷载的五跨连续梁的弯矩包络图来说明。根据活荷载的不利布置情况,每一跨都可以画出四个弯矩分布图形,分别对应于跨内最大正弯矩、跨内最小正弯矩(或负弯矩)和左、右支座截面的最大负弯矩。当端支座为简支时,边跨只能画出三个弯矩分布图。将这些弯矩分布图全部叠画在同一基线上,就是弯矩的叠合图形,弯矩叠合图形的外包线所对应的弯矩值代表了各截面上可能出现的弯矩上、下限值,故由弯矩叠合图形外包线所构成的弯矩图称为弯矩包络图(图 6-5)。

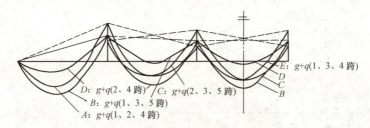

图 6-5 多跨连续梁的弯矩包络图

用类似的方法可以绘出剪力包络图,剪力叠合图形可只画两个:左支座最大剪力和右支座最大剪力(图 6-6)。

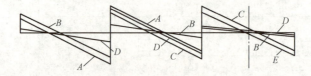

图 6-6 多跨连续梁的剪力包络图

4) 支座截面内力。按弹性理论计算连续梁内力时，中间跨的计算跨度取为支座中心线间的距离，忽略了支座宽度，这样求得的支座截面负弯矩和剪力值都是支座中心位置的。实际上，正截面受弯承载力和斜截面受剪承载力的控制截面应在支座边缘，内力设计值应按支座边缘截面确定，用以下公式计算。

支座边缘截面的弯矩设计值：

$$M_b = M - V_0 \frac{b}{2} \tag{6-9}$$

支座边缘截面的剪力设计值：

均布荷载：

$$V_b = V - (g+q) \frac{b}{2} \tag{6-10}$$

集中荷载：

$$V_b = V \tag{6-11}$$

式中　M、V——支承中心处的截面的弯矩、剪力；

　　　V_0——按简支梁计算的支座中心处的剪力；

　　　b——支座宽度；

　　　g、q——单位长度上的均布恒荷载和均布活荷载。

(2) 塑性方法结构内力计算。按弹性理论计算内力时，是把钢筋混凝土材料看作理想的弹性材料，没有考虑其塑性性质；很明显，这与实际不符，其计算结果不能准确反映构件的真实内力。塑性计算法是考虑塑性变形引起结构内力重分布的实际情况计算连续板和梁内力的方法。这种方法考虑了钢筋和混凝土的塑性性质，计算结果更符合工程实际情况。

对适量配筋的受弯构件，当控制截面的纵向钢筋达到屈服后，该截面的承载力也达到最大值，再增加少许弯矩，纵向钢筋的应力不变但应变却会急剧增加，即形成塑性变形区；该区域两侧截面产生较大的相对转角，由于纵向钢筋已经屈服，因此不能有效限制转角的增大，则此塑性变形区在构件中的作用，相当于一个能够转动的"铰"，称之为塑性铰。塑性铰形成的区域内，钢筋与混凝土的黏结发生局部破坏，塑性铰相当于把构件分为用铰连接的两部分。对于静定结构，构件一出现塑性铰，相当于少了一个约束，则立即变为机动体系失去承载力。对于超静定结构，由于有多余约束，即使出现塑性铰，也不会转变为机动体系，仍然能够继续承载，直到构件陆续出现其他的塑性铰，当塑性铰的数目大于结构的超静定次数时，结构才转变成机动体系。很明显，由于连续板和梁均属于超静定结构，因此可以允许塑性铰的存在，即控制截面达到最大承载力之后，整个结构还可以继续承载。

钢筋混凝土结构的塑性铰和理想铰有本质区别：①塑性铰截面能够承受弯矩，而理想铰则不能；②塑性铰只能沿弯矩方向作有限的转动，而理想铰可以在两个方向自由转动；③塑性铰有一定宽度，而理想铰则集中于一点。对于钢筋混凝土超静定结构，塑性铰出现后相当于减少了结构的约束，这将会引起各截面的内力发生变化，即内力重分布。

目前，钢筋混凝土多跨连续梁、板考虑塑性变形内力重分布的计算时，应用较多的是弯矩调幅法。该方法就是在弹性理论的弯矩包络图基础上，对构件中选定的某些支座截面较大的弯矩值，按内力重分布的原理加以调整，然后按调整后的内力进行配筋计算。对单向板肋梁楼盖中的连续次梁和板，应当考虑塑性内力重分布现象进行内力分析。为保证塑性铰具有足够的转动能力，使整个结构或局部在形成几何可变体系之后才丧失承载力，按塑性理论计算法设计的结构，弯矩调幅后引起结构内力图形和正常使用状态的变化，应进行验算，或有构造措施加以保证；受力钢筋宜采用塑性性能良好的 HPB300、HRB335、HRB400 级等热轧钢筋；混凝土宜选用强度等级在 C20～C45 范围内的；截面的相对受压区高度系数 ζ 不应超过 0.35，也不宜小于 0.10；在可能产生塑性铰的区段，受剪箍筋应比计算值增大 20% 后配置。

等跨连续梁、板在相同均布荷载作用下，考虑塑性内力重分布，各控制截面的弯矩和剪力可按下式计算：

$$M=\alpha(g+q)l_0^2 \tag{6-12}$$

$$V=\beta(g+q)l_n \tag{6-13}$$

式中　g、q——单位长度上的均布恒荷载和均布活荷载；

　　　α——考虑塑性内力重分布的弯矩系数，按表 6-3 选用；

　　　β——考虑塑性内力重分布的剪力系数，按表 6-4 选用；

　　　l_0——计算跨度；

　　　l_n——净跨度。

表 6-3　考虑塑性内力重分布的弯矩系数

支撑情况		截面位置				
		端支座	边跨跨中	离端第二支座	中间跨跨中	中间支座
梁板搁置在墙上		0	1/11	两跨连续 −1/10	1/16	−1/14
与梁整体连接	板	−1/16	1/14			
	梁	−1/24		三跨以上连续 −1/11		
梁与柱整体连接		−1/16	1/14			

表 6-4　考虑塑性内力重分布的剪力系数

支撑情况	截面位置				
	端支座内侧	离端第二支座		中间支座	
		左侧	右侧	左侧	右侧
搁置在墙上	0.45	0.60	0.55	0.55	0.55
与梁或柱整体连接	0.50	0.55			

因塑性理论计算方法是以形成塑性铰为前提，因此它并不是适用于任何情况，对下列构件应按弹性理论计算方法进行设计，不适用塑性理论计算方法：①直接承受动力荷载或重复荷载的结构；②使用阶段不允许出现裂纹或对裂缝开展有严格限制的结构；③处于重要部位，要求有较大强度储备的结构；④处于侵蚀性环境中的结构。

4. 构造要求

(1)板的构造要求。

1)板厚。板的混凝土用量占全楼盖的 50% 以上，因此为经济性考虑，板的厚度应在满足可靠性要求、建筑功能要求和方便施工的条件下尽可能薄些，一般屋面的板厚不小于 50 mm；

一般楼面的板厚不小于 60 mm；工业房屋楼面的板厚不小于 80 mm。另外，对于单向板的板厚还应满足下述要求：连续板板厚不小于跨度的 1/40；简支板板厚不小于跨度的 1/35；悬臂板板厚不小于跨度的 1/12。板的厚度一般不小于表 6-5 的规定。

表 6-5　现浇钢筋混凝土板的最小厚度　　　　　　　　　　　　　　　　　　mm

板的类别		最小厚度
单向板	屋面板	60
	民用建筑楼板	60
	工业建筑楼板	70
	行车道下的楼板	80
双向板		80
密肋楼盖	面板	50
	肋高	250
悬臂板（固定端）	悬臂长度不大于 500	60
	悬臂长度为 1 200	100
无梁楼板		150
现浇空心楼盖		200

2）板的支承长度。板的支承长度要满足受力钢筋在支座内的锚固要求，且不小于板的厚度，当板支承在砖墙上时，其支承长度一般不得小于 120 mm。

3）板中受力钢筋。板中受力钢筋有板面承受负弯矩的板面负筋和板底承受正弯矩的受力钢筋，常用直径为 6～12 mm。为防止施工中踩塌负钢筋，负钢筋直径不宜小于 8 mm。板中受力钢筋的间距，当板厚 $h \leqslant 150$ mm 时，不宜大于 200 mm；当板厚 $h > 150$ mm 时，不宜大于 $1.5h$，且不宜大于 250 mm，钢筋间距也不宜小于 70 mm。对于简支板或连续板下部纵向钢筋伸入支座的锚固长度不应小于 $5d$（d 为下部纵向受力钢筋直径）。

为方便施工，选择板内正、负钢筋时，一般宜使它们的间距相同而直径不同，但直径不宜多于两种。

连续单向板中受力钢筋的配筋方式有弯起式和分离式两种（图 6-7）。

弯起式配筋楼板整体性好，钢筋锚固较好，用钢量少，但施工较复杂，工程中应用较少，仅在楼面有较大振动荷载时采用。

分离式配筋锚固稍差，耗钢量略高，但设计和施工都比较方便，是目前工程中常用的配筋方式。

连续单向板内受力钢筋的弯起和截断，一般可按图 6-7 确定，图中 a 的取值，当相邻跨度之差不超过 20% 时，可按下列规定采用：

当 $q/g \leqslant 3$ 时，则

$$a = l_n/4 \qquad (6-14)$$

当 $q/g > 3$ 时，则

$$a = l_n/3 \qquad (6-15)$$

式中　g、q——单位长度上的均布恒荷载和均布活荷载；

　　　l_n——净跨度。

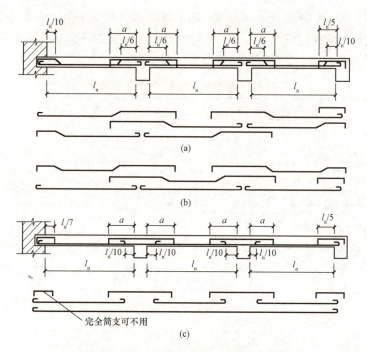

图 6-7　连续单向板的配筋方式
(a)一端弯起式；(b)两端弯起式；(c)分离式

4)板中构造钢筋。

①分布钢筋：在垂直于受力钢筋方向布置的分布钢筋，放在受力钢筋的内侧。单位长度上分布钢筋的截面面积不宜小于单位宽度上受力钢筋截面面积的15%，且每米宽度内不少于3根，分布钢筋的间距不宜大于250 mm，直径不宜小于6 mm。

②与主梁垂直的附加负筋：主梁梁肋附近的板面上，由于力总是按最短距离传递，所以荷载大部分传给主梁，因此存在一定的负弯矩。为此在主梁上部的板面应配置附加短钢筋，其直径不宜小于8 mm，间距不宜大于200 mm，且单位长度内的总截面面积不宜小于板中单位宽度内受力钢筋截面面积的1/3，伸入板内的长度从梁边算起每边不宜小于板计算跨度 l_0 的1/4(图6-8)。

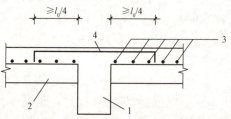

图 6-8　与主梁垂直的附加负筋

③与承重砌体墙垂直的附加负筋：嵌固在承重砌体墙内的板，由于支座处的嵌固作用将产生负弯矩。所以，沿承重砌体墙应配置不少于 Φ8@200 的附加负筋，伸出墙边长度≥$l_0/7$ (图6-9)。

④板角附加短钢筋：两边嵌入砌体墙内的板角部分，应在板面双向配置不少于 Φ8@200 的附加短钢筋，每一方向伸出墙边长度≥$l_0/4$ (图6-9)。

(2)次梁的构造。次梁的截面高度一般为跨度的1/15～1/20，梁宽为梁高的1/3～1/2。纵向钢筋的配筋率一般为0.6%～1.5%。

次梁的一般构造要求同受弯构件。

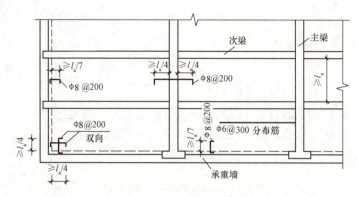

图 6-9　板的构造配筋

次梁的配筋方式有弯起式和连续式。当次梁的跨度相等或相邻跨跨度相差不超过 20%，且 $q/g \leqslant 3$ 时，梁中纵向钢筋沿梁长的弯起和截断可参照图 6-10。

位于次梁下部的纵向钢筋除弯起以外，应全部伸入支座，不得在跨间截断。

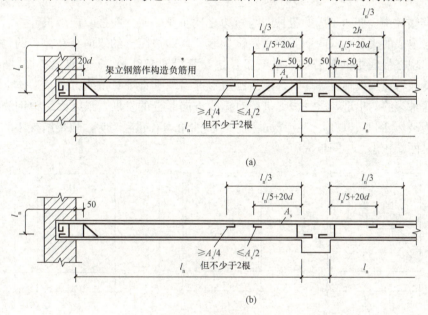

图 6-10　次梁的钢筋布置

(3) 主梁的构造要求。主梁的截面高度一般为跨度的 1/8～1/12，梁宽为梁高的 1/3～1/2。

主梁的一般构造要求与次梁相同。主梁支座截面的钢筋位置如图 6-11 所示。主梁内纵向钢筋的弯起与截断的位置，应按弯矩包络图确定。

次梁与主梁相交处，次梁传来的集中荷载有可能在主梁上产生斜裂缝而引起局部破坏，所以，在主梁与次梁的交接处应设置附加横向钢筋。位于梁下部或梁截面高度范围内的集中荷载，应全部由附加横向钢

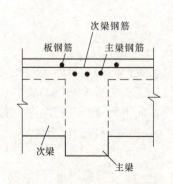

图 6-11　主梁支座处的钢筋位置

筋(箍筋、吊筋)承担,附加横向钢筋宜优先采用箍筋。附加横向钢筋应布置在长度为 $s=2h_1+3b$ 的范围内(图 6-12)。

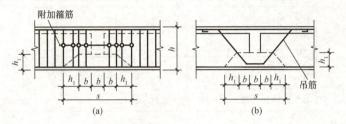

图 6-12 主梁附加横向钢筋布置

(a)附加箍筋;(b)附加吊筋

6.1.2 双向板肋梁楼盖

1. 双向板的破坏特征及受力特点

在肋梁楼盖中,四边支撑的板长边与短边之比小于 2 时,应按双向板设计,而由双向板和其支撑梁组成的楼盖称双向肋梁楼盖。试验表明,四边简支的双向板在荷载的作用下,第一批裂缝出现在板底中间部分,并平行于长边,且沿对角线成 45°向四角扩展[图 6-13(a)、(b)]。当荷载增加到板临近破坏时,板面四角附近出现垂直于对角线方向且大体上呈圆弧状的裂缝,这种裂缝的出现,进一步促进板对角线方向裂缝的发展,最终因跨中钢筋达到屈服而使整个板破坏[图 6-13(c)]。在加载过程中,板四角均有翘起趋势,板传给支座的压力并不均匀,而是两端较小,中间较大。

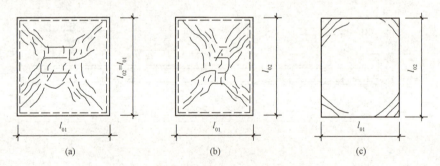

图 6-13 双向板的裂缝分布

(a)正方形板板底裂缝;(b)矩形板板底裂缝;(c)矩形板板面裂缝

2. 双向板的内力计算

双向板的内力计算方法同样也有弹性理论和塑性理论两种,但由于塑性计算方法存在局限性,工程中很少采用,故本节仅介绍弹性理论计算方法。按弹性理论进行计算,荷载在两个方向上的分配与板两个方向跨度比值和板周边条件有关。

(1)单跨双向板的内力计算。支座与跨中的弯矩计算公式为

$$M=\alpha(g+q)l_0^2 \tag{6-16}$$

式中 M——计算截面单位长度的弯矩设计值;

α——弯矩系数；

g、q——作用于板上的均布恒荷载和活荷载的设计值；

l_0——板的跨度，取l_{01}和l_{02}的较小值。

(2)多跨连续双向板的计算。对于多跨连续双向板内力计算，需考虑活荷载的最不利布置，精确计算十分复杂。为简化计算，通常在同一方向相邻区格跨度差不超过20%时，将其通过荷载分解，并适当简化，将多跨连续双向板转化为单跨双向板进行计算。

求多跨连续双向板跨中最大弯矩时，其活荷载最不利布置如图6-14所示，即在本区格及前后左右每隔一区格布置活荷载(棋盘式布置)。在进行内力计算时，可将各区格上实际作用的荷载分解成如图6-14(c)、(d)所示的正对称荷载和反对称荷载两部分。在对称荷载作用下，中间区格视为四边固定的单跨双向板，周边区格与梁整体连接边视为固定边，支撑于墙上的边视为简支边，然后计算出其跨中截面处弯矩。在反对称荷载作用下，所有区格均视为四边简支的单跨双向板计算其跨中弯矩。最后，将以上两种结果对应位置叠加，即可求得多跨连续双向板的跨中最大弯矩。

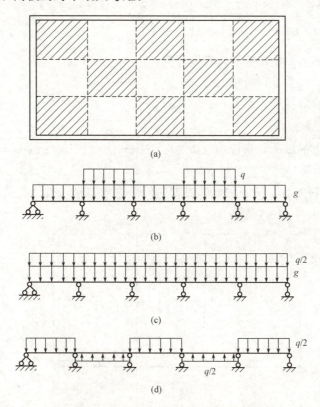

图6-14 多跨连续双向板活荷载最不利布置
(a)活荷载棋盘式布置；(b)隔跨布置活荷载q；
(c)隔跨布置活荷载$q/2$；(d)隔跨反向布置活荷载$q/2$

支座最大弯矩求解时，原则上也应按活荷载最不利布置原则在该支座两侧区格和向外每隔一跨的区格布置活荷载，但考虑到布置方式复杂，计算烦琐，为简化计算，可近似假定活荷载布满所有区格,然后将中间区格板视为四边固定的单跨双向板,将周边区格板与梁整体连接边视为固定边,支撑于墙上的边视为简支边,计算出其支座弯矩。

3. 双向板截面配筋计算

双向板内两个方向布置的均为受力钢筋,其中短跨方向的受力钢筋布置在长向的受力钢筋外侧,计算时其截面有效高度在短跨方向取 $h_{0x}=h-a_s$,在长跨方向取 $h_{0y}=h_{0x}-d$(d 为 x 方向上钢筋的直径)。

(1)考虑到四边与梁整体连接的板受周边支撑梁被动水平推力的有利影响,其计算弯矩可在下列情况下予以折减:

1)中间区格:中间跨的跨中截面及中间支座截面,计算弯矩可减少20%;

2)边区格:边跨跨中及第一内支座截面,当 $l_b/l<1.5$ 时,计算弯矩可减少20%;当 $1.5\leqslant l_b/l<2$ 时,计算弯矩可减少10%。其中 l 为垂直于板边缘方向的计算跨度,l_b 为沿板边缘方向的计算跨度。

3)角区格:计算弯矩不应减少。

(2)为简化计算,双向板的配筋面积可近似按下式计算:

$$A_s=\frac{M}{0.9f_yh_0} \quad (6-17)$$

式中 M——计算截面单位长度的弯矩设计值;

f_y——钢筋抗拉强度设计值;

h_0——截面有效高度,取 h_{01} 或 h_{02}。

4. 双向板的构造要求

双向板应有足够的刚度,板厚通常取 80~160 mm。对于简支板 $h\geqslant l_0/45$,对于连续板 $h\geqslant l_0/50$。l_0 为双向板短跨方向的计算跨度。

双向板宜采用 HPB300 和 HRB335 级钢筋,配筋率满足规范的要求。双向板的配筋构造如图 6-15 所示。

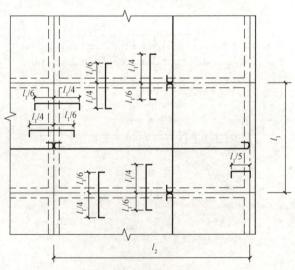

图 6-15 双向板配筋构造

6.2 装配式楼盖

6.2.1 装配式钢筋混凝土楼盖及其构件的形式

在多层工业与民用建筑中,装配式钢筋混凝土楼盖因其具有施工进度快、节省材料和劳动力等优点而被广泛应用。装配式钢筋混凝土楼盖形式很多,主要有铺板式、密肋式和无梁式等,其中以铺板式应用最为广泛。铺板式楼面是将密铺的预制板两端支撑在砖墙或楼面梁上而构成,常用的铺板按截面形式分为实心板、空心板、槽形板和T形板等。预制板的宽度根据安装时的起重条件及制造运输设备的具体情况而定,预制板的跨度与房屋的开间、进深尺寸相配合。目前,我国各省均有自编的标准图集供设计、施工时使用。

(1)实心板。实心板是最简单的一种楼面铺板,这种板上下表面平整,制作简单,但材料用量较多,自重大,抗弯刚度小,仅适用于跨度较小的走道板、管沟板和楼梯平台板等。

实心板的厚度一般可取为其跨度的1/30,通常为50~80 mm;板宽为500~800 mm。板的跨度通常在1.2~2.4 m之间,最大跨度不宜超过2.7 m。

(2)空心板。空心板又称多孔板,它具有刚度大、自重轻、受力性能好等优点,又因其板底平整、施工简便、隔声效果好而被广泛应用于装配式楼盖中。

空心板截面上的孔洞形状有圆孔、方孔和长形孔等,一般多采用圆孔。

空心板的截面高度取值应符合砖的模数,通常取120 mm、180 mm、240 mm等几种;空心板的宽度一般取600 mm、900 mm和1 200 mm;普通钢筋混凝土空心板的跨度为2.4~4.8 m,预应力空心板的跨度为2.4~7.5 m。

(3)槽形板和T形板。槽形板有正槽板和反槽板两种。正槽板可充分地利用板面混凝土受压,受力性能良好,但不能形成平整的天棚;反槽板能形成平整天棚,但受力不合理。二者均有板面开洞自由的优点,常用于工业建筑中,也可用于民用建筑中的厕所、厨房等处的楼面。

T形板有单T形板和双T形板两种。它们受力性能良好、布置灵活,能跨越较大的空间,开洞自由,但整体刚度不如其他类型的板,也主要用于工业建筑的屋面。

(4)楼盖梁。装配式楼盖中的预制梁,常见的截面形式有矩形、L形、T形、花篮形和十字形等。预制梁多采用矩形截面,当梁高较大时,为提高房屋净空可采用十字形截面梁或花篮梁;L形截面梁也常用作房屋的门窗过梁和连系梁。梁的截面尺寸和配筋可根据计算和构造要求确定。

6.2.2 装配式楼盖的计算要点

装配式楼盖构件的计算,可分为使用阶段的计算和施工阶段的验算两个方面。

(1)使用阶段的计算。装配式楼盖梁板构件使用阶段的计算按单跨简支情况考虑,它使用阶段的承载力、变形和裂缝宽度的验算与现浇整体式结构构件完全相同,同时对截面形状复杂的构件应进行简化,即将其截面简化成常规截面后再进行计算。

(2)施工阶段的验算。装配式楼盖构件施工阶段的验算,应考虑由于施工、运输、堆放、吊装等过程产生的内力,故应注意以下几点:计算简图应按运输、堆放的实际情况和吊点位置确定；考虑运输、吊装时的动力作用，自重荷载应乘以 1.5 的动力系数；结构的重要性系数可较使用阶段计算时降低一级，但不应低于三级；对于预制板、檩条、小梁、挑檐和雨篷等构件，应考虑其在最不利位置作用 1 kN 的施工或检修集中荷载进行验算，但此集中荷载不与使用荷载同时考虑。

吊环位置应设在距板端 $(0.1\sim0.2)l$ 处，应采用 HPB300 级钢筋制作，为保证吊环有足够的延性，不得采用冷加工钢筋，防止脆断。吊环埋入混凝土中深度一般不得少于 30 倍吊环钢筋直径。即当一个构件上设有 4 个以上吊环时，计算吊环截面面积，构件自重最多只考虑由 3 个吊环承受。吊环的拉应力不应大于 65 N/mm^2。

6.2.3 装配式楼盖的连接构造

为保证组成装配式楼盖的各个构件协同工作，使整个楼盖具有足够的整体性和稳定性，不仅要求各个预制构件本身具有足够的强度和刚度，同时还应保证它们之间具有紧密可靠的连接。

(1) 板与板之间的连接。为保证板与板之间协同受力，对它们之间的缝隙应进行嵌填。嵌填材料常采用水泥砂浆或细石混凝土；当板缝宽大于 20 mm 时，宜用不低于 C15 的细石混凝土嵌缝；当板缝宽大于 50 mm 时，应按板缝上作用有楼面荷载计算，在嵌缝混凝土中应按计算加配钢筋。

(2) 板与梁、墙之间的连接。一般情况下，预制板搁置在墙、梁上时不需特殊的连接措施，只需搁置前在支撑面上铺设一层 10～15 mm 厚、强度等级不低于 M5 的水泥砂浆，然后直接将板平铺上去即可。为了防止埋入墙内的空心板端被压碎及保证板端部嵌缝材料能灌注密实，应将板两端用混凝土堵塞密实。同时板在梁上支撑长度不应小于 80 mm，在墙上支撑长度不应小于 100 mm。

(3) 梁与墙的连接。梁与墙之间连接时，一般可先在支撑面上铺设 10～20 mm 厚、强度等级不小于 M5 的水泥砂浆，然后直接将梁搁置于其上即可。特殊情况下（如地震区），可在梁端设置拉结筋。梁在砖墙上的支撑长度应满足梁内受力钢筋在支座处的锚固要求，并满足支座处砌体局部抗压承载力要求，一般不应小于 180 mm。当预制梁下砌体局部抗压承载力不足时，应按计算并考虑构造要求设置梁垫。

本章小结

本章主要介绍了现浇整体式钢筋混凝土单向板楼盖的设计方法和构造要求、现浇整体式钢筋混凝土双向板楼盖的设计方法和构造要求及装配式楼盖的设计要求。

复习思考题

1. 钢筋混凝土楼盖按施工方法的不同可分为哪几种类型？它们各有什么特点？
2. 单向板肋形楼盖的结构平面布置方案有哪两种？
3. 多跨连续梁、板计算跨度如何确定？
4. 现浇钢筋混凝土楼盖板中受力钢筋的构造要求有哪些？
5. 现浇钢筋混凝土双向板肋梁楼盖的破坏特征有哪些？
6. 装配式钢筋混凝土楼盖有哪些类型？

第 7 章　预应力混凝土结构

> **内容提要**

预应力混凝土结构,是混凝土在荷载作用前预先受压的一种结构。预应力用张拉高强度钢筋或钢丝的方法产生。张拉方法有两种:一种是先张法,即先张拉钢筋,后浇灌混凝土,待混凝土达到规定强度时,放松钢筋两端;另一种是后张法,即先浇灌混凝土,待混凝土达到规定强度时,再张拉穿过混凝土内预留孔道中的钢筋,并在两端锚固。预应力能提高混凝土承受荷载时的抗拉能力,防止或延迟裂缝的出现,并增加结构的刚度,节省钢材和水泥。

本章主要介绍预应力混凝土的概念及优缺点、预应力的施加方法、预应力结构的设备、预应力混凝土结构的材料、预应力的损失和预应力混凝土结构构造要求等内容。

> **知识掌握目标**

1. 掌握预应力混凝土的概念及优缺点;
2. 掌握预应力的施加方法;
3. 了解预应力结构的设备;
4. 掌握预应力混凝土结构的材料要求;
5. 熟悉六种预应力损失的产生原因和减小措施;
6. 掌握预应力混凝土结构构造要求。

7.1　预应力混凝土基本概念

7.1.1　预应力混凝土的概念及优缺点

1. 预应力混凝土的概念

由于混凝土的极限拉应变很小,构件的抗裂能力很差,很容易产生裂缝。由于自重太大,构件所能承受的自重以外的有效荷载较小,因而特别不适用于大跨度、重荷载的结构。另外,提高混凝土强度等级和钢筋强度对改善构件的抗裂和变形性能效果也不大,这是因为采用高强度等级的混凝土,其抗拉强度提高较小。对于使用时允许裂缝宽度为 0.2~

0.3 mm 的构件,受拉钢筋应力只能达到 150~250 MPa,这与各种热轧钢筋的正常工作应力相近,即在普通钢筋混凝土结构中采用高强度的钢筋(强度设计值超过 1 000 N/mm²)是不能充分发挥作用的。

由上可知,钢筋混凝土结构在使用中存在如下两个问题:一是需要带裂缝工作,由于裂缝的存在,不仅使构件刚度下降,而且使得钢筋混凝土构件不能应用于不允许开裂的场合;二是无法充分利用高强度材料。当荷载增加时,靠增加钢筋混凝土构件的截面尺寸或增加钢筋用量的方法来控制构件的裂缝和变形是不经济的,因为这必然使构件自重(恒载)增加,特别是对于大跨度结构,随着跨度的增大,自重作用所占的比例也增大。这使得钢筋混凝土结构在大跨度工程中的使用范围受到很大限制。要使钢筋混凝土结构得到进一步的发展,就必须克服混凝土抗拉强度低这一缺点,于是人们在长期的工程实践及研究中,创造出了预应力混凝土结构。

所谓预应力混凝土,就是事先人为地在混凝土或钢筋混凝土中引入内部应力,且其数值和分布恰好能将使用荷载产生的应力抵消到一个合适程度的配筋混凝土。例如,对混凝土或钢筋混凝土梁的受拉区预先施加压应力,使之建立一种人为的应力状态,这种应力的大小和分布规律,能有利于抵消使用荷载作用下产生的拉应力,因而使混凝土构件在使用荷载作用下不致开裂,或推迟开裂,或者使裂缝宽度减小。这种由配置预应力钢筋再通过张拉或其他方法建立预应力的结构,称为预应力混凝土结构。

预应力混凝土施工

现以图 7-1 所示的简支梁为例,进一步说明预应力混凝土结构的基本原理。

设混凝土梁跨径为 L,截面为 $b \times h$,承受均布荷载 q(含自重在内),其跨中最大弯矩为 $M = qL^2/8$,此时跨中截面上、下缘的应力[图 7-1(c)]为

$$上缘:\sigma_{cu} = 6M/bh^2 (压应力)$$

$$下缘:\sigma_{cb} = -6M/bh^2 (拉应力)$$

假如预先在离该梁下缘 $h/3$(即偏心距 $e = h/6$)处设置高强度钢丝束,并在梁的两端对拉锚固[图 7-1(a)],使钢丝束中产生拉力 N_p,其弹性回缩的压力将作用于梁端混凝土截面与钢丝束同高的水平处[图 7-1(b)],回缩力的大小也为 N_p。如令 $N_p = 3M/h$,则同样可求得 N_p 作用下梁上、下缘所产生的应力[图 7-1(d)]为

$$上缘:\sigma_{cpu} = \frac{N_p}{bh} - \frac{N_p \cdot e}{bh^2/6} = \frac{3M}{h} \cdot \frac{h}{6} = 0$$

$$下缘:\sigma_{cpb} = \frac{N_p}{bh} + \frac{N_p \cdot e}{bh^2/6} = \frac{6M}{bh^2}(压应力)$$

现将上述两项应力叠加,即可求得梁在 q 和 N_p 共同作用下跨中截面上、下缘的总应力[图 7-1(e)]为

$$上缘:\sigma_u = \sigma_{cu} + \sigma_{cpu} = 0 + \frac{6M}{bh^2} = \frac{6M}{bh^2}(压应力)$$

$$下缘:\sigma_b = \sigma_{cb} + \sigma_{cpb} = \frac{6M}{bh^2} - \frac{6M}{bh^2} = 0$$

由于预先给混凝土梁施加了预加应力,使混凝土梁在均布荷载 q 作用时在下边缘所产生的拉应力全部被抵消,因而可避免混凝土出现裂缝,混凝土梁可以全截面参加

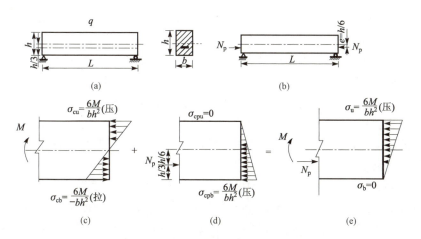

图 7-1 预应力混凝土结构基本原理图
(a)简支梁受均布荷载 q 作用；(b)预加应力 N_p 作用于梁上；
(c)荷载 q 作用下的跨中截面应力分布图；(d)预加应力 N_p 作用下的跨中截面应力分布图；
(e)梁在 q 和 N_p 共同作用下的跨中截面应力分布图

工作。这就相当于改善了梁中混凝土的抗拉性能，而且可以达到充分利用高强度钢材的目的。上述概念就是预应力混凝土结构的基本原理。其实，预应力原理的应用早就有了，而且在日常生活中的例子也很多。例如在建筑工地用砖钳装卸砖块，被钳住的一叠水平砖块不会掉落；用铁箍紧箍木桶，木桶盛水而不漏等，这些都是运用预应力原理的浅显事例。

从图 7-1 还可看出，预加应力 N_p 必须针对外荷载作用下可能产生的应力状态有计划地施加。因为要有效地抵消外荷载作用所产生的拉应力，这不仅与 N_p 的大小有关，而且也与 N_p 所施加的位置（即偏心距 e 的大小）有关。预加应力 N_p 所产生的反弯矩与偏心距 e 成正比，为了节省预应力钢筋的用量，设计中常常尽可能减小 N_p 值，因此在弯矩最大的跨中截面就必须尽量加大偏心距 e 值。如果沿全梁 N_p 值保持不变，对于外弯矩较小的截面，则需将 e 值相应地减小，以免由于预加应力弯矩过大，使梁的上缘出现拉应力，甚至出现裂缝。预加应力 N_p 在各截面的偏心距 e 值的调整工作，在设计时通常是通过曲线配筋的形式来实现的。

2. 预应力混凝土的优缺点

预应力混凝土与钢筋混凝土的主要区别在于：后者仅仅将钢筋和混凝土结合在一起，由它们自然地共同工作；而前者则能将高强度钢材与高强度混凝土更有效地结合在一起，通过预加应力使钢材在高应力下工作，同时，还能将部分混凝土从受拉状态转化为受压状态，从而更充分地发挥这两种材料各自的力学性能。它是两种现代化材料的理想结合，把钢筋混凝土的应用推向新的水平，这对钢筋混凝土构件的发展无疑具有重大的意义。

预应力混凝土与普通钢筋混凝土相比，有如下优点：

(1)提高了构件的抗裂能力。因为承受外荷载之前预应力混凝土构件的受拉区已有预加应力存在，所以在外荷载作用下，只有当混凝土的预加应力被全部抵消转而受拉且拉应变超过混凝土的极限拉应变时构件才会开裂。

(2)增大了构件的刚度。因为预应力混凝土构件正常使用时，在荷载效应标准组合下可能不开裂或只有很小的裂缝，混凝土基本上处于弹性阶段工作，因而构件的刚度比普通钢筋混凝土构件有所增大。

(3)充分利用高强度材料。普通钢筋混凝土构件不能充分利用高强度材料，而预应力混凝土构件中，预应力钢筋先被预拉，然后在外荷载作用下钢筋拉应力进一步增大，因而始终处于高拉应力状态，充分利用高强度钢筋。且钢筋的强度高，可以减小所需要的钢筋截面面积。与此同时，应该尽可能采用高强度等级的混凝土，以便与高强度钢筋相配合，获得较经济的构件截面尺寸。

(4)扩大了构件的应用范围。预应力可作为结构构件连接的手段，促进了大跨度结构体系与施工方法的发展。预应力混凝土改善了构件的抗裂性能，因而可用于有防水、抗渗透及抗腐蚀要求的环境。它采用了高强度材料，结构轻巧、刚度大、变形小，可用于大跨度、重荷载及承受反复荷载的结构。

(5)提高结构的耐疲劳性能。因为具有强大预应力的钢筋，在使用阶段由加荷或卸荷所引起的应力变化幅度相对较小，所以引起疲劳破坏的可能性也小。

预应力混凝土结构存在以下缺点：

(1)工艺较复杂，对施工质量要求很高，因而需要配备一支技术较熟练的专业队伍。

(2)需要有专门设备，如张拉机具、灌浆设备等。先张法需要有张拉台座；后张法还要耗用数量较多、质量可靠的锚具等。

(3)预应力反拱度不易控制。它随混凝土徐变的增加而加大，如存梁时间过久再进行安装，就可能使反拱度很大，造成面不平顺。

(4)预应力混凝土结构的开工费用较大，对于跨径小、构件数量少的工程，成本较高。但是，以上缺点是可以设法克服的。例如，应用于跨径较大的结构，或跨径虽不大，但构件数量很多时，采用预应力混凝土结构就比较经济了。总之，只要从实际出发，因地制宜地进行合理设计和妥善安排，预应力混凝土结构就能充分发挥其优越性。所以它在近数十年来得到了迅猛的发展，尤其对大跨度工程体系的发展起了重要的推动作用。这是一种极有发展前途的工程结构。而普通钢筋混凝土结构由于施工较方便、造价较低等特点，可应用于允许带裂缝工作的一般工程结构，仍具有强大的生命力。

7.1.2 预应力的施加方法

给受拉区混凝土施加预应力的方法，根据张拉钢筋与浇筑混凝土的先后顺序分为先张法及后张法。

1. 先张法

先张法，即先张拉钢筋，后浇筑构件混凝土的方法，如图 7-2 所示。先在张拉台座上，按设计规定的拉力张拉预应力钢筋，并进行临时锚固，再浇筑构件混凝土，待混凝土达到要求强度(一般不低于强度设计值的 75%)后放张(即将临时锚固松开，缓慢放松张拉力)，让预应力钢筋回缩，通过预应力钢筋与混凝土间的黏结作用，使混凝土获得预加应力。这种在台座上张拉预应力钢筋后浇筑混凝土并通过黏结力传递而建立预加应力的混凝土构件就是先张法预应力混凝土构件。

先张法所用的预应力钢筋，一般包括高强度钢丝、钢绞线等。不专设永久锚具，借助与混凝土的黏结力，以获得较好的自锚性能。

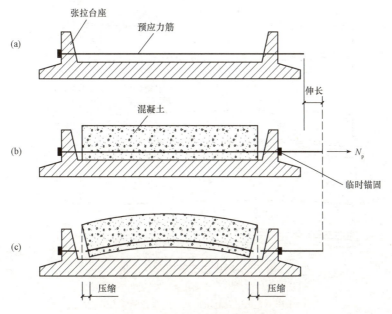

图 7-2 先张法工艺流程示意图
(a)预应力钢筋就位，准备张拉；(b)张拉并锚固，浇筑构件混凝土；
(c)松锚，预应力钢筋回缩，制成预应力混凝土构件

先张法施工工序简单，预应力钢筋靠黏结力自锚，临时固定所用的锚具（一般称为工具式锚具或夹具）可以重复使用，因此大批量生产先张法构件比较经济，质量也比较稳定。目前，先张法在我国一般仅用于生产直线配筋的中小型构件；大型构件因需配合弯矩与剪力沿梁长度的分布而采用曲线配筋，这将使施工设备和工艺复杂化，且需配备庞大的张拉台座，因而较少采用。

先张法 flash
动画演示

2. 后张法

后张法是先浇筑构件混凝土，待混凝土结硬后，再张拉预应力钢筋并锚固的方法，如图 7-3 所示。先浇筑构件混凝土，并在其中预留孔道（或设套管），待混凝土达到要求强度后，将预应力钢筋穿入预留的孔道内，将千斤顶支承于混凝土构件端部，张拉预应力钢筋，使构件也同时受到反力压缩。待张拉到控制拉力后，即用特制的锚具将预应力钢筋锚固于混凝土构件上，使混凝土获得并保持其预加应力。最后，在预留孔道内压注水泥浆，以保护预应力钢筋不致锈蚀，并使预应力钢筋与混凝土黏结成为整体。这种在混凝土结硬后通过张拉预应力钢筋并锚固而建立预加应力的构件称为后张法预应力混凝土构件。

后张法预应力
混凝土

由上可知，施工工艺不同，建立预应力的方法也不同。后张法是靠工作锚具来传递和保持预加应力的；先张法则是靠黏结力来传递并保持预加应力的。

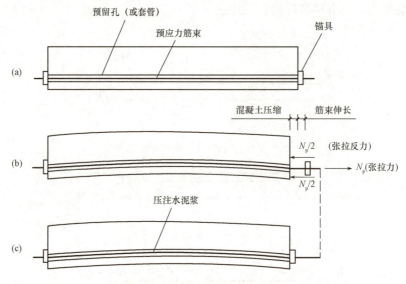

图 7-3 后张法工艺流程示意图
(a)浇筑构件混凝土，预留孔道，穿入预应力钢筋；
(b)千斤顶支承于混凝土构件上，张拉预应力钢筋；
(c)用锚具将预应力钢筋锚固后进行孔道压浆

7.1.3 预应力的施加设备

1. 锚具

(1)对锚具的要求。临时夹具(在制作先张法或后张法预应力混凝土构件时，为保持预应力钢筋拉力的临时性锚固装置)和锚具(在后张法预应力混凝土构件中，为保持预应力钢筋的拉力并将其传递到混凝土上所用的永久性锚固装置)都是保证预应力混凝土施工安全、结构可靠的关键设备。因此，在设计、制造或选择锚具时应注意满足下列要求：受力安全可靠；预应力损失小；构造简单、紧凑，制作方便，用钢量少；张拉锚固方便迅速，设备简单。

(2)锚具的分类。锚具的形式繁多，按其传力锚固的受力原理，可分为几种类型：

1)依靠摩阻力锚固的锚具。如楔形锚、锥形锚和用于锚固钢绞线的 JM 锚与夹片式群锚等，都是借张拉预应力钢筋的回缩或千斤顶压，带动锥销或夹片将预应力钢筋楔紧于锥孔中而锚固的。

2)依靠承压锚固的锚具。如镦头锚、钢筋螺纹锚等，是利用钢丝的镦粗头或钢筋螺纹承压进行锚固的。

3)依靠黏结力锚固的锚具。如先张法的预应力钢筋锚固，以及后张法固定端的钢绞线压花锚固等，都是利用预应力钢筋与混凝土之间的黏结力进行锚固的。

对于不同形式的锚具，往往需要配套使用专门的张拉设备。因此，在设计施工中，锚具与张拉设备的选择应同时考虑。

(3)目前预应力结构中几种常用的锚具。

1)锥形锚。锥形锚(又称为弗式锚)主要用于钢丝束的锚固。它由锚圈和锚塞(又称锥销)两部分组成。

　　锥形锚是通过张拉钢束时顶压锚塞，把预应力钢丝楔紧在锚圈与锚塞之间，借助摩阻力锚固的(图 7-4)。在锚固时，利用钢丝的回缩力带动锚塞向锚圈内滑进，使钢丝被进一步楔紧。此时，锚圈承受着很大的横向(径向)张力(一般约等于钢丝束张拉力的 4 倍)，故对锚圈的设计、制造应足够重视。锚具的承载力，一般不应低于钢丝束的极限拉力，或不低于钢丝束控制张拉力的 1.5 倍，可在压力机上试验确定。此外，对锚具的材质、几何尺寸、加工质量，均必须做严格的检验，以保证安全。

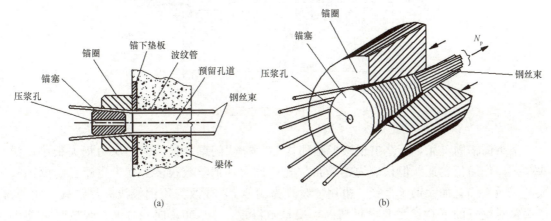

图 7-4　锥形锚具
(a)锥形锚具工作示意图；(b)锥形锚具剖面图

　　在工程中使用的锥形锚有锚固 18ϕ^w5 和锚固 24ϕ^w5 的钢丝束两种，并配用 600 kN 双作用千斤顶或 YZ85 型三作用千斤顶张拉。锚塞用 45 号优质碳素结构钢经热处理制成，其硬度一般要求为洛氏硬度 HRC55～58 单位，以便顶塞后，锚塞齿纹能稍微压入钢丝表面，而获得可靠的锚固。锚圈用 5 号或 45 号钢冷作旋制而成，不做淬火处理。

　　锥形锚的优点是锚固方便，锚具面积小，便于在结构上分散布置。但锚固时钢丝的回缩量较大，应力损失较其他锚具大。同时，它不能重复张拉和接长，使预应力钢筋设计长度受到千斤顶行程的限制。为防止受震松动，必须及时给预留孔道压浆。

　　国外同类型的弗式锚具，已有较大改进和发展，不仅能用于锚固钢丝束，而且也能锚固钢绞线束，其最大锚固力已达到 10 000 kN。

　　2)镦头锚。镦头锚主要用于锚固钢丝束，也可锚固直径在 14 mm 以下的预应力粗钢筋。钢丝的根数和锚具的尺寸依设计张拉力的大小选定。钢丝束镦头锚具是 1949 年由瑞士 4 名工程师研制而成的，并以他们名字的首字母命名，为 BBRV 体系锚具。国内镦头锚有锚固 12～133 根 ϕ^w5 和 12～84 根 ϕ^w7 两种锚具系列，配套的镦头机有 LD-10 型和 LD-20 型两种。

　　镦头锚的工作原理如图 7-5 所示。先以钢丝逐一穿过锚杯的蜂窝眼，然后用镦头机将钢丝端头镦粗如蘑菇形，借镦头直接承压将钢丝锚固于锚杯上。锚杯的外圆车有螺纹，穿束后，在固定端将锚圈(大螺帽)拧上，即可将钢丝束锚固于梁端。在张拉端，先将与千斤顶连接的拉杆旋入锚杯内，用千斤顶支承于梁体上进行张拉，待达到设计张拉力时，将锚圈(螺帽)拧紧，再慢慢放松千斤顶，退出拉杆，于是钢丝束的回缩力就通过锚圈、垫板传递到梁体混凝土而获得锚固。

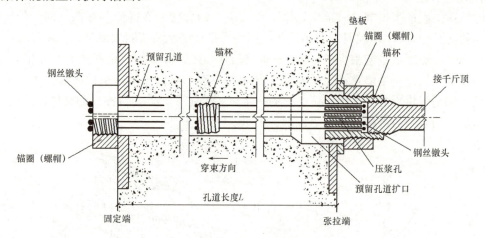

图 7-5 镦头锚工作示意图

镦头锚锚固可靠，不会出现锥形锚那样的"滑丝"问题；锚固时的应力损失很小；镦头工艺操作简便迅速。但预应力钢筋张拉吨位过大，钢丝数很多，施工也略显麻烦，故大吨位镦头锚宜加大钢丝直径，由用 ϕ^s5 改为用 ϕ^s7，或改为用钢绞线夹片锚具。此外，镦头锚对钢丝的下料长度要求很精确，误差不得超过 1/300。误差过大，张拉时可能由于受力不均匀发生断丝现象。镦头锚适于锚固直线式配束，对于较缓和的曲线预应力钢筋也可采用。

3) 钢筋螺纹锚具。当采用高强度粗钢筋作为预应力钢筋时，可采用螺纹锚具固定。即借助于粗钢筋两端的螺纹，在钢筋张拉后直接拧上螺帽进行锚固，钢筋的回缩力由螺帽经支承垫板承压传递给梁体而获得预应力（图 7-6）。

螺纹锚具的制造关键在于螺纹的加工。为了避免端部螺纹削弱钢筋截面，常采用特制的钢模冷轧而成，使其阴纹压入钢筋圆周之内，而阳纹则挤到钢筋圆周之外，这样可使平均直径与原钢筋直径相差无几（约小 2%），而且冷轧还可以提高钢筋的强度。由于螺纹是冷轧而成，故又将这种锚具称为轧丝锚具[图 7-6(a)]。目前国内生产的轧丝锚有两种规格，可分别锚固 ⊈25 和 ⊈32 两种 HRB500 级钢筋。

20 世纪 70 年代以来，国内外相继采用可以直接拧上螺帽和连接套筒（用于钢筋接长）的高强度精轧螺纹钢筋，它沿通长都具有规则但不连续的凸形螺纹，可在任何位置进行锚固和连接，故可不必再在施工时临时轧丝。国际上采用的迪维达格（Dywidag）锚具[图 7-6(b)]，就是采用特殊的锥形螺帽和钟式垫板来锚固这种钢筋的螺纹锚具。

钢筋螺纹锚具的受力明确，锚固可靠；构造简单，施工方便；能重复张拉、放松或拆卸，并可以简便地采用套筒接长。

4) 夹片锚具。夹片锚具体系主要作为锚固钢绞线之用。由于钢绞线与周围接触的面积小，且强度高、硬度大，故对其锚具的锚固性能要求很高，JM 锚是我国 20 世纪 60 年代研制的钢绞线夹片锚具。随着钢绞线的大量使用和钢绞线强度的大幅度提高，仅 JM 锚具已难以满足要求。20 世纪 80 年代，除进一步改进了 JM 锚具的设计外，特别着重进行钢绞线群锚体系的研究与试制工作。中国建筑科学研究院先后研制出了 XM 锚具和 QM 锚具系列；

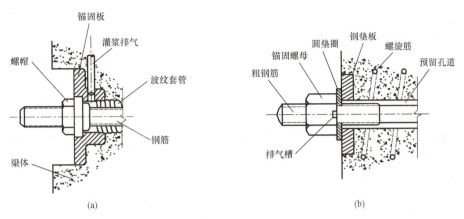

图 7-6 钢筋螺纹锚具
(a)轧丝锚具；(b)迪维达格锚具

中交公路规划设计院研制出了 YM 锚具系列；继之柳州建筑机械总厂与同济大学合作，在 QM 锚具系列的基础上又研制出了 OVM 锚具系列等。这些锚具体系都经过严格检测、鉴定后定型，锚固性能均达到国际预应力混凝土协会(FIP)标准，并已广泛地应用于桥梁、水利、房屋等各种土建结构工程中。

①钢绞线夹片锚具。夹片锚具的工作原理如图 7-7 所示。夹片锚具由带锥孔的锚板和夹片组成。张拉时，每个锥孔放置 1 根钢绞线，张拉后各自用夹片将孔中的该根钢绞线抱夹锚固，每个锥孔各自成为一个独立的锚固单元。每个夹片锚具一般由多个独立锚固单元组成，它能锚固由 1~55 根不等的 $\phi^s 15.2$ 与 $\phi^s-12.7$ 钢绞线所组成的预应力钢束，其最大锚固吨位可达到 11 000 kN，故夹片锚具又称为大吨位钢绞线群锚体系。其特点是各根钢绞线均为单独工作，即 1 根钢绞线锚固失效也不会影响全锚，只需对失效锥孔的钢绞线进行补拉即可。但预留孔端部，因锚板锥孔布置的需要，必须扩孔，故工作锚下的一段预留孔道一般需设置成喇叭形，或配套设置专门的铸铁喇叭形锚垫板。

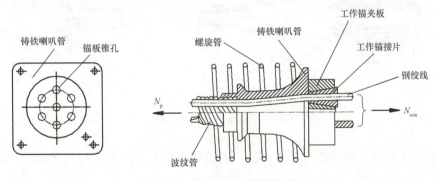

图 7-7 夹片锚具配套示意图

②扁型夹片锚具。扁型夹片锚具是为适应扁薄截面构件(如面板梁等)预应力钢筋锚固的需要而研制的，简称扁锚。其工作原理与一般夹片锚具体系相同，只是工作锚板、锚下钢垫板和喇叭管，以及形成预留孔道的波纹管等均为扁形而已。每个扁锚一般锚固 2~5 根钢绞线，采用单根逐一张拉，施工方便。其一般符号为：BM 锚。

5) 固定端锚具。采用一端张拉时,其固定端锚具,除可采用与张拉端相同的夹片锚具外,还可采用挤压锚具和压花锚具。

挤压锚具是利用压头机,将套在钢绞线端头上的软钢(一般为45号钢)套筒,与钢绞线一起,强行顶压通过规定的模具孔挤压而成(图7-8)。为增加套筒与钢绞线间的摩阻力,挤压前,在钢绞线与套筒之间衬置一硬钢丝螺旋圈,以便在挤压后使硬钢丝分别压入钢绞线与套筒内壁之内。

压花锚具是用压花机将钢绞线端头压制成梨形花头的一种黏结型锚具(图7-9),张拉前预先埋入构件混凝土中。

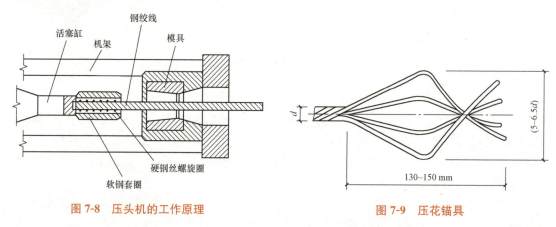

图 7-8 压头机的工作原理　　　　　　图 7-9 压花锚具

6) 连接器。连接器有两种:钢绞线束 N_1 锚固后,用来再连接钢绞线束 N_2 的,叫锚头连接器[图7-10(a)];当两段未张拉的钢绞线束 N_1、N_2 需直接接长时,则可采用接长连接器[图7-10(b)]。

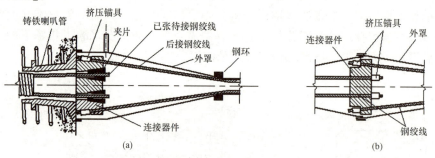

图 7-10 连接器构造
(a)锚头连接器;(b)接长连接器

以上锚具的设计参数和锚具、锚垫板、波纹管及螺旋筋等的配套尺寸,可参阅各生产厂家的"产品介绍"选用。

应当特别指出,为保证施工与结构的安全,锚具必须按规定程序[见国家标准《预应力筋用锚具、夹具和连接器》(GB/T 14370—2015)]进行试验验收,验收合格后方可使用。工作锚具使用前,必须逐件擦洗干净,表面不得残留铁屑、泥砂、油垢及各种减摩剂,防止锚具回松和降低锚具的锚固效率。

2. 千斤顶

各种锚具都必须配置相应的张拉设备，才能顺利地进行张拉、锚固。与夹片锚具配套的张拉设备，是一种大直径的穿心单作用千斤顶（图 7-11）。它常与夹片锚具配套研制。其他各种锚具也都有各自适用的张拉千斤顶，需要时可查各生产厂家的产品目录。

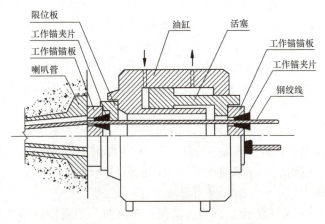

图 7-11 夹片锚具张拉千斤顶安装示意图

3. 预应力施加的其他设备

按照施工工艺的要求，施加预应力还需有以下一些设备或配件。

(1) 制孔器。预制后张法构件时，需预先留好待混凝土结硬后预应力钢筋穿入的孔道。目前，国内桥梁构件预留孔道所用的制孔器主要有抽拔橡胶管与螺旋金属波纹管。

1) 抽拔橡胶管。在钢丝网胶管内事先穿入钢筋（称芯棒），再将胶管（连同芯棒一起）放入模板内，待浇筑混凝土达到一定强度后，抽去芯棒，再拔出胶管，则预留孔道形成。

2) 螺旋金属波纹管（简称波纹管）。在浇筑混凝土之前，将波纹管按预应力钢筋设计位置，绑扎于与箍筋焊连的钢筋托架上，再浇筑混凝土，结硬后即可形成穿束的孔道。使用波纹管制孔的穿束方法，有先穿法与后穿法两种。先穿法即在浇筑混凝土之前将预应力钢筋穿入波纹管中，绑扎就位后再浇筑混凝土；后穿法即在浇筑混凝土成孔之后再穿预应力钢筋。金属波纹管是用薄钢带经卷管机压波后卷成，其质量轻，纵向弯曲性能好，径向刚度较大，连接方便，与混凝土黏结良好，与预应力钢筋的摩阻系数也小，是后张法预应力混凝土构件的一种较理想的制孔器。

目前，在一些工程中已经开始采用塑料波纹管作为制孔器，这种波纹管由聚丙烯或高密度聚乙烯制成。使用时，波纹管外表面的螺旋肋与周围的混凝土具有较高的黏结力。这种塑料波纹管具有耐腐蚀性能好、孔道摩擦损失小以及有利于提高结构抗疲劳性能的优点。

(2) 穿索机。在尺寸较大的构件中，一般都采用后穿法穿束。对于大跨梁有的预应力钢筋很长，人工穿束十分吃力，故采用穿索（束）机。

穿索（束）机有液压式和电动式两种类型。它一般采用单根钢绞线穿入，穿束时应在钢绞线前端套一子弹形帽子，以减小穿束阻力。穿索机由马达带动用四个托轮支承的链板，钢绞线置于链板上，并用四个与托轮相对应的压紧轮压紧，则钢绞线就可借链板的转动向前穿入构件的预留孔中。最大推力为 3 kN，最大水平传送距离可达 150 m。

(3)灌孔水泥浆及压浆机。

1)灌孔水泥浆。在后张法预应力混凝土构件中,预应力钢筋张拉锚固后必须给预留孔道压注水泥浆,以免钢筋锈蚀并使预应力钢筋与梁体混凝土结合为一个整体。为保证孔道内水泥浆密实,应严格控制水胶比,一般以 0.40~0.45 为宜,如加入适量的减水剂,则水胶比可减小到 0.35;水泥浆的泌水率最大不得超过 3%,拌和后 3 h 泌水率宜控制在 2%,泌水应在 24 h 内重新全部被浆吸回;另外可在水泥浆中掺入适量膨胀剂,使水泥浆在硬化过程中膨胀,但其自由膨胀率应小于 10%。所用水泥宜采用硅酸盐水泥或普通水泥,水泥强度等级不宜低于 42.5,水泥不得含有团块。拌和用的水不应含有对预应力钢筋或水泥有害的成分,每升水不得含 500 mg 以上的氯化物离子或任何一种其他有机物,可采用清洁的饮用水。水泥浆的强度应符合设计规定,无具体规定时应不低于 30 MPa(70 mm×70 mm×70 mm 立方体试件 28 d 龄期抗压强度标准值)。

2)压浆机。压浆机是孔道灌浆的主要设备。它主要由灰浆搅拌桶、贮浆桶和压送灰浆的灰浆泵以及供水系统组成。压浆机的最大工作压力可达到约 1.50 MPa(15 个大气压),可压送的最大水平距离为 150 m,最大竖直高度为 40 m。

(4)张拉台座。采用先张法生产预应力混凝土构件时,则需设置用作张拉和临时锚固预应力钢筋的张拉台座。它因需要承受张拉预应力钢筋巨大的回缩力,设计时应保证它具有足够的强度、刚度和稳定性。批量生产时,有条件的尽量设计成长线式台座,以提高生产效率。张拉台座的台面(即预制构件的底模),为了提高产品质量,有的构件厂已采用了预应力混凝土滑动台面,可防止在使用过程中台面开裂。

7.1.4 预应力混凝土结构的材料

1. 混凝土

预应力混凝土结构中,混凝土强度等级越高,能够承受的预加应力也越高。同时,采用高强度等级的混凝土与高强度钢筋配合,可以获得较经济的构件截面尺寸。另外,高强度等级的混凝土与钢筋的黏结力也高,这一点对依靠黏结传递预应力的先张法构件尤为重要。因此,预应力混凝土结构的混凝土强度等级不应低于C30。当采用钢绞线、钢丝、热处理钢筋作预应力钢筋时,混凝土强度等级不宜低于C40。而且,钢材强度越高,混凝土强度级别也相应要求提高。只有这样才能充分发挥高强度钢材的抗拉强度,有效地减小构件截面尺寸,因而也可减轻结构自重。

预应力混凝土结构的混凝土不仅要求高强度,而且还要求能快硬、早强,以便能及早施加预应力,加快施工进度,提高设备、模板等的利用率。

近年在预应力混凝土结构设计中,存在着采用高强度混凝土的趋势,以使结构设计达到技术先进、经济合理、安全适用、确保质量的目的。目前所说的高强度混凝土,一般是指采用水泥、砂石原料和常规工艺配制,依靠添加高效减水剂或掺加粉煤灰、磨细矿渣、F矿粉或硅粉等活性矿物材料,使新拌混凝土具有良好的工作性能,并在硬化后具有高强度、高密实性的强度等级为C50及以上的混凝土。高强度混凝土的抗渗性和抗冻性均优于普通混凝土,其力学性能与普通混凝土相比也有所不同。在使用高强度混凝土材料时,所取的计算参数,应能反映高强度混凝土比普通混凝土具有较小的塑性或更大的脆性等特点,以保证结构安全。

2. 预应力钢筋

预应力混凝土结构中的钢筋包括预应力钢筋和非预应力钢筋。非预应力钢筋的选用与钢筋混凝土结构中的钢筋相同。预应力钢筋宜采用预应力钢绞线、消除应力钢丝及热处理钢筋。对预应力钢筋的质量要求，有下列几个方面：

(1) 强度要高。预应力钢筋必须采用高强度钢材。早在一百余年前，就有人提出了在钢筋混凝土梁中建立预应力的设想，并进行了试验。但当时采用的是普通钢筋，强度不高，经过一段时间，由于混凝土的收缩、徐变等原因，所施加的预应力丧失殆尽，使这种努力一度遭到失败。又过了约半个世纪，直到1928年，法国工程师弗莱西奈采用高强度钢丝进行试验才获得成功，并使预应力混凝土结构有了实用的可能。这说明，不采用高强度预应力钢筋，就无法克服由于各种因素所造成的应力损失，也就不可能有效地建立预应力。

(2) 有较好的塑性。为了保证结构物在破坏之前有较大的变形能力，必须保证预应力钢筋有足够的塑性性能。

(3) 要具有良好的与混凝土黏结性能。

(4) 应力松弛损失要低。与混凝土一样，钢筋在持久不变的应力作用下，也会产生随持续加荷时间延长而增加的徐变变形（又称蠕变）；在一定拉应力值和恒定温度下，钢筋长度固定不变，则钢筋中的应力将随时间延长而降低，一般称这种现象为钢筋的松弛或应力松弛。

预应力钢筋今后发展的总要求就是高强度、粗直径、低松弛和耐腐蚀。

7.1.5 预应力的损失

1. 张拉控制应力 σ_{con}

张拉控制应力是指张拉预应力钢筋时，张拉设备的测力仪表所指示的总张拉力除以预应力钢筋截面面积得出的拉应力值，以 σ_{con} 表示。

σ_{con} 是施工时张拉预应力钢筋的依据。当构件截面尺寸及配筋量一定时，σ_{con} 越大，在构件受拉区建立的混凝土预加应力也越大，则构件使用时的抗裂度也越高。但是，若 σ_{con} 过大，则会产生如下问题：

(1) 个别钢筋可能被拉断；

(2) 施工阶段可能会引起构件某些部位受到拉力（称为预拉区）甚至开裂，还可能使后张法构件端部混凝土产生局部受压破坏；

(3) 使开裂荷载与破坏荷载相近，一旦开裂，将很快破坏，即可能产生无预兆的脆性破坏。

另外 σ_{con} 过大，还会增大预应力钢筋的松弛损失。因此对 σ_{con} 应规定上限值，同时，为了保证构件中建立必要的有效预应力，σ_{con} 也不能过小，即 σ_{con} 也应有下限值。

根据国内外设计与施工经验以及近年来的科研成果，《规范》按不同钢种及不同施加预应力方法，规定预应力钢筋的张拉控制应力值 σ_{con} 应符合表 7-1 的规定，且消除应力钢丝、钢绞线、中强度预应力钢丝的张拉控制应力值不应小于 $0.4f_{ptk}$；预应力螺纹钢筋的张拉应力控制值不宜小于 $0.5f_{ptk}$。

表 7-1　预应力钢筋的张拉控制应力 σ_{con}

钢筋种类	张拉控制应力 σ_{con}
消除应力钢丝、钢绞线	$\leqslant 0.75 f_{ptk}$
中强度预应力钢丝	$0.70 f_{ptk}$
预应力螺纹钢筋	$\leqslant 0.85 f_{ptk}$

2. 预应力损失

将预应力钢筋张拉到控制应力 σ_{con} 后,由于张拉工艺和材料特性等原因,从张拉钢筋开始直到构件使用的整个过程中,经张拉所建立起来的钢筋预应力将逐渐降低,这种现象称为预应力损失。经损失后才会在混凝土中建立相应的有效预应力。下面将讲述各种预应力损失。

(1) 张拉端锚具变形和钢筋内缩引起的预应力损失 σ_{l1}。

产生原因:无论先张法临时固定预应力钢筋还是后张法张拉完毕时锚固预应力钢筋,由于经过张拉的预应力钢筋被锚固在台座或构件上以后,锚具、垫板与构件之间的缝隙被压紧,以及预应力钢筋在锚具中的滑动,造成预应力钢筋回缩,从而产生预应力的损失。

减小措施:

1) 选择变形小或预应力钢筋滑动小的锚具、夹具,并尽量减少垫板的数量。

2) 对于先张法张拉工艺,选择长的台座。台座长度超过 100 m 时,可忽略不计。

(2) 预应力钢筋与孔道的摩擦引起的预应力损失 σ_{l2}。

产生原因:后张法预应力钢筋的预留孔道有直线形和曲线形。由于孔道的制作偏差、孔道壁粗糙等原因,张拉预应力钢筋时,钢筋将与孔壁发生接触摩擦。距离张拉端越远,摩擦阻力的累积值越大,从而使构件每一截面上预应力钢筋的拉应力值逐渐减小,这种预应力值差额称为摩擦损失,记为 σ_{l2}。这种摩擦力可分为曲率效应和长度效应两部分:前者是由于孔道弯曲使预应力钢筋与孔壁混凝土之间相互挤压而产生的摩擦力,其大小与挤压力成正比;后者是由于孔道制作偏差或孔道偏摆使预应力钢筋与孔壁混凝土之间产生的接触摩擦力(即使直线孔道也存在),其大小与钢筋的拉力及长度成正比。

减小措施:

1) 对于较长的构件可采用一端张拉另一端补拉,或两端张拉。

2) 采用"超张拉"工艺。超张拉程序为: $0 \rightarrow 1.1\sigma_{con} \xrightarrow{\text{持荷 2 min}} 0.85\sigma_{con} \rightarrow \sigma_{con}$。

3) 当采用电热后张法时,不考虑这项损失。

(3) 由张拉的钢筋与承受拉力的设备之间的温差引起的预应力损失 σ_{l3}。

产生原因:制作先张法构件时,为了缩短生产周期,常采用蒸汽养护,促使混凝土快硬。当新浇筑的混凝土尚未结硬时,加热升温,预应力钢筋伸长,但两端的台座因与大地相接,温度基本不升高,台座间距离保持不变,即由于预应力钢筋与台座间形成温差,使预应力钢筋内部紧张程度降低,预应力下降。降温时,混凝土已结硬并与预应力钢筋结成整体,钢筋应力不能恢复原值,于是就产生了预应力损失 σ_{l3}。

减小措施：

1)蒸汽养护时采用两次升温养护，即第一次升温至 20 ℃，恒温养护至混凝土强度达到 7～10 N/mm² 时，再第二次升温至规定养护温度。

2)在钢模上张拉，将构件和钢模一起养护。此时，由于预应力钢筋和台座间不存在温差，故温差损失为 0。

(4)预应力钢筋应力松弛引起的预应力损失 σ_{l4}。

产生原因：应力松弛是指钢筋受力后，在长度不变的条件下，钢筋应力随时间的增长而降低的现象。先张法当预应力钢筋固定于台座上或后张法当预应力钢筋锚固于构件上时，都可看作钢筋长度基本不变，因而将发生预应力钢筋的应力松弛损失 σ_{l4}。

实验证明，应力松弛损失值与钢种有关，钢种不同，则损失大小不同。另外，张拉控制应力 σ_{con} 越大，则 σ_{l4} 也越大。应力松弛的发生是先快后慢，第一小时可完成 50% 左右（头两分钟内可完成其中的大部分），24 小时内完成 80% 左右，此后发展较慢。

减小措施：

1)采用应力松弛损失较小的钢筋作预应力钢筋。

2)根据应力松弛的性质，可以采用超张拉的方法减小松弛损失。超张拉时可采取以下两种张拉程序：第一种为 $0 \rightarrow 1.03\sigma_{con}$；第二种为 $0 \rightarrow 1.05\sigma_{con} \xrightarrow{\text{持荷 2 min}} \sigma_{con}$。其原理是：高应力（超张拉）下短时间内发生的损失在低应力下需要较长时间；持荷 2 min 可使相当一部分松弛损失发生在钢筋锚固之前，则锚固后损失减小。

(5)混凝土收缩和徐变引起的预应力损失 σ_{l5}。

产生原因：混凝土在空气中结硬时体积收缩，而在预加应力作用下，混凝土沿压力方向又发生徐变。收缩、徐变都导致预应力混凝土构件的长度缩短，预应力钢筋也随之回缩，产生预应力损失。混凝土收缩徐变引起的预应力损失是各项损失中最大的一项，在曲线配筋的构件中，约占总损失的 30%，在直线配筋构件中可达 60%。

减小措施：

1)设计时尽量使混凝土压应力不要过高；

2)采用高强度等级水泥，以减少水泥用量，同时严格控制水胶比；

3)采用级配良好的骨料，增加骨料用量，同时加强振捣，提高混凝土密实性；

4)加强养护，使水泥水化作用充分，减少混凝土的收缩，有条件时宜采用蒸汽养护。

(6)螺旋式预应力钢筋作配筋的环形构件中混凝土的局部挤压引起的预应力损失 σ_{l6}。

产生原因：对水管、蓄水池等圆形结构物，可采用后张法施加预应力。先用混凝土或喷射砂浆建造池壁，待池壁硬化达足够强度后，用缠丝机沿圆周方向把钢丝连续不断地缠绕在池壁上并加以锚固，最后围绕池壁敷设一层喷射砂浆作保护层。待钢筋张拉完毕锚固后，由于张紧的预应力钢筋挤压混凝土，钢筋处构件的直径由原来的 d 减小到 d_1，一圈内钢筋的周长减小，预拉应力下降。

减小措施：

1)构件的直径 d 越大，则 σ_{l6} 越小。因此，当 d 较大时，这项损失可以忽略不计。

2)当构件直径 $d \leqslant 3$ m 时，$\sigma_{l6} = 30$ N/mm²。

3)当构件直径 $d > 3$ m 时，$\sigma_{l6} = 0$。

7.2 预应力混凝土结构构造要求

7.2.1 先张法构件

(1)预应力钢筋的净距及保护层应满足表 7-2 的要求。

表 7-2 先张法构件预应力钢筋净距要求

种类	钢丝及热处理钢筋	钢绞线	
		1×3	1×7
钢筋净距	≥15 mm	≥15 mm	≥20 mm	≥25 mm
备注	(1)钢筋保护层厚度同普通梁； (2)除满足上述净距要求外，预应力钢筋净距不应小于其公称直径 d 或等效直径 d_{eq} 的 1.5 倍，双并筋 $d_{eq}=1.4d$，三并筋 $d_{eq}=1.7d$。			

(2)端部加强措施(图 7-12)。

1)对单根预应力钢筋，其端部宜设置长度≥150 mm 且不少于 4 圈螺旋筋，如图 7-12(a)所示；当有可靠经验时，也可利用支座垫板上的插筋代替螺旋筋但不少于 4 根，长度≥120 mm，如图 7-12(b)所示。

2)对多根预应力钢筋，其端部 $10d$ 范围内应设置 3～5 片与预应力钢筋垂直的钢筋网，如图 7-12(c)所示。

3)对钢丝配筋的薄板，在端部 100 mm 范围内应适当加密横向钢筋，如图 7-12(d)所示。

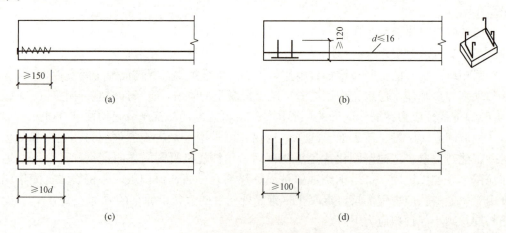

图 7-12 构件端部配筋构造要求

7.2.2 后张法(有黏结预应力混凝土)

(1)孔道及排气孔要求见表 7-3。

表 7-3　孔道及排气孔要求

孔道间水平净距	孔道至构件边净距	孔道内径-预应力钢丝束外径	排气孔距或灌浆孔
≥50 mm	≥30 mm 且≥孔径的一半	0～15 mm	≤12 mm

(2)端部加强措施。为了提高锚具下混凝土的局部抗压强度,防止局部混凝土压碎,应采取在端部预埋钢板(厚度≥10 mm),并应在垫板下设置附加横向钢筋网片[图 7-13(a)]或螺旋式钢筋[图 7-13(b)]等措施。

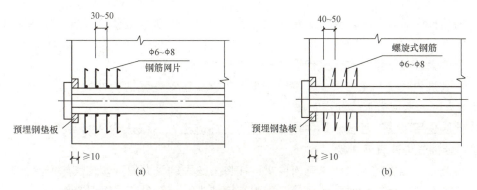

图 7-13　后张法端部加强构造图

(3)长期外露的金属锚具应采取涂刷或砂浆封闭等防锈措施。

(4)管道压浆要密实,水泥砂浆不宜小于 M20,水胶比为 0.4～0.45,为减少收缩,可掺入 0.1% 水泥用量的铝粉。

本章小结

1. 预应力混凝土就是事先人为地在混凝土或钢筋混凝土中引入内部应力,且其数值和分布恰好能将使用荷载产生的应力抵消到一个合适程度的配筋混凝土。这种由配置预应力钢筋再通过张拉或其他方法建立预应力的结构,就称为预应力混凝土结构。

2. 预应力混凝土与普通钢筋混凝土相比的优点:提高了构件的抗裂能力,增大了构件的刚度,充分利用高强度材料,扩大了构件的应用范围,提高了结构的耐疲劳性能。预应力混凝土结构也存在着一些缺点:工艺较复杂,对施工质量要求很高,需要有专门设备,预应力反拱度不易控制,预应力混凝土结构的开工费用较大。

3. 混凝土施加预应力的方法,根据张拉钢筋与浇筑混凝土的先后顺序分为先张法及后张法。先张法在台座上张拉预应力钢筋后浇筑混凝土并通过黏结力传递建立预加应力;后张法在混凝土结硬后通过张拉预应力钢筋并锚固而建立预加应力。

4. 预应力混凝土结构的混凝土强度等级不应低于 C30。当采用钢绞线、钢丝、热处理钢筋作预应力钢筋时,混凝土强度等级不宜低于 C40。预应力混凝土结构的混凝土不仅要求高强度,而且还要求能快硬、早强。预应力钢筋的质量要求:强度要高,有较好的塑性,要具有良好的与混凝土黏结性能,应力松弛损失要低。

5. 预应力损失是将预应力钢筋张拉到控制应力 σ_{con} 后,由于张拉工艺和材料特性等原因,从张拉钢筋开始直到构件使用的整个过程中,经张拉所建立起来的钢筋预应力将逐渐降低这种现象。

6. 预应力损失分类：张拉端锚具变形和钢筋内缩引起的预应力损失 σ_{l1}、预应力钢筋与孔道的摩擦引起的预应力损失 σ_{l2}、由张拉的钢筋与承受拉力的设备之间的温差引起的预应力损失 σ_{l3}、预应力钢筋应力松弛引起的预应力损失 σ_{l4}、混凝土收缩和徐变引起的预应力损失 σ_{l5}、螺旋式预应力钢筋作配筋的环形构件中混凝土的局部挤压引起的预应力损失 σ_{l6}。

复习思考题

1. 何谓预应力混凝土？为什么要对构件施加预应力？其主要优点是什么？其基本原理是什么？
2. 预应力混凝土结构有什么优缺点？
3. 什么是先张法？先张法构件按什么样的工序施工？先张法构件如何实现预应力钢筋的锚固？先张法构件有何优缺点？
4. 什么是后张法？后张法构件按什么样的工序施工？后张法构件如何实现预应力钢筋的锚固？后张法构件有何优缺点？
5. 预应力混凝土构件对锚具有何要求？按传力锚固的受力原理，锚具如何分类？
6. 预应力混凝土结构对所使用的混凝土有何要求？什么是高强度混凝土？
7. 先张法和后张法构件端部加强的原因各是什么？

第8章 多层及高层钢筋混凝土房屋

> **内容提要**
>
> 多层及高层钢筋混凝土房屋是应用最广泛的建筑结构形式,钢筋混凝土房屋常见的结构体系有框架结构体系、剪力墙结构体系、框架-剪力墙结构体系和筒体结构体系等。
>
> 本章主要介绍常见钢筋混凝土房屋结构体系的特点、框架结构的设计要点及构造要求、剪力墙结构和框架-剪力墙结构的受力特点和构造要求。

> **知识掌握目标**
>
> 1. 掌握框架结构的设计要点及构造要求;
> 2. 了解剪力墙结构的受力特点和构造要求;
> 3. 了解框架-剪力墙结构的受力特点和构造要求。

8.1 概述

多层及高层建筑是人类社会经济发展的产物,是衡量一个国家经济是否发达的一个标准。目前,世界上最高的高层建筑是哈利法塔,也叫迪拜大厦,是阿拉伯联合酋长国迪拜的一栋摩天大楼。哈利法塔高 828 m,楼层总数共 162 层。哈利法塔总共使用 33 万 m^3 混凝土、6.2 万 t 强化钢筋、14.2 万 m^2 玻璃。为了修建哈利法塔,共调用了大约 4 000 名工人和 100 台起重机,把混凝土垂直泵上逾 606 m 的地方。

多层及高层建筑结构的形式繁多,以材料来分有配筋砌体结构、钢筋混凝土结构、钢结构和钢-混凝土混合结构等。其中砌体结构强度较低、抗拉抗剪性能较差,难以抵抗水平作用产生的弯矩和剪力,因而一般情况下采用配筋砌体结构;钢筋混凝土结构强度较高、抗震性能较好,并且具有良好的塑性;钢结构强度较高、自重较轻,具有良好的延性和抗震性能,并能适应建筑上大跨度、大空间的要求;钢-混凝土混合结构一般是钢框架与钢筋混凝土筒体的结合,在结构体系的层次上将两者的优点结合起来。

多层及高层建筑常见的结构体系有框架结构体系、剪力墙结构体系、框架-剪力墙结构体系和筒体结构体系等。

1. 框架结构体系

框架结构体系一般用于钢结构和钢筋混凝土结构中,由梁和柱通过节点构成承载结构,框架形成可灵活布置的建筑空间,使用较方便。钢筋混凝土框架按施工方法的不同,又可分为:①梁、板、柱全部现场浇筑的全现浇框架;②楼板预制,梁、柱现场浇筑的现浇框架;③梁、板预制,柱现场浇筑的半装配式框架;④梁、板、柱全部预制的全装配式框架等。

随着结构高度增加,水平作用使得框架底部梁柱构件的弯矩和剪力显著增加,从而导致梁柱截面尺寸和配筋量增加,达到一定程度将给建筑平面布置和空间处理带来困难,影响建筑空间的正常使用,在材料用量和造价方面也趋于不合理,因此在使用上层数受到限制。

框架结构抗侧刚度较小,在水平力作用下将产生较大的侧向位移。其中一部分是结构弯曲变形,即框架结构产生整体弯曲,由柱子的拉伸和压缩所引起的水平位移;另一部分是剪切变形,即框架结构整体受剪,层间梁柱杆件发生弯曲而引起的水平位移。

框架节点是内力集中的部位,关系到结构的整体安全。震害表明,节点常常是导致结构破坏的薄弱环节。

由于框架构件截面较小,抗侧刚度较小,在强震下结构整体位移和层间位移都较大,容易产生震害。此外,非结构性破坏如填充墙、建筑装修和设备管道等破坏较严重。因而其主要适用于非抗震区和层数较少的建筑;抗震设计的框架结构除需加强梁、柱和节点的抗震措施外,还需注意填充墙的材料以及填充墙与框架的连接方式等,以避免框架变形过大时填充墙的损坏(图 8-1)。

图 8-1 框架结构

2. 剪力墙结构体系

剪力墙结构体系一般用于钢筋混凝土结构中,适用于住宅和旅馆等开间较小、墙体较多、房间面积不太大的建筑。而且房间内没有梁柱棱角,其整体美观。

剪力墙结构由墙体承受全部水平作用和竖向荷载。根据施工方法的不同,可以分为:①全部现浇的剪力墙;②全部用预制墙板装配而成的剪力墙;③内墙现浇、外墙为预制装配的剪力墙。

在承受水平力作用时,剪力墙相当于一根下部嵌固的悬臂梁。剪力墙的水平位移由弯曲变形和剪切变形两部分组成。高层建筑剪力墙结构以弯曲变形为主,其位移曲线呈弯曲形，特点是结构层间位移随楼层增高而增加。

剪力墙结构墙体多，因而在建筑平面布置和使用要求上受到一定的限制，不容易形成大的空间。为了满足布置门厅、餐厅、会议室、商店等大空间的要求，可以在底部一层或数层取消部分剪力墙而代之以框架，形成框支剪力墙结构。

剪力墙结构比框架结构刚度大、空间整体性好，用钢量较省，结构顶点水平位移和层间位移通常较小，能够满足抗震设计变形要求。在历次地震中，剪力墙结构表现出良好的抗震性能，震害较轻(图 8-2)。

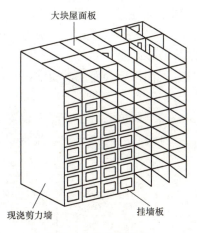

图 8-2　剪力墙结构

3. 框架-剪力墙结构体系

框架-剪力墙结构体系是把框架和剪力墙两种结构共同组合在一起形成的结构体系。结构的竖向荷载分别由框架和剪力墙共同承担，而水平作用主要由抗侧刚度较大的剪力墙承担，这种结构既具有框架结构布置灵活、使用方便的特点，又有较大的刚度和较强的抗震能力，因而广泛应用于高层办公建筑和旅馆建筑中。这种结构体系的平面布置如图 8-3 所示。

由于剪力墙承担了大部分的剪力，框架的受力状况和内力分布得到改善。框架所承受的水平剪力减少且沿高度分布比较均匀，剪力墙所承受的剪力越接近结构底部，所受剪力越大，越有利于控制框架变形；而在结构上部，框架的水平位移有比剪力墙的位移小的趋势，剪力墙承受框架约束的负剪力。

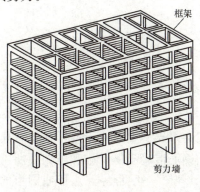

图 8-3　框架-剪力墙结构

4. 筒体结构体系

随着层数、高度的增加，高层建筑结构承受的水平地震作用也大大增加，框架、剪力墙以及框架-剪力墙等结构体系往往不能满足要求。可将剪力墙在平面内围合成箱形，形成一个竖向布置的空间刚度很大的薄壁筒体；也可由密柱框架或壁式框架围合，形成空间整体受力的框筒等，从而形成具有很好的抗风和抗震性能的筒体结构体系。筒体结构体系根据筒体的布置、组成和数量等，又可分为框架-筒体结构体系、筒中筒结构体系和束筒结构体系（图 8-4）。

(1)框架-筒体结构体系一般中央布置剪力墙薄壁筒，它承受大部分水平力；周边布置大柱距的稀柱框架，它的受力特点类似于框架-剪力墙结构。也有把多个筒体布置在结构的端部，中部为框架的框架-筒体结构形式。

(2)筒中筒结构体系由内外几层筒体组合而成，通常核心筒为剪力墙薄壁筒，外围筒是框筒。

(3)束筒结构体系又称为组合筒结构体系，在平面内设置多个筒体组合在一起，形成整体刚度很大的结构形式。建筑结构内部空间也较大，平面可以灵活划分，适用于多功能、多用途的超高层建筑。

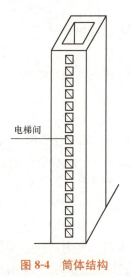

图 8-4 筒体结构

8.2 框架结构

8.2.1 框架结构的特点

多层钢筋混凝土结构主要指多层框架结构，近年来还有异形柱框架结构等结构形式得到应用。框架结构体系是指由钢筋混凝土框架梁和框架柱所组成的结构体系，如果框架柱的截面形式是十字形、T形、L形、一字形等非矩形或圆形的形状，则构成异形柱框架结构体系。框架结构既负担竖向重力荷载，又承担水平荷载。

框架结构体系的优点是建筑平面布置灵活,可以提供较大的内部空间;在竖向可以通过框架梁的外挑或内收,或者设置构架等方法,形成较为丰富的立面,因此框架结构广泛应用于商场、餐厅、展览馆、教学、办公等公共建筑及多层工业厂房。随着我国经济实力的增强和人民生活水平的不断提高,钢筋混凝土框架结构也越来越多地代替砌体结构应用于别墅、多层住宅等民用建筑中。由于框架结构抵抗水平荷载的构件是由梁、柱构成的框架,构件截面小,因而侧向刚度低,在房屋高度增加的情况下其内力和侧移增加很快,从而导致梁柱截面尺寸和配筋量增加,达到一定程度,将给建筑平面布置和空间处理带来困难,影响建筑空间的正常使用,在经济上也趋于不合理。因此,框架结构只适用于多层或较低的高层建筑。

■ 8.2.2 框架结构的布置

1. 平面布置原则

钢筋混凝土结构房屋结构平面应力求简单、规则,结构的主要抗侧力构件应对称均匀布置,尽量使结构的刚心与质心重合,避免地震时引起结构扭转及局部应力集中。结构的竖向布置,应使其质量沿高度方向均匀分布,避免结构刚度突变,并应尽可能降低建筑物的重心,以利于结构的整体稳定性。

合理地设置变形缝,加强楼屋盖的整体性。当房屋总长超过表 8-1 规定值时,可设置伸缩缝或采用其他的一些构造措施。如采取了充分有效的措施,并进行了合理的施工,伸缩缝的间距可超过表 8-1 的限值。

表 8-1 框架结构伸缩缝最大间距　　　　　　　　　　　　　　　　　　　　　　　　　m

施工方法	室内或土中	露天
现浇框架	55	35
装配式框架	75	50

当相邻部分基础类型、埋深不一致或土层变化很大,以及房屋层数、荷载相差很大时,可设置沉降缝将相邻部分分开。沉降缝应贯通上部结构和基础本身。

当建筑平面过长,结构单元的结构体系不同、高度或刚度相差过大以及各结构单元的地基条件有较大差异时,应考虑设置防震缝。框架结构房屋的防震缝宽度,当高度不超过 15 m 时不应小于 100 mm;高度超过 15 m 时,6 度、7 度、8 度和 9 度分别每增加高度 5 m、4 m、3 m 和 2 m,宜加宽 20 mm。

一般框架结构均采用现浇钢筋混凝土,采用装配式楼盖时,板与梁应有可靠连接,板面应有现浇配筋面层。框架结构的梁、柱沿房屋高度宜保持完整,不宜抽柱或抽梁,使传力途径突然变化;柱截面变化,不宜位于同一楼层。在同一结构单元,宜避免由于错层形成短柱。局部凸出屋顶的塔楼不宜布置在房屋端部,且不应做成砖混结构,可将框架柱延伸上去或做钢木轻型结构。楼电梯间不宜设在结构单元的两端及拐角处,因为单元角部扭转应力大,受力复杂,容易造成破坏。电梯间非对称布置时,应考虑其不利作用,必要时可采取措施,减小电梯间的刚度。

框架结构由梁、柱构成,构件截面较小,而框架结构的承载力和刚度都较低。因此,框架结构应在纵、横两个方向或多个斜交方向上布置为框架,不得采用横向为框架、纵向为铰接排架的结构体系,也不得采用某一斜交方向为铰接排架的结构体系。

非承重墙体的材料、选型和布置,应根据房屋高度、建筑体型、结构层间变形、墙体自身抗侧力性能的利用等因素,经综合分析后确定。非承重墙体应优先选用轻质墙体材料。

刚性非承重墙体的布置,应避免使结构形成刚度和强度分布上的突变。墙体与主体结构应有可靠的拉结,应能适应主体结构不同方向的层间位移。

砌体墙应采取措施减少其对主体结构的不利影响,并应设置拉结筋、水平系梁、圈梁、构造柱等与主体结构可靠拉结。

2. 柱网尺寸和层高

框架结构的柱网尺寸和层高,应根据房屋的生产工艺、使用要求、建筑材料和施工条件等因素综合确定,并应符合一定的模数。其原则是力求做到柱网平面尺寸简单、规范、有利于装配化、定型化和施工工业化。

对工业厂房,常采用内廊式、等跨式与不等跨式。

内廊式柱网常采用对称三跨,边跨跨度为 6 m、6.6 m、6.9 m 等;中间跨为走廊,可取 2.4~3 m;开间方向柱距可取 3.6~8 m。

等跨式柱网适用于厂房、仓库、商店等,其进深方向柱距常为 6 m、7.5 m、9 m、12 m 等,开间方向柱距一般为 6 m。

对称不等跨柱网常用于建筑平面宽度较大的厂房:常用的柱网有(8.0+12.0+8.0) m×6.0 m、(5.8+6.2+6.2+5.8) m×6.0 m、(7.5+7.5+12.0+7.5+7.5) m×6.0 m 等。

对宾馆、办公楼等民用建筑,柱网布置应与建筑分隔墙布置相协调,一般将柱子设在纵横墙交叉点上。柱网的尺寸还受到梁跨度的限制,梁跨度一般为 6~9 m。

在宾馆建筑中,一般两边是客房,中间为走道,柱网布置可有两种方案:一是将柱子布置在走道两侧,成对称三跨式;另一种是将柱子布置在客房与卫生间之间,即将走道与两侧的卫生间并为一跨,边跨仅布置客房。该形式也是对称三跨式,但跨度相对均匀,受力较好。

在办公楼建筑中,一般是两边为办公室,中间为走道,这时可将中柱布置在走道两侧。而当房屋进深较小时,也可取消一排柱子,布置成两跨框架。

3. 框架的承重方案布置

框架结构体系是由若干平面框架通过连系梁连接而成的空间结构,为方便计算,可把空间框架结构看成平行于建筑物短轴方向的横向框架和平行于建筑物长轴方向的纵向框架,这两种平面框架就是框架结构的基本承重结构。按承重框架布置方向的不同,框架的承重布置方案有横向框架承重、纵向框架承重和纵横向框架混合承重等几种形式。

(1)横向框架承重方案。横向框架承重方案指框架主梁沿房屋横向设置,板和次梁沿纵向布置,此种布置方案有利于增加房屋横向刚度,使房屋纵横向刚度相差不致过大。因此,横向框架承重方案应用最为广泛(图 8-5)。

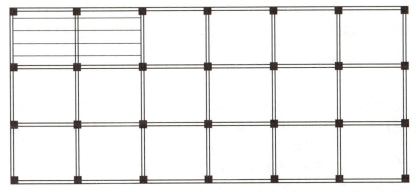

图 8-5　横向框架承重方案

(2)纵向框架承重方案。纵向框架承重方案指框架主梁沿房屋纵向设置，板和次梁沿房屋横向设置，此种布置方案有利于房屋的通风、采光和楼层净高的有效利用，平面布置也较灵活，但因横向刚度较差，一般仅用于层数不多且无抗震设防要求的工业厂房，民用建筑采用较少(图 8-6)。

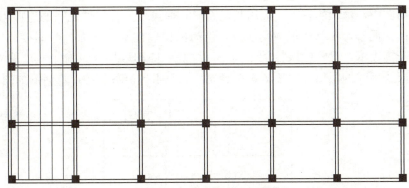

图 8-6　纵向框架承重方案

(3)纵横向框架混合承重方案。纵横向框架混合承重方案指框架承重梁沿房屋纵向和横向两个方向布置，房屋在两个方向上均有较大的抗侧移刚度，具有较大的抵抗水平力的能力，整体工作性能好。这种布置方案一般采用现浇整体式框架，用于柱网呈方形或接近方形的大面积房屋中，如仓库、工业厂房等建筑中(图 8-7)。

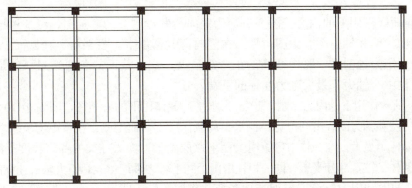

图 8-7　纵横向框架混合承重方案

8.2.3 框架结构的受力特点

1. 框架结构承受的荷载

框架结构承受的荷载包括竖向荷载和水平荷载。

竖向荷载包括结构自重等恒荷载及楼面及屋顶均布活荷载、雪荷载等活荷载。这些荷载取值根据现行《荷载规范》进行计算。对于楼面均布活荷载在设计楼面梁、墙、柱及基础时，要根据承荷面积及承荷层数乘以相应的折减系数。

水平荷载主要为风荷载和水平地震作用。风荷载一般简化为作用于框架节点的水平集中力，并考虑左风、右风两种可能。

地震作用在抗震设防烈度6度以上地区需考虑。对一般结构，仅考虑水平地震作用，抗震设防烈度8度以上的大跨度结构、高层结构需要同时考虑水平地震作用和竖向地震作用。

2. 框架结构的计算简图

框架结构是一个空间受力体系。为了方便，通常可以忽略相互之间的空间联系，简化为一系列横向和纵向平面框架进行分析计算。

在计算简图中，框架的杆件一般用其截面形心轴线表示，杆件之间的连接用节点表示。对于现浇整体式框架，各节点视为刚节点，认为框架柱在基础顶面处为固接。杆件的长度用节点间的距离表示，梁跨度取柱轴线间距，柱高一般即取层高，对于底层偏安全地取基础顶面到底层楼面间的距离。框架结构在竖向荷载及水平荷载下的计算简图如图8-8所示。

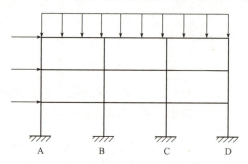

图8-8 框架结构在竖向荷载及水平荷载下的计算简图

3. 框架结构的内力框架结构在竖向荷载及水平荷载下的计算简图

(1)竖向荷载作用下的内力。图8-9(a)为竖向荷载作用下的弯矩图，图8-9(b)为竖向荷载作用下的剪力图和轴力图。由图可见，在竖向荷载作用下，框架梁、柱截面上均有弯矩，框架梁中的弯矩为抛物线，跨中截面的正弯矩最大，支座截面的负弯矩最大。最大剪力在梁端，框架柱中有轴力，最大轴力在柱的下端。

(2)水平荷载作用下的内力。图8-10(a)为水平荷载作用下的弯矩图，图8-10(b)为水平荷载作用下的剪力图和轴力图。由图可见，在水平荷载作用下，框架梁、柱弯矩均呈线性变化，梁、柱的支座截面弯矩最大，同一柱中弯矩由上而下逐层增大。剪力在梁的各跨长度范围内均匀分布。部分框架柱受拉，部分受压，同一根柱中由上到下轴力逐层增大，最大轴力在柱的下端。

(3)控制截面和内力组合。框架结构在荷载作用下的内力确定后，在进行框架梁柱截面配筋设计之前，必须进行荷载效应组合，求出构件各控制截面的最不利内力，以此作为梁、

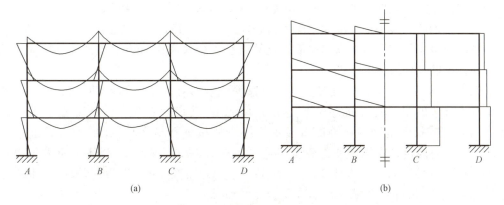

图 8-9 竖向荷载作用下的内力
(a)竖向荷载作用下的弯矩图；(b)竖向荷载作用下的剪力图和轴力图

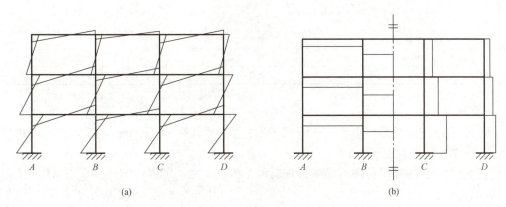

图 8-10 水平荷载作用下的内力
(a)水平荷载作用下的弯矩图；(b) 水平荷载作用下的剪力图和轴力图

柱配筋的依据。

框架梁一般取两梁端和跨间最大弯矩处截面为控制截面。框架柱取各层柱上、下两端为控制截面。

最不利内力组合就是使得所分析杆件的控制截面产生不利的内力组合，通常是指对截面配筋起控制作用的内力组合。

框架梁的最不利内力组合类型如下：

梁端截面：$+M_{max}$、$-M_{max}$、V_{max}；

梁跨中截面：$+M_{max}$。

框架柱的不利内力组合类型如下：

柱端截面：$+M_{max}$及相应的 N、V；N_{max}及相应的 M、V；N_{min}及相应的 M、V。

8.2.4 框架结构的构造要求

1. 框架梁

框架结构的主梁截面高度可按计算跨度的 1/10～1/18 确定；梁净跨与截面高度之比不

宜小于 4。梁的截面宽度不宜小于截面高度的 1/4，也不宜小于 200 mm。

纵向受拉钢筋的最小配筋率 $\rho_{\min}$(%)不应小于 0.2 和 $45f_t/f_y$ 二者的较大值；沿梁全长顶面和底面应至少各配置两根纵向钢筋，钢筋直径不应小于 12 mm。框架梁的纵向钢筋不应与箍筋、拉筋及预埋件等焊接。

框架梁的箍筋应沿梁全长设置，第一个箍筋应设置在距支座边缘 50 mm 处。截面高度大于 800 mm 的梁，其箍筋直径不宜小于 8 mm；其余截面高度的梁不应小于 6 mm。在受力钢筋搭接长度范围内，箍筋直径不应小于搭接钢筋最大直径的 1/4。箍筋间距不应大于表 8-2 的规定；在纵向受拉钢筋的搭接长度范围内，箍筋间距还不应大于搭接钢筋较小直径的 5 倍，且不应大于 100 mm；在纵向受压钢筋的搭接长度范围内，也不应大于搭接钢筋较小直径的 10 倍，且不应大于 200 mm。

表 8-2　框架梁箍筋最大间距

h_b≤mm　　　　V	$>0.7f_tbh_0$	$\leq 0.7f_tbh_0$
h_b≤300	150	200
300＜h_b≤500	200	300
500＜h_b≤800	250	350
h_b＞800	300	400

2. 框架柱

矩形框架柱的边长不宜小于 250 mm，圆柱直径不宜小于 350 mm；框架柱的剪跨比宜大于 2；框架柱截面高宽比不宜大于 3。

框架结构受到的水平荷载可能来自正反两个方向，故柱的纵向钢筋宜采用对称配筋。

框架柱全部纵向钢筋的配筋率不应小于 0.5%，同时每一侧配筋率不应小于 0.2%。当混凝土强度等级大于 C60 时，柱中全部纵向钢筋的配筋率不应小于 0.6%；当采用 335 MPa 级纵向受力钢筋时，柱中全部纵向钢筋的配筋率不应小于 0.6%；当采用 400 MPa 级纵向受力钢筋时，柱中全部纵向钢筋的配筋率不应小于 0.55%。柱中全部纵向钢筋的配筋率不宜大于 5%，不应大于 6%。柱纵向钢筋间距不应大于 300 mm；柱纵向钢筋净距均不应小于 50 mm。柱纵向钢筋不应与箍筋、拉筋及预埋件等焊接；柱纵向钢筋的绑扎接头应避开柱端的箍筋加密区。

框架柱的周边箍筋应为封闭式。箍筋间距不应大于 400 mm，且不应大于构件截面的短边尺寸和最小纵向受力钢筋直径的 15 倍。箍筋直径不应小于最大纵向钢筋直径的 1/4，且不应小于 6 mm。当柱中全部纵向受力钢筋的配筋率超过 3% 时，箍筋直径不应小于 8 mm，箍筋间距不应大于最小纵向钢筋直径的 10 倍，且不应大于 200 mm，箍筋末端应做成 135°弯钩且弯钩末端平直段长度不应小于 10 倍箍筋直径。当柱每边纵向钢筋多于 3 根时，应设置复合箍筋。

柱内纵向钢筋采用搭接做法时，搭接长度范围内箍筋直径不应小于搭接钢筋较大直径的 1/4；在纵向受拉钢筋的搭接长度范围内的箍筋间距不应大于搭接钢筋较小直径的 5 倍，且不应大于 100 mm；在纵向受压钢筋的搭接长度范围内的箍筋间距不应大于搭接钢筋较小直径的 10 倍，且不应大于 200 mm。当受压钢筋直径大于 25 mm 时，还应在搭接接头端面外 100 mm 的范围内各设置两道箍筋。

3. 现浇框架节点构造

节点构造是框架结构设计中非常重要的部分。框架梁、柱的纵向钢筋在框架节点区的锚固和搭接应符合下列要求(图 8-11)。

(1)顶层中节点柱纵向钢筋和边节点柱内侧纵向钢筋应伸至柱顶；当从梁底边计算的直线锚固长度不小于 l_a 时，可不必水平弯折；否则，应向柱内或梁、板内水平弯折。当充分利用柱纵向钢筋的抗拉强度时，其锚固段弯折前的竖向投影长度不应小于 $0.5l_{ab}$，弯折后的水平投影长度不应小于 12 倍的柱纵向钢筋直径。此处，l_{ab} 为受拉钢筋基本锚固长度；l_a 为受拉钢筋锚固长度，应符合《规范》的有关规定。

(2)顶层端节点处，在梁宽范围以内的柱外侧纵向钢筋可与梁上部纵向钢筋搭接，搭接长度不应小于 $1.5l_a$；在梁宽范围以外的柱外侧纵向钢筋可伸入现浇板内，其伸入长度与伸入梁内的相同。当柱外侧纵向钢筋的配筋率大于 1.2% 时，伸入梁内的柱纵向钢筋宜分两批截断，其截断点之间的距离不宜小于 20 倍的柱纵向钢筋直径。

(3)梁上部纵向钢筋伸入端节点的锚固长度，直线锚固时不应小于 l_a，且伸过柱中心线的长度不宜小于 5 倍的梁纵向钢筋直径；当柱截面尺寸不足时，梁上部纵向钢筋应伸至节点对边并向下弯折，锚固段弯折前的水平投影长度不应小于 $0.4l_{ab}$，弯折后的竖直投影长度应取 15 倍的梁纵向钢筋直径。

(4)当计算中不利用梁下部纵向钢筋的强度时，其伸入节点内的锚固长度应取不小于 12 倍的梁纵向钢筋直径。当计算中充分利用梁下部钢筋的抗拉强度时，梁下部纵向钢筋可采用直线方式或向上 90°弯折方式锚固于节点内，直线锚固时的锚固长度不应小于 l_a；弯折锚固时，锚固段的水平投影长度不应小于 $0.4l_{ab}$，竖直投影长度应取 15 倍的梁纵向钢筋直径。

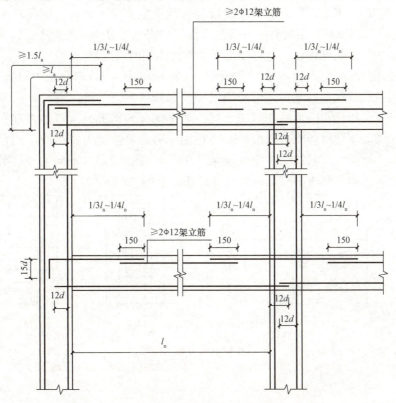

图 8-11　框架梁、柱纵向钢筋在节点区的锚固

8.3 剪力墙结构

8.3.1 剪力墙结构的特点

剪力墙结构是由一系列纵向、横向剪力墙及楼盖所组成的空间结构，承受竖向荷载和水平荷载，是高层建筑中常用的结构形式。剪力墙是利用建筑外墙和内隔墙位置布置的钢筋混凝土结构墙，由于它主要承受水平力，因此俗称剪力墙。剪力墙应沿结构的主要轴线布置，抗震设计的剪力墙结构，应避免仅单向有墙的结构布置形式。一般当平面为矩形、T形、L形时，剪力墙沿纵横两个方向布置；当平面为三角形、Y形时，剪力墙可沿三个方向布置；当平面为多边形、圆形和弧形时，则可沿环向和径向布置。剪力墙应尽量布置得比较规则，宜自下到上连续布置，不宜突然取消或中断。为减少刚度突变对结构产生的不利影响，可沿高度改变墙厚和混凝土强度等级，或减少部分墙肢，使抗侧刚度沿高度逐渐减小。顶层取消部分剪力墙形成顶部大空间时，延伸到顶的剪力墙应予以加强。剪力墙的抗侧刚度和承载力均较大，为充分利用剪力墙的能力，减轻结构质量，增大剪力墙结构的可利用空间，墙不宜布置得太密，结构的侧向刚度不宜过大。

剪力墙结构应具有较好的延性，细高的剪力墙容易设计成弯曲破坏的延性剪力墙，避免脆性的剪切破坏。因此，剪力墙每个墙段的长度不宜大于 8 m，各墙段的高度与墙段长度之比不宜小于 3。当墙肢很长时，可通过开设洞口将长墙分成长度较小、较为均匀的若干墙段，每个墙段可以是整体墙，也可以是用弱连梁连接的联肢墙。

为满足使用要求，剪力墙常开有门窗洞口。剪力墙的门窗洞口宜上下对齐、成列布置，形成明确的墙肢和连梁，宜避免使墙肢刚度相差悬殊的洞口设置。理论分析与试验研究表明，剪力墙的受力特性与变形状态取决于剪力墙上的开洞情况。洞口是否存在，洞口的大小、形状及位置的不同将影响剪力墙的受力性能。剪力墙按受力特性的不同，可分为整体剪力墙、整体小开口墙、联肢墙及壁式框架几种类型(图 8-12)。不同类型的剪力墙，其截面应力分布也不相同，其内力和位移的计算方法也不同。

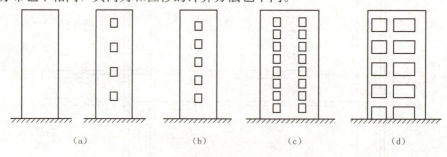

图 8-12　剪力墙的类型
(a)整体剪力墙；(b)整体小开口剪力墙；(c)联肢剪力墙；(d)壁式框架

(1)整体剪力墙。无洞口的剪力墙或剪力墙上开有一定数量的洞口，但洞口的面积不超过墙体面积的 15%，且洞口至墙边的净距及洞口之间的净距大于洞孔长边尺寸时，可以忽略洞口对墙体的影响,这种墙体称为整体剪力墙。这种墙体在水平荷载作用下如同一整体的悬臂弯曲构件,在墙肢的整个高度上,弯矩图无突变也无反弯点,其变形以弯曲变形为主,结构上部的层间位移较大,越往下层间位移越小。

(2)整体小开口剪力墙。当剪力墙上所开洞口面积稍大,超过墙体面积的15%时,这种剪力墙称为整体小开口剪力墙。在水平荷载作用下,这类剪力墙截面的正应力分布略偏离了直线分布的规律,变成了相当于在整体墙弯曲时的直线分布应力之上叠加了墙肢局部弯曲应力,其弯矩图在连梁处发生突变,但在整个墙肢高度上没有或仅在个别楼层中出现反弯点,变形仍以弯曲变形为主。

(3)联肢剪力墙。当剪力墙沿竖向开有一列或多列较大的洞口时,由于洞口较大,剪力墙截面的整体性已被破坏,剪力墙的截面变形不再符合平截面的假定。这时剪力墙成为由一系列连梁约束的墙肢所组成的联肢墙。开有一列洞口的联肢墙称为双肢墙,当开有多列洞口时称为多肢墙。

(4)壁式框架。当剪力墙的洞口尺寸较大,墙肢宽度较小,连梁的线刚度接近墙肢的线刚度时,这种剪力墙称为壁式框架。在水平荷载作用下,剪力墙的受力性能已接近于框架,结构上部的层间位移较小,越往下层间位移越大。弯矩图在楼层位置有突变,并且在多数楼层出现反弯点,变形以剪切变形为主。

■ 8.3.2 剪力墙结构的构造要求

(1)材料等级。为了保证剪力墙的承载能力和变形能力,钢筋混凝土剪力墙中,混凝土强度等级不宜低于C20;带有筒体和短肢剪力墙(短肢剪力墙指墙肢截面高度与厚度之比为4~8的剪力墙,一般剪力墙的墙肢截面高度与厚度之比大于8)的剪力墙结构的混凝土强度等级不低于C25。墙内纵向钢筋可采用HRB335级或HRB400级钢筋,分布钢筋和箍筋宜采用HPB300级钢筋。

(2)剪力墙截面尺寸。剪力墙的厚度不应太小,以保证墙体平面的刚度和稳定性以及浇筑混凝土的质量。钢筋混凝土剪力墙的截面厚度不应小于160 mm。

(3)墙肢配筋要求。

1)端部钢筋。剪力墙两端和洞口两侧应按规定设置边缘构件。边缘构件分为约束边缘构件和构造边缘构件。非抗震设计时应设置构造边缘构件。竖向配筋应满足正截面受压(受拉)承载力的要求;当端柱承受集中荷载时,其竖向钢筋、箍筋直径和间距应满足框架柱的相应要求;箍筋、拉筋沿水平方向的肢距不宜大于300 mm,不应大于竖向钢筋间距的2倍。

剪力墙端部应按构造配置不少于4根12 mm的纵向钢筋,沿纵向钢筋应配置直径不少于6 mm、间距为250 mm的拉筋。

2)墙身分布钢筋。剪力墙墙身分布钢筋分为水平分布钢筋和竖向分布钢筋。由于高层建筑的剪力墙厚度大,为防止混凝土表面出现收缩裂缝,同时使剪力墙具有一定的平面抗弯能力,因此,剪力墙墙身分布钢筋不应采用单排分布钢筋。当剪力墙厚度不大于400 mm时,可采用双排配筋;超过400 mm时,若仅采用双排配筋,会形成中间大面积的素混凝土,使剪力墙截面应力分布不均匀,故当厚度在400~700 mm时,宜采用3排配筋;当厚度大于700 mm时,宜采用4排配筋。各排分布钢筋之间的拉结筋间距不应大于600 mm,直径不应小于

6 mm。在底部加强部位,约束边缘构件以外的拉结筋布置应适当加密。

为了防止剪力墙在受弯裂缝出现后立即达到极限受弯承载力,同时,为了防止斜裂缝出现后发生脆性破坏,剪力墙分布钢筋的配筋率不应小 0.20%,间距不应大于 300 mm,直径不应小于 8 mm,且不宜大于墙厚的 1/10。对房屋顶层、长矩形平面房屋的楼梯间和电梯间、端部山墙、纵墙的端开间剪力墙分布钢筋的配筋率不应小于 0.25%,间距不应大于 200 mm。

3)钢筋的连接和锚固。非抗震设计时,剪力墙纵向钢筋最小锚固长度应取 l_a。剪力墙竖向及水平分布钢筋采用搭接连接时,分布钢筋的搭接长度,非抗震设计时不应小于 $1.2l_a$(图 8-13)。

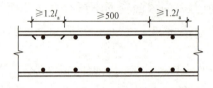

图 8-13 剪力墙水平分布钢筋的搭接

(4)连梁构造要求。连梁通常跨高比都较小,又因受到反弯矩的作用,容易出现剪切斜裂缝而发生脆性破坏。

连梁顶面、底面纵向受力钢筋伸入墙内的长度不应小于 l_a,且不应小于 600 mm;沿连梁全长的箍筋直径不应小于 6 mm,间距不应大于 150 mm;顶层连梁纵向钢筋伸入墙体的长度范围内,应配置间距不大于 150 mm 的构造箍筋,箍筋直径应与该连梁的箍筋直径相同;墙体水平分布钢筋应作为连梁的腰筋在连梁范围内拉通连续配置;当连梁截面高度大于 700 mm 时,其两侧面腰筋的直径不应小于 8 mm,间距不应大于 200 mm;对跨高比不大于 2.5 的连梁,梁两侧的腰筋的面积配筋率不应小于 0.3%(图 8-14)。

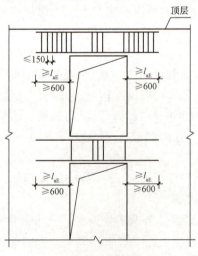

图 8-14 配筋构造

(5)剪力墙开小洞口和连梁开洞时的构造要求。剪力墙开有边长小于 800 mm 的小洞口,且在结构整体计算中不考虑其影响时,应在洞口上、下和左、右配置补强钢筋,补强钢筋的直径不应小于 12 mm，截面面积应分别不小于被截断的水平分布钢筋和竖向分布钢筋的面积(图 8-15)。

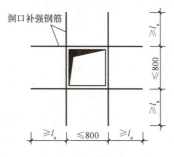

图 8-15　剪力墙洞口补强钢筋

穿过连梁的管道宜预埋套管，洞口上、下的截面有效高度不宜小于梁高的 1/3，且不宜小于 200 mm；被洞口削弱的截面应进行承载力验算，洞口处应配置补强纵向钢筋和箍筋，补强纵向钢筋的直径不应小于 12 mm(图 8-16)。

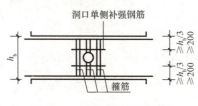

图 8-16　连梁洞口补强钢筋

8.4　框架-剪力墙结构

8.4.1　框架-剪力墙结构的特点

框架-剪力墙结构，也称为框架-抗震墙结构，简称框-剪结构，它是由框架和剪力墙组成的结构体系。在钢筋混凝土高层和多层公共建筑中，当框架结构的刚度和强度不能满足抗震或抗风要求时，采用刚度和强度均较大的剪力墙与框架协同工作，可由框架构成自由灵活的大空间，以满足不同建筑功能的要求；同时又有刚度较大的剪力墙，从而使框-剪结构具有较强的抗震、抗风能力，并大大减少了结构的侧移。因此，剪力墙结构适用于需要灵活大空间的多层和高层建筑，如办公楼、商业大厦、饭店、旅馆、教学楼、试验楼、电信大楼、图书馆、多层工业厂房及仓库、车库等建筑。框-剪结构由框架和剪力墙两种不同的抗侧力结构组成，这两种结构的受力特点和变形性质是不同的，在水平力作用下，剪力墙是竖向悬臂结构，其变形曲线为弯曲型，楼层越高水平位移增长速度越快。在一般剪力墙结构中，由于所有抗侧力结构都是剪力墙，在水平力作用下各片墙的侧向位移相似，所以，楼层剪力在各片墙之间是按其等效刚度比例进行分配。框架在水平力作用下，其变形曲线为剪切型，楼层越高水平位移增长越慢，在纯框架结构中，各榀框架的变形曲线相似，所以，楼层剪力按框架柱的抗侧移刚度 D 值比例分配，水平力产生的楼层剪力很小，而框架中仍有相当数值的剪力。框-剪结构在水平力作用下，框架与剪力墙之间楼层剪力的分配和框架各楼层剪力分布情况，是随楼层所处高度而变化，与结构刚度特征值直接相关。框剪结构中框架底部剪力为零，剪力控制截面在房屋高度的中部甚至是上部，而纯框架最大剪力在底部。因此，当实际布置有剪力墙的框架结构，必须按框-剪结构协同工作计算内力，不能简单按纯框架分析，否则不能保证框架部分上部楼层构件的安全(图 8-17)。

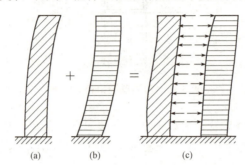

图 8-17　框架-剪力墙结构的变形特点
(a)剪力墙的弯曲变形；(b)框架的剪切变形；(c)框架-剪力墙的共同变形

　　框-剪结构，由延性较好的框架、抗侧力刚度较大并带有边框的剪力墙和有良好耗能性的连梁组成，具有多道抗震防线。从国内外经受地震后震害调查表明，确为一种抗震性能很好的结构体系。

　　框-剪结构在水平力作用下，框架上下各楼层的剪力取用值比较接近，梁、柱的弯矩和剪力值变化较小，使得梁、柱构件规格较少，有利于施工。框-剪结构有两种类型：其一，由框架和单肢整截面墙、整体小开口墙、小筒体墙、双肢墙组成的一般框-剪结构；其二，外周边为柱距较大的框架和中部为封闭式剪力墙筒体组成的框架-筒体结构。这两种类型的结构在进行内力和位移分析、构造处理时，均按框-剪结构考虑。

　　多次震害表明，在钢筋混凝土结构中，剪力墙数量越多，地震震害减轻得就越多。框架结构在强震中大量破坏、倒塌，而剪力墙结构震害轻微。因此，多设剪力墙对抗震是有利的，但是，剪力墙超过了必要的限度，是不经济的。剪力墙太多，虽然有较强的抗震能力，但由于刚度太大，周期太短，地震作用要加大，不仅使上部结构材料增加，而且带来基础设计的困难。另外，框-剪结构中，框架的设计水平剪力有最低限值，剪力墙再增多，框架的材料消耗也不会再减少。虽然单从抗震的角度来说，剪力墙数量以多为好；但从经济性来说，剪力墙则不宜过多，因此，在框-剪结构中设置合理数量的剪力墙就显得尤为重要。

　　框架-剪力墙结构应设计成双向抗侧力体系。抗震设计时，结构两主轴方向均应布置剪力墙。主体结构构件之间除个别节点外应采用刚接，以保证结构整体的几何不变和刚度的发挥。梁与柱或柱与剪力墙的中线宜重合，使内力传递和分布合理且保证节点核心区的完整性。

　　剪力墙的布置，应遵循"均匀、分散、对称、周边"的原则：均匀、分散是指剪力墙片数较多，宜均匀、分散布置在建筑平面上。单片剪力墙底部承担的水平剪力不宜超过结构底部总水平剪力的30%。对称是指剪力墙在结构单元的平面上尽可能对称布置,使水平力作用线尽可能靠近刚度中心,避免产生过大的扭转。周边是指剪力墙尽可能布置在建筑平面周边,以加大其抗扭转内臂,提高其抵抗扭转的能力;同时,在端部附近设剪力墙可以避免墙部楼板外挑长度过大。剪力墙宜贯通建筑物的全高,宜避免刚度突变。剪力墙开洞时,洞口宜上下对齐。抗震设计时,剪力墙的布置宜使结构各主轴方向的侧向刚度接近。

8.4.2 框架-剪力墙结构的构造要求

框-剪结构中的框架、剪力墙应符合框架结构和剪力墙结构的有关构造要求。在框-剪结构中,剪力墙是主要的抗侧力构件,承担着绝大部分剪力,因此构造还应加强,应满足以下构造要求。

(1)剪力墙的配筋构造。剪力墙墙板的竖向和水平向分布钢筋的配筋率均不应小于0.2%,并至少采用双排布置。各排分布钢筋间应设置拉筋,拉筋直径不小于6 mm,间距不应大于600 mm。

(2)带边框剪力墙的构造要求。带边框剪力墙即在框架结构的若干跨内嵌入剪力墙。

带边框剪力墙应有足够的厚度以保证其稳定性。非抗震设计时,剪力墙的厚度不应小于160 mm,当剪力墙截面厚度不满足要求时,应验算墙体的稳定性。

剪力墙的水平钢筋应全部锚入边框柱内,锚固长度不应小于l_a。剪力墙截面宜按工字形设计,故其端部的纵向受力钢筋应配置在边框柱截面内。

与剪力墙重合的框架梁可保留,也可做成宽度与墙厚相同的暗梁,暗梁截面高度可取墙厚的2倍或与该片框架梁截面等高,暗梁的配筋可按构造配置且应符合一般框架梁相应抗震等级的最小配筋要求。

边框柱截面宜与该榀框架其他柱的截面相同,边框柱应符合框架柱构造配筋规定;剪力墙底部加强部位边框柱的箍筋宜沿全高加密;当带边框剪力墙上的洞口紧邻边框柱时,边框柱的箍筋宜沿全高进行加密。

本章小结

本章主要讲述了框架结构的设计要点及构造要求,剪力墙结构和框架-剪力墙结构的受力特点和构造要求。

复习思考题

1. 多层及高层建筑常见的结构体系有哪些?
2. 框架-剪力墙结构有哪些优点?
3. 筒体结构分为哪几类?
4. 框架结构的承重方案有哪几种?
5. 框架梁有哪些构造要求?
6. 剪力墙按受力特性的不同分为哪几类?

第9章 砌体结构

内容提要

砌体的特点是抗压承载力远大于抗拉、抗弯承载力,因此在工程中砌体构件往往作为受压构件而存在,如承重墙、柱,这些受压构件是砌体房屋中用量最多的构件。

本章主要介绍砌体房屋的受力特点、构造要求,过梁、墙梁、挑梁的受力特点和构造,砌体房屋的抗震构造措施。

知识掌握目标

1. 掌握砌体墙、柱高厚比的概念;
2. 掌握砌体房屋的一般构造要求和防止墙体开裂的主要措施;
3. 了解过梁、墙梁、挑梁的受力特点及构造要求。

9.1 砌体结构构造要求

9.1.1 墙、柱高厚比的概念

墙、柱的高厚比验算是保证砌体房屋稳定性与刚度的重要构造措施之一。所谓高厚比是指墙、柱计算高度 H_0 与墙厚 h(或与柱的计算高度相对应的柱边长)的比值,用 β 表示。

$$\beta = \frac{H_0}{h}$$

砌体墙、柱的允许高厚比是指墙、柱高厚比的允许限值,用 $[\beta]$ 表示。它与承载力无关,只是根据墙、柱在正常使用及偶然情况下的稳定性和刚度要求,由经验确定。

计算高度是指对墙、柱进行承载力计算或验算高厚比时所采用的高度,用 H_0 表示,它是由实际高度 H 并根据房屋类别和构件两端支承条件确定。

9.1.2 一般构造要求

工程实践表明,为了保证砌体结构房屋有足够的耐久性和良好的整体工作性能,必须采取合理的构造措施。

1. **材料强度等级**

工程调查发现,砖强度等级低于 MU10 或采用石灰砂浆砌筑的烧结普通砖砌体,其耐久性差,容易腐蚀风化,处于潮湿环境或有腐蚀性介质侵入时强度及质量的要求更高。因此,《砌体结构设计规范》(GB 50003—2011)(以下简称《砌体规范》)规定,设计使用年限为 50a 时,砌体材料的耐久性应符合下列规定:

(1)地面以下或防潮层以下的砌体、潮湿房间的墙或环境类别按《砌体规范》表 4.3.1 规定的砌体,所用材料的最低强度等级应符合表 9-1 的规定。

表 9-1　地面以下或防潮层以下的砌体、潮湿房间的墙所用材料的最低强度等级

潮湿程度	烧结普通砖	混凝土普通砖、蒸压普通砖	混凝土砌块	石材	水泥砂浆
稍潮湿的	MU15	MU20	MU7.5	MU30	M5
很潮湿的	MU20	MU20	MU10	MU30	M7.5
含水饱和的	MU20	MU25	MU15	MU40	M10

注:1. 在冻胀地区,地面以下或防潮层以下的砌体,不宜采用多孔砖;如采用时,其孔洞应用不低于 M10 的水泥砂浆预先灌实。当采用混凝土空心砌块时,其孔洞应采用强度等级不低于 Cb20 的混凝土预先灌实。
　　2. 对安全等级为一级或设计使用年限大于 50a 的房屋,表中材料强度等级应至少提高一级

(2)处于环境类别 3~5《砌体规范》表 4.3.1 规定等有侵蚀性介质的砌体材料应符合下列规定:
1)不应采用蒸压灰砂普通砖、蒸压粉煤灰普通砖;
2)应采用实心砖,砖的强度等级不应低于 MU20,水泥砂浆的强度等级不应低于 M10;
3)混凝土砌块的强度等级不应低于 MU15,灌孔混凝土的强度等级不应低于 Cb30,砂浆的强度等级不应低于 Mb10;
4)应根据环境条件对砌体材料的抗冻指标、耐酸碱性能提出要求,或符合有关规范的规定。

2. **最小截面规定**

为了避免墙、柱截面过小导致稳定性能变差,以及局部缺陷对构件的影响增大,《砌体规范》规定了各种构件的最小尺寸。承重的独立砖柱截面尺寸不应小于 240 mm×370 mm。毛石墙的厚度不宜小于 350 mm。毛料石柱截面较小边长不宜小于 400 mm。当有振动荷载时,墙、柱不宜采用毛石砌体。

3. **墙、柱连接构造**

为了增强砌体房屋的整体性和避免局部受压损坏,《砌体结构》作如下规定:
(1)跨度大于 6 m 的屋架和跨度大于下列数值的梁,应在支承砌体处设置混凝土或钢筋混凝土垫块;当墙中设有圈梁时,垫块与圈梁宜浇成整体:
1)对砖砌体为 4.8 m;
2)对砌块和料石砌体为 4.2 m;
3)对毛石砌体为 3.9 m。
(2)当梁的跨度大于或等于下列数值时,其支承处宜加设壁柱或采取其他加强措施:
1)对 240 mm 厚的砖墙为 6 m,对 180 mm 厚的砖墙为 4.8 m;

180 墙

240 一顺一丁

370 墙

2)对砌块、料石墙为 4.8 m。

(3)预制钢筋混凝土板在混凝土圈梁上的支承长度不应小于 80 mm，板端伸出的钢筋应与圈梁可靠连接，且同时浇筑；预制钢筋混凝土板在墙上的支承长度不应小于 100 mm，并应按下列方法进行连接：

1)板支承于内墙时，板端钢筋伸出长度不应小于 70 mm，且与支座处沿墙配置的纵筋绑扎，并用强度等级不低于 C25 的混凝土浇筑成板带；

2)板支承于外墙时，板端钢筋伸出长度不应小于 100 mm，且与支座处沿墙配置的纵筋绑扎，并用强度等级不低于 C25 的混凝土浇筑成板带；

3)预制钢筋混凝土板与现浇板对接时，预制板端钢筋应伸入现浇板中进行连接后，再浇筑现浇板。

(4)支承在墙、柱上的起重机梁、屋架及跨度大于或等于下列数值的预制梁的端部，应采用锚固件与墙、柱上的垫块锚固：

1)对砖砌体为 9 m；

2)对砌块和料石砌体为 7.2 m。

(5)填充墙、隔墙应分别采取措施与周边主体结构构件可靠连接，连接构造和嵌缝材料应能满足传力、变形、耐久和防护要求。

(6)山墙处的壁柱或构造柱宜砌至山墙顶部，且屋面构件应与山墙可靠拉结。

4. 砌块砌体房屋

(1)砌块砌体应分皮错缝搭砌，上下皮搭砌长度不得小于 90 mm。当搭砌长度不满足上述要求时，应在水平灰缝内设置不少于 2ϕ4 的焊接钢筋网片(横向钢筋间距不宜大于 200 mm)，网片每段均应超过该垂直缝，其长度不得小于 300 mm。

(2)砌块墙与后砌隔墙交接处应沿墙高每 400 mm 在水平灰缝内设置不少于 2ϕ4、横筋间距不大于 200 mm 的焊接钢筋网片，如图 9-1 所示。

(3)混凝土砌块房屋，宜将纵横墙交接处，距墙中心线每边不小于 300 mm 范围内的孔洞，采用强度等级不低于 Cb20 灌孔混凝土将孔洞灌实，灌实高度应为墙身全高。

(4)混凝土砌块墙体的下列部位，如未设圈梁或混凝土垫块，应采用不低于 Cb20 混凝土将孔洞灌实：

1)搁栅、檩条和钢筋混凝土楼板的支承面下，高度不应小于 200 mm 的砌体；

2)屋架、梁等构件的支承面下，高度不应小于 600 mm，长度不应小于 600 mm 的砌体；

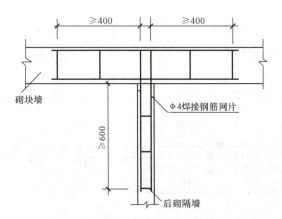

图 9-1　砌块墙与后砌隔墙交接处钢筋网片

3) 挑梁支承面下，距墙中心线每边不应小于 300 mm，高度不应小于 600 mm 的砌体。

(5) 砌体中留槽洞或埋设管道时，应符合下列规定：

1) 不应在截面长边小于 500 mm 的承重墙体、独立柱内埋设管线；

2) 不宜在墙体中穿行暗线或预留、开凿沟槽，无法避免时应采取必要的措施或按削弱后的截面验算墙体承载力。对受力较小或未灌孔砌块砌体，允许在墙体的竖向孔洞中设置管线。

9.1.3　防止或减轻墙体开裂的主要措施

1. 墙体开裂的原因

产生墙体裂缝的原因主要有三个，即外荷载、温度变化和地基不均匀沉降。墙体承受外荷载后，按照规范要求，通过正确的承载力计算，选择合理的材料并满足施工要求，受力裂缝是可以避免的。

(1) 因温度变化和砌体干缩变形引起的墙体裂缝。温度裂缝形态有水平裂缝、八字裂缝两种，如图 9-2(a)、(b) 所示。

水平裂缝多发生在女儿墙根部、屋面板底部、圈梁底部附近，以及比较空旷高大房间的顶层外墙门窗洞口上下水平位置处；八字裂缝多发生在房屋顶层墙体的两端，且多数出现在门窗洞口上下，呈八字形。干缩裂缝形态有垂直贯通裂缝、局部垂直裂缝两种，如图 9-2(c)、(d) 所示。

(2) 因地基发生过大的不均匀沉降而产生的裂缝。常见的因地基不均匀沉降引起的裂缝形态有正八字形裂缝、倒八字形裂缝，高层沉降引起的斜向裂缝、底层窗台下墙体的斜向裂缝，如图 9-3 所示。

2. 防止墙体开裂的措施

(1) 为了防止或减轻房屋在正常使用条件下由温度和砌体干缩引起的墙体竖向裂缝，应在墙体中设置伸缩缝。伸缩缝应设置在因温度和收缩变形可能引起应力集中、砌体产生裂缝可能性最大的地方。

(2) 为了防止和减轻房屋顶层墙体的开裂，可根据情况采取下列措施：

1) 屋面设置保温、隔热层。

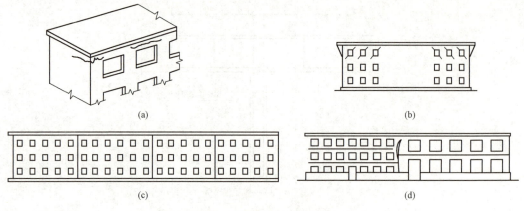

图 9-2　温度与干缩裂缝形态
(a)水平裂缝；(b)八字裂缝；(c)垂直贯通裂缝；(d)局部垂直裂缝

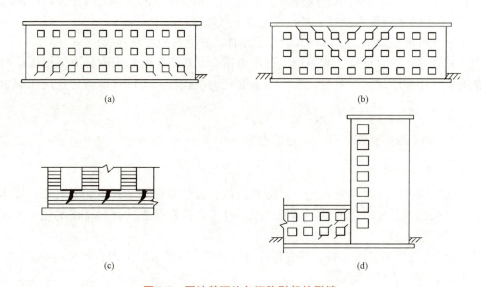

图 9-3　因地基不均匀沉降引起的裂缝
(a)正八字形裂缝；(b)倒八字形裂缝；(c)、(d)斜向裂缝

2)屋面保温(隔热)层或屋面刚性面层及砂浆找平层应设置分格缝，分格缝间距不宜大于 6 mm，并与女儿墙隔开，其缝宽不小于 30 mm。

3)用装配式有檩体系钢筋混凝土屋盖和瓦材屋盖。

4)在钢筋混凝土屋面板与墙体圈梁的接触面处设置水平滑动层，滑动层可采用两层油毡夹滑石粉或橡胶片等；对于长纵墙，可只在其两端的 2~3 隔开间设置，对于横墙可只在其两端 $\frac{l}{4}$ 范围内设置(l 为横墙长度)。

5)顶层屋面板下设置现浇钢筋混凝土圈梁，并与外墙拉通，房屋两端圈梁下的墙体宜适当设置水平钢筋。

6)顶层挑梁末端下墙体灰缝内设置 3 道焊接钢筋网片(纵向钢筋不宜少于 2Φ4，横筋间距不宜大于 200 mm)或 2Φ6 钢筋，钢筋网片或钢筋应自挑梁末端伸入两边墙体不小于 1 m(图 9-4)。

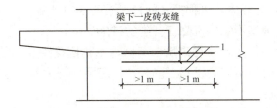

图 9-4 顶层挑梁末端钢筋网片或钢筋

7)顶层墙体有门窗洞口时,在过梁上的水平灰缝内设置 2~3 道焊接钢筋网片或 2ϕ6 钢筋,并应伸入过梁两边墙体不小于 600 mm。

8)顶层及女儿墙砂浆强度等级不低于 M5。

9)女儿墙应设置构造柱,构造柱间距不宜大于 4 m,构造柱应设置在女儿墙顶部并与现浇钢筋混凝土压顶整浇在一起。

10)房屋顶层端部墙体内应适当增设构造柱。

(3)防止或减轻房屋底层墙体裂缝的措施。底层墙体的裂缝主要是由于地基不均匀沉降或地基反力不均匀引起的,因此,防止或减轻房屋底层墙体裂缝可根据情况采取下列措施:

1)增加基础圈梁的刚度;

2)在底层的窗台下墙体灰缝内设置 3 道焊接钢筋网片或 2ϕ6 钢筋,并应伸入两边窗间墙不小于 600 mm;

3)采用钢筋混凝土窗台板,窗台板嵌入窗间墙内不小于 600 mm。

(4)墙体转角处和纵横墙交接处宜沿竖向每隔 400~500 mm 设置拉结钢筋,其数量为每 120 mm 墙厚不少于设置 1ϕ6 钢筋或焊接钢筋网片,埋入长度从墙的转角或交接处算起,每边不少于 600 mm。

(5)对于灰砂砖、粉煤灰砖、混凝土砌块或其他非烧结砖,宜在各层门、窗过梁上方的水平灰缝内及窗台下第一、第二道水平灰缝内设置焊接钢筋网片或 2ϕ6 钢筋,焊接钢筋网片或钢筋应伸入两边窗间墙内不小于 600 mm。

(6)为防止或减轻混凝土砌块房屋顶层两端和底层第一、二开间门窗洞口处的裂缝,可采取下列措施:

1)在门窗洞口两侧不少于一个孔洞中设置 1ϕ12 的钢筋,钢筋应在楼层圈梁或基础锚固,并采取不低于 C20 的灌孔混凝土灌实;

2)在门窗洞口两边的墙体的水平灰缝内设置长度不小于 900 mm、竖向间距为 400 mm 的 2ϕ4 钢筋或焊接钢筋网片;

3)在顶层和底层设置通长的钢筋混凝土窗台梁,窗台梁的高度宜为块高的模数,纵筋不少于 4ϕ10,箍筋 ϕ6@200,C20 混凝土。

(7)当房屋刚度较大时,可在窗台下或窗台角处墙体内设置竖向控制缝。在墙体的高度或厚度突然变化处也宜设置竖向控制缝,或采取可靠的防裂措施。竖向控制缝的构造和嵌缝材料应能满足墙体平面外传力和防护的要求。

(8)灰砂砖、粉煤灰砖砌体宜采用黏结性好的砂浆砌筑,混凝土砌块砌体应采用砌块专用砂浆砌筑。

(9)对防裂要求较高的墙体,可根据实际情况采取专门措施。

(10)防止墙体因为地基不均匀沉降而开裂的措施如下:

1)在地基土性质相差较大,房屋高度、荷载、结构刚度变化较大处,房屋结构形式变化处以及高低层的施工时间不同处设置沉降缝,将房屋分割为若干刚度较好的独立单元;

2)加强房屋整体刚度;

3)对处于软土地区或土质变化较复杂地区,利用天然地基建造房屋时,房屋体型力求简单,采用对地基不均匀沉降不敏感的结构形式和基础形式;

4)合理安排施工顺序,先施工层数多、荷载大的单元,后施工层数少、荷载小的单元。

9.2 砌体结构构件计算

9.2.1 无筋砌体受压构件承载力计算

1. 无筋砌体受压构件的破坏特征

以砖砌体为例研究其破坏特征,通过试验发现,砖砌体受压构件从加载受力起到破坏大致经历如图 9-5 所示的三个阶段。

从加载开始到个别砖块上出现初始裂缝为止是第Ⅰ阶段;出现初始裂缝时的荷载为破坏荷载的 0.5~0.7 倍,其特点是:荷载不增加,裂缝也不会继续扩展,裂缝仅仅是单砖裂缝[图 9-5(a)]。若继续加载,砌体进入第Ⅱ阶段,其特点是:荷载增加,原有裂缝不断扩展,单砖裂缝贯通形成穿过几皮砖的竖向裂缝,同时有新的裂缝出现,若不继续加载,裂缝也会缓慢发展[图 9-5(b)]。当荷载达到破坏荷载的 0.8~0.9 倍时,砌体进入第Ⅲ阶段,此时荷载增加不多,裂缝也会迅速发展,砌体被通长裂缝分割为若干个半砖小立柱。由于小立柱受力极不均匀,最终砖砌体会因小立柱的失稳而破坏[图 9-5(c)]。

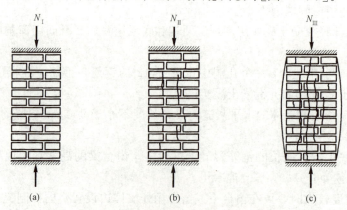

图 9-5 无筋砌体受压构件的破坏特征

2. 无筋砌体受压构件承载力计算

砌体构件的整体性较差,因此砌体构件在受压时,纵向弯曲对砌体构件承载力的影响较其他整体构件显著；同时，又因为荷载作用位置的偏差、砌体材料的不均匀性以及施工误差，使轴心受压构件产生附加弯矩和侧向挠曲变形。《砌体规范》规定：把轴向压力偏心距和构件的高厚比对受压构件承载力的影响采用同一系数 φ 来考虑。

《砌体规范》规定，对无筋砌体轴心受压构件偏心受压承载力均按下式计算：

$$N \leqslant \varphi f A \tag{9-1}$$

式中　N——轴向压力设计值；

　　　φ——高厚比 β 和轴向压力偏心距 e 对受压构件承载力的影响系数；

　　　f——砌体抗压强度设计值；

　　　A——截面面积，对各类砌体均按毛截面计算。

高厚比 β 和轴向压力偏心距 e 对受压构件承载力的影响系数按下式计算：

$$\varphi = \frac{1}{1+12\left[\frac{e}{h}+\sqrt{\frac{1}{12}\left(\frac{1}{\varphi_0}-1\right)}\right]^2} \tag{9-2}$$

$$\varphi_0 = \frac{1}{1+\alpha\beta^2} \tag{9-3}$$

式中　e——轴向压力的偏心距，按内力设计值计算；

　　　h——矩形截面轴向压力偏心方向的边长，当轴心受压时为截面较小边长，若为 T 形截面，则 $h=h_T$，h_T 为 T 形截面的折算厚度，可近似按 $3.5i$ 计算，i 为截面回转半径；

　　　φ_0——轴心受压构件的稳定系数，当 $\beta \leqslant 3$ 时，$\varphi_0=1$；

　　　α——与砂浆强度等级有关的系数，当砂浆强度等级大于或等于 M5 时，$\alpha=0.0015$；当砂浆强度等级等于 M2.5 时，$\alpha=0.002$；当砂浆强度等级等于 0 时，$\alpha=0.009$。

计算影响系数 φ 时，构件高厚比 β 按下式确定：

$$\beta = \gamma_\beta \frac{H_0}{h} \tag{9-4}$$

式中　γ_β——不同砌体的高厚比修正系数，查表 9-2，该系数主要考虑不同砌体种类受压性能的差异性；

　　　H_0——受压构件计算高度。

表 9-2　高厚比修正系数

砌体材料种类	γ_β
烧结普通砖、烧结多孔砖砌体、灌孔混凝土砌块	1.0
混凝土、轻骨料混凝土砌块砌体	1.1
蒸压灰砂砖、蒸压粉煤灰砖、细料石和半细料石砌体	1.2
粗料石、毛石	1.5

对带壁柱墙，其翼缘宽度可按下列规定采用：

多层房屋，当有门窗洞口时，可取窗间墙宽度；当无门窗洞口时，每侧翼墙宽度可取壁柱高度的 1/3；单层房屋，可取壁柱宽加 2/3 墙高，但不大于窗间墙宽度和相邻壁柱之间距离；当计算带壁柱墙的条形基础时，可取相邻壁柱之间距离。

受压构件计算中应该注意的问题：

(1)轴向压力偏心距的限值。受压构件的偏心距过大时,可能使构件产生水平裂缝,构件的承载力明显降低,结构既不安全也不经济合理。因此,《砌体规范》规定:轴向压力偏心距不应超过 $0.6y$(y 为截面重心到轴向压力所在偏心方向截面边缘的距离)。若设计中超过以上限值,则应采取适当措施予以减小。

(2)对于矩形截面构件,当轴向压力偏心方向的截面边长大于另一方向的截面边长时,除了按偏心受压计算外,还应对较小边长,按轴心受压计算。

【例 9-1】 某截面为 370 mm×490 mm 的砖柱,柱计算高度 $H_0=H=5$ m,采用强度等级为 MU10 的烧结普通砖及 M5 的混合砂浆砌筑,柱底承受轴向压力设计值为 $N=150$ kN,结构安全等级为二级,施工质量控制等级为 B 级。试验算该柱底截面是否安全。

【解】 查表得 MU10 的烧结普通砖与 M5 的混合砂浆砌筑的砖砌体的抗压强度设计值 $f=1.5$ MPa。

由于截面面积 $A=0.37×0.49=0.18$ m²<0.3 m²,因此砌体抗压强度设计值应乘以调整系数 γ_a。

$$\gamma_a = A + 0.7 = 0.18 + 0.7 = 0.88$$

将 $\beta_a = \dfrac{H_0}{h} = \dfrac{5\,000}{370} = 13.5$ 代入式(9-3)得

$$\varphi = \varphi_0 = \dfrac{1}{1+\alpha\beta^2} = \dfrac{1}{1+0.001\,5×13.5^2} = 0.785$$

则柱底截面的承载力为

$$\varphi\gamma_a fA = 0.785×0.88×1.5×490×370×10^{-3} = 187(\text{kN}) > 150 \text{ kN}$$

故柱底截面安全。

【例 9-2】 一偏心受压柱,截面尺寸为 490 mm×620 mm,柱计算高度 $H_0=H=5$ m,采用强度等级为 MU10 蒸压灰砂砖及 M5 水泥砂浆砌筑,柱底承受轴向压力设计值为 $N=160$ kN,弯矩设计值 $M=20$ kN·m(沿长边方向),结构安全等级为二级,施工质量控制等级为 B 级。试验算该柱底截面是否安全。

【解】 (1)弯矩作用平面内承载力验算。

$$e = \dfrac{M}{N} = \dfrac{20}{160} = 0.125(\text{m}) < 0.6y \text{ 满足规范要求。}$$

MU10 蒸压灰砂砖及 M5 水泥砂浆砌筑,查表 9-2 得 $\gamma_\beta = 1.2$。

将 $\beta = \gamma_\beta \dfrac{H_0}{h} = 1.2 × \dfrac{5}{0.62} = 9.68$ 及 $\dfrac{e}{h} = \dfrac{125}{620} = 0.202$ 代入式(9-3)得

$$\varphi_0 = \dfrac{1}{1+\alpha\beta^2} = \dfrac{1}{1+0.001\,5×9.68^2} = 0.877$$

代入式(9-2)得

$$\varphi = \dfrac{1}{1+12\left[\dfrac{e}{h}+\sqrt{\dfrac{1}{12}\left(\dfrac{1}{\varphi_0}-1\right)}\right]^2} = 0.465$$

查表得,MU10 蒸压灰砂砖与 M5 水泥砂浆砌筑的砖砌体抗压强度设计值 $f=1.5$ MPa。由于采用水泥砂浆,因此砌体抗压强度设计值应乘以调整系数 $\gamma_a = 0.9$。

柱底截面承载力为

$$\varphi\gamma_a fA = 0.465 \times 0.9 \times 1.5 \times 490 \times 620 \times 10^{-3} = 191(\text{kN}) > 150 \text{ kN}$$

(2) 弯矩作用平面外承载力验算。

对较小边长方向，按轴心受压构件验算。

$$\beta = \gamma_\beta \frac{H_0}{h} = 1.2 \times \frac{5}{0.49} = 12.24，将 \beta = 12.24 代入式(9-3)得$$

$$\varphi = \varphi_0 = \frac{1}{1+\alpha\beta^2} = \frac{1}{1+0.0015 \times 12.24^2} = 0.817$$

则柱底截面的承载力为

$$\varphi\gamma_a fA = 0.817 \times 0.9 \times 1.5 \times 490 \times 620 \times 10^{-3} = 335(\text{kN}) > 160 \text{ kN}$$

故柱底截面安全。

【例 9-3】 如图 9-6 所示带壁柱窗间墙，采用 MU10 烧结普通砖与 M5 水泥砂浆砌筑，计算高度 $H_0 = 5$ m，柱底承受轴向压力设计值为 $N = 150$ kN，弯矩设计值为 $M = 30$ kN·m，施工质量控制等级为 B 级，偏心压力偏向于带壁柱一侧，试验算截面是否安全。

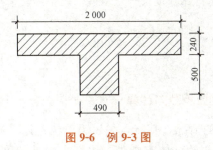

图 9-6　例 9-3 图

【解】 (1) 计算截面几何参数。

截面面积：
$$A = 2000 \times 240 + 490 \times 500 = 725000(\text{mm}^2)$$

截面形心至截面边缘的距离：
$$y_1 = \frac{2000 \times 240 \times 120 + 490 \times 500 \times 490}{725000} = 245(\text{mm})$$

$$y_2 = 740 - y_1 = 740 - 245 = 495(\text{mm})$$

截面惯性矩：
$$I = \frac{2000 \times 240^3}{12} + 2000 \times 240 \times 125^2 + \frac{490 \times 500^3}{12} + 490 \times 500 \times 245^2$$

$$= 296 \times 10^8(\text{mm})$$

回转半径：
$$i = \sqrt{\frac{I}{A}} = \sqrt{\frac{296 \times 10^8}{725000}} = 202(\text{mm})$$

T 形截面的折算厚度：
$$h_T = 3.5i = 3.5 \times 202 = 707(\text{mm})$$

偏心距：
$$e = \frac{M}{N} = \frac{30}{150} = 0.2(\text{m}) = 200 \text{ mm} < 0.6y = 297 \text{ mm}$$

故满足规范要求。

(2) 承载力验算。

MU10 烧结普通砖与 M5 水泥砂浆砌筑,查表 9-2 得 $\gamma_\beta=1.0$;将 $\beta=\gamma_\beta \dfrac{H_0}{h_T}=1.0\times \dfrac{5}{0.707}=7.07$ 及 $\dfrac{e}{h_T}=\dfrac{200}{707}=0.283$,代入式(9-3)得

$$\varphi_0=\dfrac{1}{1+\alpha\beta^2}=\dfrac{1}{1+0.0015\times 7.07^2}=0.930$$

将 $\varphi_0=0.930$ 代入式(9-2)得

$$\varphi=\dfrac{1}{1+12\left[\dfrac{e}{h}+\sqrt{\dfrac{1}{12}\left(\dfrac{1}{\varphi_0}-1\right)}\right]^2}=0.389$$

查表得,MU10 烧结普通砖与 M5 水泥砂浆砌筑的砖砌体的抗压强度设计值 $f=1.5$ MPa。由于采用水泥砂浆,因此砌体抗压强度设计值应乘以调整系数 $\gamma_a=0.9$。

窗间墙承载力为

$$\varphi\gamma_a fA=0.389\times 0.9\times 1.5\times 725\,000\times 10^{-3}=380(\text{kN})>150\text{ kN}$$

故承载力满足要求。

■ 9.2.2 无筋砌体局部受压承载力计算

局部受压是工程中常见的情况,其特点是压力仅仅作用在砌体的局部受压面上,如独立柱基的基础顶面、屋架端部的砌体支承处、梁端支承处的砌体均属于局部受压的情况。若砌体局部受压面积上压应力呈均匀分布,则称为局部均匀受压,如图 9-7 所示。

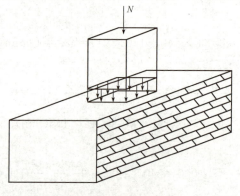

图 9-7 局部均匀受压

通过大量试验发现,砖砌体局部受压可能有三种破坏形态(图 9-8):

(1) 因纵向裂缝的发展而破坏[图 9-8(a)]。在局部压力作用下有竖向裂缝、斜向裂缝,其中部分裂缝逐渐向上或向下延伸并在破坏时连成一条主要裂缝。

(2) 劈裂破坏[图 9-8(b)]。在局部压力作用下产生的纵向裂缝少而集中,且初裂荷载与破坏荷载很接近,在砌体局部面积大而局部受压面积很小时,有可能产生这种破坏形态。

(3) 与垫板接触的砌体局部破坏[图 9-8(c)]。墙梁的墙高与跨度之比较大,砌体强度较低时,有可能产生梁支承附近砌体被压碎的现象。

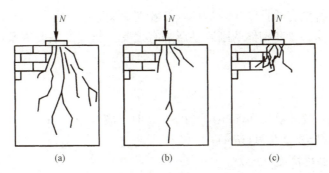

图 9-8 局部受压破坏形态

1. 砌体局部均匀受压时的承载力计算

砌体截面中受局部均匀压力作用时的承载力应按下式计算：

$$N_l \leqslant \gamma f A_l \tag{9-5}$$

式中 N_l——局部受压面积上的轴向压力设计值；
γ——砌体局部抗压强度提高系数；
f——砌体局部抗压强度设计值，局部受压面积小于 0.3 m²，可不考虑强度调整系数 γ_a 的影响；
A_l——局部受压面积。

由于砌体周围未直接受荷部分对直接受荷部分砌体的横向变形起着约束的作用，因而砌体局部抗压强度高于砌体抗压强度。《砌体规范》用局部抗压强度提高系数 γ 来反映砌体局部受压时抗压强度的提高程度。

砌体局部抗压强度提高系数，按下式计算：

$$\gamma = 1 + 0.35\sqrt{\frac{A_0}{A_l} - 1} \tag{9-6}$$

式中 A_0——影响砌体局部抗压强度的计算面积，按图 9-9 采用。

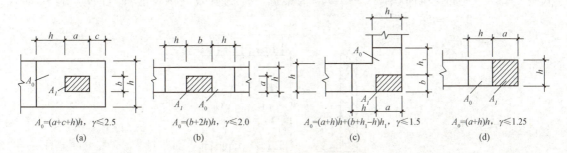

图 9-9 局部抗压强度的计算面积

a、b——矩形局部受压面积 A_l 的边长；h、h_1——墙厚或柱的较小边长、墙厚；
c——矩形局部受压面积的外边缘至构件边缘的较小边距离，当大于 h 时，应取 h

2. 梁端支承处砌体的局部受压承载力计算

(1) 梁支承在砌体上的有效支承长度。当梁支承在砌体上时，由于梁的弯曲，会使梁末端有脱离砌体的趋势，因此，梁端支承处砌体局部压应力是不均匀的。将梁端底面没有离开砌体的长度称为有效支承长度 a_0,因此,有效支承长度不一定等于梁端搭入砌体的长度。经过理论和研究证明,梁和砌体的刚度是影响有效支承长度的主要因素,经过简化后的有效支承长度为

$$a_0 = 10\sqrt{\frac{h_c}{f}} \tag{9-7}$$

式中　a_0——梁端有效支承长度(mm),当 $a_0 > a$ 时,应取 $a_0 = a$;
　　　a——梁端实际支承长度(mm);
　　　h_c——梁的截面高度(mm);
　　　f——砌体的抗压强度设计值(MPa)。

(2)上部荷载对局部受压承载力的影响。梁端砌体的压应力由两部分组成(图 9-10):一种为局部受压面积 A_l 上由上部砌体传来的均匀压应力 σ_0;另一种为由本层梁传来的梁端非均匀压应力,其合力为 N_l。

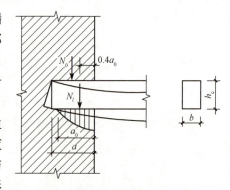

图 9-10　梁端支承处局部受压

当梁上荷载增加时,与梁端底部接触的砌体产生较大的压缩变形,此时如果上部荷载产生的平均压应力 σ_0 较小,梁端顶部与砌体的接触面将减小,甚至与砌体脱开,试验时可观察到有水平缝隙出现,砌体形成内拱来传递上部荷载,引起内力重分布(图 9-11)。σ_0 的存在和扩散对梁下部砌体有横向约束作用,对砌体的局部受压是有利的,但随着 σ_0 的增加,上部砌体的压缩变形增大,梁端顶部与砌体的接触面也增加,内拱作用减小,σ_0 的有利影响也减小,《砌体规范》规定 $A_0/A_l \geq 3$ 时,不考虑上部荷载的影响。

上部荷载折减系数可按下式计算:

$$\varphi = 1.5 - 0.5\frac{A_0}{A_l} \tag{9-8}$$

式中　A_l——局部受压面积,$A_l = a_0 b$(b 为梁宽,a_0 为有效支承长度);当 $A_0/A_l \geq 3$ 时,取 $\varphi = 0$。

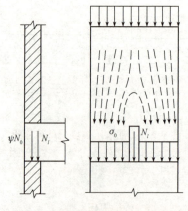

图 9-11　梁端上部砌体的内拱作用

(3)梁端支承处砌体的局部受压承载力计算公式为

$$\psi N_0 + N_l \leqslant \eta\gamma f A_l \tag{9-9}$$

式中 N_0——局部受压面积内上部荷载产生的轴向压力设计值，$N_0 = \sigma_0 A_l$；
σ_0——上部平均压应力设计值(MPa)；
N_l——梁端支承压力设计值(N)；
η——梁端底面应力图形的完整系数，一般可取 0.7，对于过梁和圈梁可取 1.0；
f——砌体的抗压强度设计值(MPa)。

■ 9.2.3 梁端下设有刚性垫块的砌体局部受压承载力计算

当梁端局部受压承载力不足时，可在梁端下设置刚性垫块(图 9-12)，设置刚性垫块不但增加了局部承压面积，而且还可以使梁端压应力比较均匀地传递到垫块下的砌体截面上，从而改善了砌体受力状态。

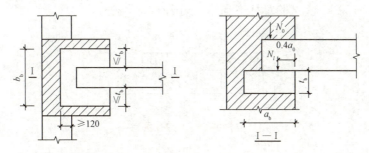

图 9-12 梁端下设置刚性垫块时的局部受压情况

刚性垫块分为预制刚性垫块和现浇刚性垫块，在实际工程中，往往采用预制刚性垫块。为了简化计算，《砌体规范》规定，两者可采用相同的计算方法。

刚性垫块下的砌体局部受压承载力应按下式计算：

$$N_0 + N_l \leqslant \varphi\gamma_1 f A_b \tag{9-10}$$

式中 N_0——垫块面积 A_b 内上部轴向压力设计值，$N_0 = \sigma_0 A_b$；
A_b——垫块面积，$A_b = a_b b_b$；
a_b——垫块伸入墙内的长度；
b_b——垫块的宽度；
φ——垫块上 N_0 及 N_l 的合力的影响系数，应采用式(9-2)计算，并取 $\beta \leqslant 3$ 时的 φ 值，即 $\varphi_0 = 1$ 时的 φ 值；
γ_1——垫块外砌体面积的有利影响系数，γ_1 应为 0.8γ，但不小于 1.0。γ 为砌体局部抗压强度提高系数，按式(9-6)计算(以 A_b 代替 A_l)。

刚性垫块的构造应符合下列规定：
(1)刚性垫块的高度不应小于 180 mm，自梁边算起的垫块挑出长度不宜大于垫块高度 t_b；
(2)在带壁柱墙的壁柱内设置刚性垫块时，其计算面积应取壁柱范围内的面积，而不应计入翼缘部分，同时壁柱上垫块深入翼墙内的长度不应小于 120 mm；
(3)当现浇垫块与梁端整体浇筑时，垫块可在梁高范围内设置。

梁端设有刚性垫块时，梁端有效支承长度 a_0 应按下式确定：

$$a_0 = \delta_1 \sqrt{\frac{h_c}{f}} \tag{9-11}$$

式中 δ_1——刚性垫块的影响系数,可按表 9-3 采用。

垫块上 N_l 的作用点的位置可取 $0.4a_0$。

表 9-3 系数 δ_1 取值表

σ_0/f	0	0.2	0.4	0.6	0.8
δ_1	5.4	5.7	6.0	6.9	7.8

注:中间的数值可采用插入法求得

【例 9-4】 一钢筋混凝土柱截面尺寸为 250 mm×250 mm,支承在厚为 370 mm 的砖墙上,作用位置如图 9-13 所示,砖墙用 MU10 烧结普通砖和 M5 水泥砂浆砌筑,柱传到墙上的荷载设计值为 120 kN。试验算柱下砌体的局部受压承载力。

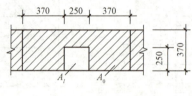

图 9-13 例 9-4 图

【解】 局部受压面积:

$$A_l = 250 \times 250 = 62\,500 (\text{mm}^2)$$

局部受压影响面积:

$$A_0 = (b+2h)h = (250+2\times370)\times370 = 366\,300 (\text{mm}^2)$$

砌体局部抗压强度提高系数:

$$\gamma = 1 + 0.35\sqrt{\frac{A_0}{A_l} - 1} = 1 + 0.35\sqrt{\frac{366\,300}{62\,500} - 1} = 1.77 < 2$$

查表得 MU10 烧结普通砖和 M5 水泥砂浆砌筑的砌体的抗压强度设计值为 $f = 1.5$ MPa,采用水泥砂浆应乘以调整系数 $\gamma_a = 0.9$。

砌体局部受压承载力为

$$\gamma f A = 1.77 \times 0.9 \times 1.5 \times 62\,500 \times 10^{-3} = 149.3 (\text{kN}) > 120 \text{ kN}$$

故砌体局部受压承载力满足要求。

【例 9-5】 窗间墙截面尺寸为 370 mm×1 200 mm,如图 9-14 所示,砖墙用 MU10 烧结普通砖和 M5 混合砂浆砌筑。大梁的截面尺寸为 200 mm×550 mm,在墙上的搁置长度为 240 mm。大梁的支座反力为 100 kN,窗间墙范围内梁底截面处的上部荷载设计值为 240 kN,试对大梁端部砌体的局部受压承载力进行验算。

【解】 查表得 MU10 烧结普通砖和 M5 混合砂浆砌筑的砌体的抗压强度设计值为 $f = 1.5$ MPa。

梁端有效支承长度为

$$a_0 = 10\sqrt{\frac{550}{1.5}} = 191 (\text{mm})$$

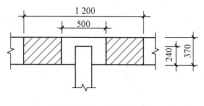

图 9-14　例 9-5 图

局部受压面积：
$$A_l = a_0 b = 191 \times 200 = 38\,200\,(\text{mm}^2)$$

局部受压影响面积：
$$A_0 = (b+2h)h = (200+2\times370)\times370 = 347\,800\,(\text{mm}^2)$$

$$\frac{A_0}{A_l} = \frac{347\,800}{38\,200} = 9.1 > 3,\ \text{取}\ \psi = 0。$$

砌体局部抗压强度提高系数：
$$\gamma = 1 + 0.35\sqrt{\frac{347\,800}{38\,200} - 1} = 1.996 < 2$$

砌体局部受压承载力为
$$\eta\gamma fA = 0.7 \times 1.996 \times 1.5 \times 38\,200 \times 10^{-3} = 80\,(\text{kN}) < \psi N_0 + N_l = 100\ \text{kN}$$

故局部受压承载力不满足要求。

【**例 9-6**】 梁下设预制刚性垫块设计。条件同例 9-5。

【**解**】 根据例 9-5 计算结果，局部受压承载力不足，需设置垫块。

设垫块高度为 $t_b = 180$ mm，平面尺寸 $a_b b_b = 370$ mm×500 mm，垫块自梁边两侧挑出，150 mm $< t_b = 180$ mm。

垫块面积：
$$A_b = a_b b_b = 370 \times 500 = 185\,000\,(\text{mm}^2)$$

局部受压影响面积：
$$A_0 = (b+2h)h = (500+2\times350)\times370 = 444\,000\,(\text{mm}^2)$$

砌体局部抗压强度提高系数：
$$\gamma = 1 + 0.35\sqrt{\frac{A_0}{A_b} - 1} = 1 + 0.35\sqrt{\frac{444\,000}{185\,000} - 1} = 1.41 < 2$$

垫块外砌体的有利影响系数：
$$\gamma_1 = 0.8\gamma = 0.8 \times 1.41 = 1.13$$

上部平均压应力设计值：
$$\sigma_0 = \frac{240 \times 10^3}{370 \times 1\,200} = 0.54\,(\text{MPa})$$

垫块面积 A_b 内上部轴向压力设计值：
$$N_0 = \sigma_0 A_b = 0.54 \times 185\,000 = 99\,900 = 99.9\ \text{kN}$$
$$\sigma_0/f = 0.54/1.5 = 0.36$$

查表 9-3 得 $\delta_1 = 5.7$

梁端有效支承长度：

$$a_0 = \delta_1\sqrt{\frac{h_c}{f}} = 5.7 \times \sqrt{\frac{550}{1.5}} = 110 \text{(mm)}$$

N_l 对垫块中心的偏心距：

$$e_l = \frac{a_b}{2} - 0.4a_0 = \frac{370}{2} - 0.4 \times 110 = 141 \text{(mm)}$$

轴向压力对垫块中心的偏心距：

$$e = \frac{N_l e_l}{N_0 + N_l} = \frac{100 \times 141}{99.9 + 100} = 71 \text{(mm)}$$

将 $\frac{e}{h} = \frac{71}{370} = 0.192$ 及 $\varphi_0 = 1$ 代入式(9-2)得 $\varphi = 0.693$。

验算：

$$N_0 + N_l = 199.9 < \varphi\gamma_1 f A_b = 0.700 \times 1.13 \times 1.5 \times 185\,000 \times 10^{-3} = 217 \text{(kN)}$$

刚性垫块设计满足要求。

9.2.4 配筋砌体局部受压承载力计算

配筋砌体是在砌体中设置了钢筋或钢筋混凝土材料的砌体。配筋砌体的抗压、抗剪和抗弯承载力高于无筋砌体，并有较好的抗震性能。

1. 网状配筋砌体

(1)受力特点。当砖砌体受压构件的承载力不足而截面尺寸又受到限制时，可以考虑采用网状配筋砌体，如图 9-15 所示。常用的形式有方格网和连弯网。

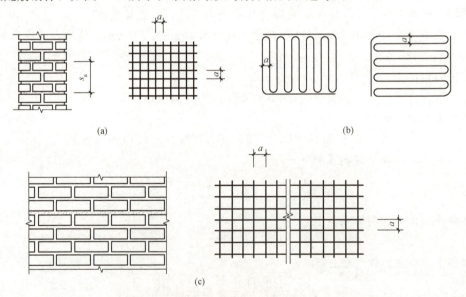

图 9-15 网状配筋砌体
(a)用方格网配筋的砖柱；(b)连弯钢筋网；(c)用方格网配筋的砖墙

砌体承受轴向压力时，除产生纵向压缩变形外，还会产生横向膨胀，当砌体中配置横向钢筋网时，由于钢筋的弹性模量大于砌体的弹性模量，因此，钢筋能够阻止砌体的横向变形，同时，钢筋能够连接被竖向裂缝分割的小砖柱，避免了因小砖柱的过早失稳而导致整个砌体的破坏,从而间接地提高了砌体的抗压强度,因此,这种配筋也称为间接配筋。

(2)构造要求。网状配筋砖砌体构件的构造应符合下列规定:

1)网状配筋砖砌体的体积配筋率,不应小于0.1%,体积过小其效果不大;也不应大于1%,否则钢筋的作用不能充分发挥。

2)采用钢筋网时,钢筋的直径宜采用3~4 mm;当采用连弯钢筋网时,钢筋的直径不应大于8 mm。钢筋过细,钢筋的耐久性得不到保证;钢筋过粗,会使钢筋的水平灰缝过厚或保护层厚度得不到保证。

3)钢筋网中钢筋的间距,不应大于120 mm,并不应大于30 mm;因为钢筋间距过小时,灰缝中的砂浆不易均匀密实,间距过大,钢筋网的横向约束效应低。

4)钢筋网的竖向间距,不应大于5皮砖,并不应大于400 mm。

5)网状配筋砖砌体所用的砂浆强度等级不应低于M7.5,钢筋网应设在砌体的水平灰缝中,灰缝厚度应保证钢筋上下至少有2 mm厚的砂浆层。其目的是避免钢筋锈蚀和提高钢筋与砌体之间的黏结力。为了便于检查钢筋网是否漏放或错误,可在钢筋网中留出标记,如将钢筋网中的一根钢筋的末端伸出砌体表面5 mm。

2. 组合砖砌体

当无筋砌体的截面尺寸受限制,设计成无筋砌体不经济或轴向压力偏心距过大($e>0.6y$)时,可采用组合砖砌体,如图9-16所示。

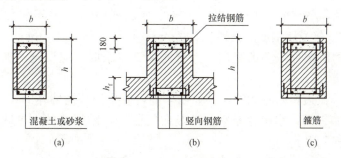

图9-16 组合砖砌体截面

(1)受力特点。轴心受压时,组合砖砌体常在砌体与面层混凝土(或面层砂浆)连接处产生第一批裂缝,随着荷载的增加,砖砌体内逐渐产生竖向裂缝;由于两侧的钢筋混凝土(或钢筋砂浆)对砖砌体有横向约束作用,因此砌体内裂缝的发展较为缓慢,当砌体内的砖和面层混凝土(或面层砂浆)严重脱落甚至被压碎,或竖向钢筋在箍筋范围内被压屈,组合砌体完全破坏。

外设钢筋混凝土或钢筋砂浆层的矩形截面偏心受压组合砖砌体构件的试验表明,其承载力和变形性能与钢筋混凝土偏心受压构件类似,根据偏心距的大小不同以及受拉区钢筋配置多少的不同,构件的破坏也可分为大偏心破坏和小偏心破坏两种形态。大偏心破坏时,受拉钢筋先屈服,然后受压区的混凝土(砂浆)即受压砖砌体被破坏;当面层为混凝土时,破坏时受压钢筋可达到屈服强度;当面层为砂浆时,破坏时受压钢筋达不到屈服强度。小偏心破坏时,受压区混凝土或砂浆面层及部分受压砌体受压破坏,而受拉钢筋没有达到屈服。

(2)构造要求。组合砖砌体构件的构造要求符合下列规定：

1)面层混凝土强度等级宜采用C20，面层水泥砂浆强度等级不宜低于M10，砌筑砂浆的强度等级不宜低于M7.5。

2)竖向受力钢筋的混凝土保护层厚度，不应小于表9-4的规定，竖向受力钢筋到砖砌体表面的距离不应小于5 mm。

表9-4 混凝土保护层最小厚度   mm

环境条件 构件类别	室内正常环境	露天或室内潮湿环境
墙	15	25
柱	25	35

3)砂浆面层的厚度，可采用30～45 mm；当面层厚度大于45 mm时，其面层宜采用混凝土。

4)竖向受力钢筋宜采用HPB300级钢筋，对于混凝土面层，也可采用HRB335级钢筋。受压钢筋一侧的配筋率，对砂浆面层，不宜小于0.1%；对混凝土面层，不宜小于0.2%。受拉钢筋的配筋率，不应小于0.1%；竖向受力钢筋的直径，不应小于8 mm；钢筋的净间距，不应小于30 mm。

5)箍筋的直径，不宜小于4 mm及0.2倍的受压钢筋直径，并不宜大于6 mm。箍筋的间距，不应大于20倍受压钢筋的直径及500 mm，并不应小于120 mm。

6)当组合砖砌体构件一侧的竖向受力钢筋多于4根时，应设置附加箍筋或设置拉结钢筋。

7)对于截面长短边相差较大的构件如墙体等，应采用穿通墙体的拉结钢筋作为箍筋，同时设置水平分布钢筋，水平分布钢筋的竖向间距及拉结钢筋的水平间距，均不应大于500 mm，如图9-17所示。

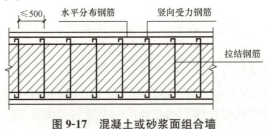

图9-17 混凝土或砂浆面组合墙

8)组合砖砌体构件的顶部及底部，以及牛腿部位，必须设置钢筋混凝土垫块。竖向受力钢筋伸入垫块的长度，必须满足锚固要求。

9.2.5 墙、柱高厚比验算

砌体结构房屋中，作为受压构件的墙、柱，除了应满足承载力要求外，还必须满足高厚比的要求。墙、柱的高厚比验算是保证砌体房屋施工阶段和使用阶段稳定性与刚度的一项重要构造措施。

墙、柱的高厚比过大，虽然强度满足要求，但是可能在施工阶段因过度的偏差倾斜以及施工和使用过程中的偶然撞击、振动等因素而导致丧失稳定；同时，过大的高厚比，还可能使墙体发生过大的变形而影响使用。砌体墙、柱的允许高厚比$[\beta]$见表 9-5。

表 9-5 墙、柱的允许高厚比$[\beta]$

砌体类型	砂浆强度等级	墙	柱
无筋砌体	M2.5	22	15
	M5.0 或 Mb5.0、Ms5.0	24	16
	≥M7.5 或 Mb7.5、Ms7.5	26	17
配筋砌块砌体	—	30	21

下列情况时，墙、柱的允许高厚比应进行调整：

(1) 毛石墙、柱的高厚比应按表中数字降低 20%；

(2) 带有混凝土或砂浆面层的组合砖砌体构件的允许高厚比，可按表中数值提高 20%，但不得大于 28；

(3) 验算施工阶段砂浆尚未硬化的新砌砌体高厚比时，允许高厚比对墙取 14，对柱取 11。

1. 墙、柱高厚比验算

墙、柱高厚比应按下式验算：

$$\beta = \frac{H_0}{h} \leqslant \mu_1 \mu_2 [\beta] \tag{9-12}$$

式中 $[\beta]$——墙、柱的允许高厚比，按表 9-5 采用。

H_0——墙、柱的计算高度，见表 9-6。

h——墙厚或矩形柱与 H_0 相对应的边长。

μ_1——自承重墙允许高厚比的修正系数，按下列规定采用：$h=240$ mm，$\mu_1=1.2$；$h=90$ mm，$\mu_1=1.5$；240 mm$>h>$90 mm，μ_1 可按插入法取值。上端为自由端的允许高厚比，除按上述规定提高外，还可提高 30%；对厚度小于 90 mm 的墙，当双面用不低于 M10 的水泥砂浆抹面，包括抹面层的墙厚不小于 90 mm 时，可按墙厚等于 90 mm 验算高厚比。

μ_2——有门窗洞口墙允许高厚比的修正系数，按下式计算：

$$\mu_2 = 1 - 0.4 \frac{b_s}{s} \tag{9-13}$$

b_s——在宽度 s 范围内的门窗洞口总宽度（图 9-18）。

s——相邻窗间墙、壁柱或构造柱之间的距离。

当按式(9-13)计算得到的 μ_2 的值小于 0.7 时，应采用 0.7；当洞口高度等于或小于墙高的 1/5 时，可取 $\mu_2=1$。

上述计算高度是指对墙、柱进行承载力计算或验算高厚比时所采用的高度，用 H_0 表示，它是由实际高度 H 并根据房屋类别和构件两端支承条件按表 9-6 确定。

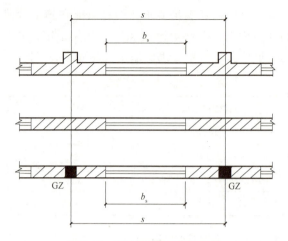

图 9-18 门窗洞口宽度示意图

表 9-6 受压构件计算高度 H_0

房屋类别			柱		带壁柱墙或周边拉结的墙		
			排架方向	垂直排架方向	$s>2H$	$2H \geqslant s>H$	$s \leqslant H$
有起重机的单层房屋	变截面柱上段	弹性方案	$2.5H_u$	$1.25H_u$	$2.5H_u$		
		刚性、刚弹性方案	$2.0H_u$	$1.25H_u$	$2.0H_u$		
	变截面柱下段		$1.0H_l$	$0.8H_l$	$1.0H_l$		
无起重机的单层和多层房屋	单跨	弹性方案	$1.5H$	$1.0H$	$1.5H$		
		刚弹性方案	$1.2H$	$1.0H$	$1.2H$		
	多跨	弹性方案	$1.25H$	$1.0H$	$1.25H$		
		刚弹性方案	$1.10H$	$1.0H$	$1.1H$		
	刚性方案		$1.0H$	$1.0H$	$1.0H$	$0.4s+0.2H$	$0.6s$

注：1. 表中，H_u 为变截面柱的上段高度；H_l 为变截面柱的下段高度。
2. 对于上端为自由端的构件，$H_0=2H$。
3. 独立砖柱，当无柱间支撑时，柱在垂直排架方向的 H_0 应按表中数值乘以 1.25 后采用。
4. s 为房屋横墙间距。
5. 自承重墙的计算高度应根据周边支承或拉结条件确定。

表中的构件高度 H 应按下列规定采用：

(1)在房屋的底层，为楼板顶面到构件下端支点的距离。下端支点的位置，可取在基础的顶面。当基础埋置较深且有刚性地坪时，可取室内外地面以下 500 mm 处。

(2)在房屋的其他层次，为楼板或其他水平支点间的距离。

(3)对于无壁柱的山墙，可取层高加山墙尖高的 1/2，对于带壁柱的山墙可取壁柱处的山墙高度。

对有起重机的房屋，当荷载组合不考虑起重机的作用时，变截面柱上段的计算高度可按表 9-6 规定采用，变截面柱下段的计算高度可按下列规定采用：

(1)当 $H_u/H \leqslant 1.3$ 时，取无起重机房屋的 H_0。

(2)当 $1/3 < H_u/H < 1/2$ 时,取无起重机房屋的 H_0 乘以修正系数 μ。$\mu = 1.3 - 0.3 I_u/I_l$,I_u 为变截面柱上段的惯性矩,I_l 为变截面柱下段的惯性矩。

(3)当 $H_u/H \geqslant 1/2$ 时,取无起重机房屋的 H_0,但在确定 β 值时,应采取柱的上截面。

2. 带壁柱墙的高厚比验算

带壁柱墙的高厚比验算包括两部分内容:带壁柱墙高厚比的验算和壁柱之间墙体局部高厚比的验算。

(1)带壁柱墙高厚比的验算。视壁柱为墙体的一部分,整片墙截面为 T 形截面,将 T 形截面墙按惯性矩和面积相等的原则换算成矩形截面,折算厚度 $h_T = 3.5i$,其高厚比验算公式为

$$\beta = \frac{H_0}{h_T} \leqslant \mu_1 \mu_2 [\beta] \tag{9-14}$$

式中 h_T——带壁柱墙截面折算厚度,$h_T = 3.5i$;

i——带壁柱墙截面的回转半径,$i = \sqrt{\dfrac{I}{A}}$;

I——带壁柱墙截面的惯性矩;

A——带壁柱墙截面的面积;

H_0——墙、柱截面的计算高度,应按表 9-6 采用。

T 形截面的翼缘宽度 b_f,可按下列规定采用:

1)多层房屋,当有门窗洞口时,可取窗间墙宽度;当无门窗洞口时,每侧可取壁柱高度的 1/3;

2)单层房屋,可取壁柱宽加 2/3 壁柱高度,但不得大于窗间墙宽度和相邻壁柱之间的距离。

(2)壁柱之间墙体局部高厚比的验算。验算壁柱之间墙体的局部高厚比时,壁柱视为墙体的侧向不动支点,计算 H_0 时,s 取壁柱之间的距离,且无论房屋静力计算方案采用哪种,在确定计算高度 H_0 时,都按刚性方案考虑。

如果壁柱之间墙体的高厚比超过限值,可在墙高范围内设置钢筋混凝土圈梁。设有钢筋混凝土圈梁的带壁柱墙或带构造柱墙,当 $\dfrac{b}{s} \geqslant \dfrac{1}{30}$ 时,圈梁可视为墙的壁柱之间墙或构造柱墙的不动铰支点(b 为圈梁宽度)。如果不允许增加圈梁宽度,可按墙体平面外等刚度原则增加圈梁高度,以满足壁柱之间墙体或构造柱之间墙体不动铰支点的要求。这样,墙高就降低为基础顶面(或楼层标高)到圈梁底面的高度。

3. 带构造柱墙的高厚比验算

带构造柱墙的高厚比验算包括两部分内容:整片墙高厚比的验算和构造柱之间墙体局部高厚比的验算。

(1)整片墙高厚比的验算。考虑设置构造柱对墙体刚度的有利作用,墙体允许高厚比 $[\beta]$ 可以乘以提高系数 μ_c,其高厚比验算公式为

$$\beta = \frac{H_0}{h} \leqslant \mu_1 \mu_2 \mu_c [\beta] \tag{9-15}$$

式中 μ_c——带构造柱墙允许高厚比 $[\beta]$ 的提高系数,可按下式计算:

$$\mu_c = 1 + \gamma \frac{b_c}{l} \qquad (9\text{-}16)$$

γ——系数，对细料石、半细料石砌体，$\gamma=0$；对混凝土砌块、粗料石及毛石砌体，$\gamma=1.0$；对其他砌体，$\gamma=1.5$；

b_c——构造柱沿墙长方向的宽度；

l——构造柱间距。

当 $b_c/l > 0.25$ 时，取 $b_c/l=0.25$；当 $b_c/l < 0.05$ 时，取 $b_c/l=0$。

需要注意的是，构造柱对墙体允许高厚比的提高只适用于构造柱与墙体形成整体后的使用阶段，且构造柱与墙体有可靠的连接。

(2)构造柱间墙体局部高厚比的验算。构造柱间墙体的高厚比仍按式(9-15)验算，验算时仍视构造柱为柱间墙的不动铰支点，计算 H_0 时，取构造柱间距，并按刚性方案考虑。

【**例 9-7**】 某单层房屋层高为 4.5 m，砖柱截面为 490 mm×370 mm，采用 M5.0 混合砂浆砌筑，房屋的静力计算方案为刚性方案，试验算此砖柱的高厚比。

【**解**】 查表 9-6，得 $H_0=1.0H=4\,500+500=5\,000\,(\text{mm})$，(500 mm 为单层砖柱从室内地坪到基础顶面的距离)。

查表 9-5，得 $[\beta]=16$。

$$\beta = H_0/h = 5\,000/370 = 13.5 < [\beta] = 16$$

高厚比满足要求。

【**例 9-8**】 某单层单跨无起重机的仓库，柱间距离为 4 m，中间开宽为 1.8 m 的窗，车间长为 40 m，屋架下弦标高为 5 m，壁柱为 370 mm×490 mm，墙厚为 240 mm，房屋的静力计算方案为刚弹性方案，试验算带壁柱墙的高厚比。

【**解**】 带壁柱墙采用窗间墙截面，如图 9-19 所示。

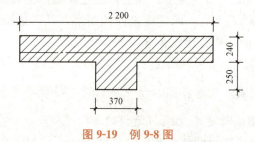

图 9-19 例 9-8 图

(1)求壁柱截面的几何特征。

$$A = 240 \times 2\,200 + 370 \times 250 = 620\,500\,(\text{mm}^2)$$

$$y_1 = \frac{240 \times 2\,200 \times 120 + 250 \times 370 \times \left(240 + \frac{250}{2}\right)}{620\,500} = 156.5\,(\text{mm})$$

$$y_2 = 240 + 250 - 156.5 = 333.5\,(\text{mm})$$

$$\begin{aligned} I &= 2\,200 \times 240^3/12 + 2\,200 \times 240 \times (156.5-120)^2 + 370 \times 250^3/12 + 370 \times 250 \times \\ &\quad (333.5-125)^2 \\ &= 7.74 \times 10^9\,(\text{mm}^4) \end{aligned}$$

$$i=\sqrt{\frac{I}{A}}=\sqrt{\frac{7.74\times10^9}{620\ 500}}=111.7(\text{mm})$$

$$h_\text{T}=3.5i=3.5\times111.7=391(\text{mm})$$

(2)确定计算高度。

$H=5\ 000+500=5\ 500(\text{mm})$(式中,500 mm 为壁柱下端嵌固处至室内地坪的距离)。

查表 9-6,得 $H_0=1.2H=1.2\times5\ 500=6\ 600(\text{mm})$。

(3)整片墙高厚比验算。

采用 M5 混合砂浆时,查表 9-5 得 $[\beta]=24$。开有门窗洞口时,$[\beta]$ 的修正系数 μ_2 为

$$\mu_2=1-0.4\frac{b_s}{s}=1-0.4\times(1\ 800/4\ 000)=0.82$$

自承重墙允许高厚比修正系数 $\mu_1=1$

$$\beta=\frac{H_0}{h}=6\ 600/391=16.9<\mu_1\mu_2[\beta]=0.82\times24=19.68$$

(4)壁柱之间墙体高厚比的验算。

$s=4\ 000\ \text{mm}<H=5\ 500\ \text{mm}$,查表 9-6 得 $H_0=0.6s=0.6\times4\ 000=2\ 400(\text{mm})$。

$$\beta=\frac{H_0}{h}=2\ 400/240=10<\mu_1\mu_2[\beta]=0.82\times24=19.68$$

因此,高厚比满足规范要求。

9.3 过梁、墙梁及挑梁构件

9.3.1 过梁

1. 过梁的种类与构造

过梁是砌体结构中门窗洞口上承受上部墙体自重和上层楼盖传来的荷载的梁。常用的过梁有图 9-20 所示的四种类型。

(1)砖砌平拱过梁[图 9-20(a)]。其高度不应小于 240 mm,跨度不应超过 1.2 m。砂浆强度等级不应低于 M5。此类过梁适用于无振动、地基土质好、无抗震设防要求的一般建筑。

(2)砖砌弧拱过梁[图 9-20(b)]。竖放砌筑砖的高度不应小于 120 mm,当矢高 $f=(1/12\sim1/8)l$ 时,砖砌弧拱的最大跨度为 2.5~3 m;当矢高 $f=(1/6\sim1/5)l$ 时,砖砌弧拱的最大跨度为 3~4 m。

(3)钢筋砖过梁[图 9-20(c)]。过梁底面砂浆层处的钢筋直径不应小于 5 mm,间距不宜大于 120 mm,钢筋伸入支座砌体内的长度不宜小于 240 mm,砂浆层厚度不宜小于 30 mm;过梁截面高度内砂浆强度等级不应低于 M5;砖的强度等级不应低于 MU10;跨度不应超过 1.5 m。

(4)钢筋混凝土过梁[图 9-20(d)]。其端部支承长度不宜小于 240 mm。当墙厚不小于

370 mm 时，钢筋混凝土过梁宜做成 L 形。

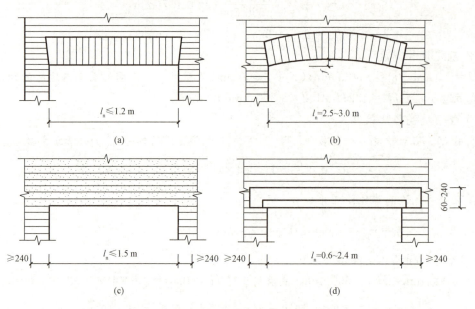

图 9-20　过梁的常用类型

过梁底面砂浆层处的钢筋直径不应小于 5 mm，间距不宜大于 120 mm，钢筋伸入支座砌体内的长度不宜小于 240 mm，砂浆层厚度不宜小于 30 mm；过梁截面高度内砂浆强度等级不应低于 M5；砖的强度等级不应低于 MU10；跨度不应超过 1.5 m。

2. 过梁的受力特点

砖砌过梁承受荷载后，上部受拉、下部受压，像受弯构件一样受力。随着荷载的增大，当跨中竖向截面的拉应力或支座斜截面的主拉应力超过砌体的抗拉强度时，将先后在跨中出现竖向裂缝，在靠近支座处出现阶梯形斜裂缝。对于钢筋砖过梁，过梁下部的拉力将由钢筋承担；对于砖砌平拱，过梁下部的拉力将由两端砌体提供的推力来平衡；钢筋混凝土过梁与钢筋砖过梁类似。试验表明，当过梁上的墙体达到一定高度后，过梁上的墙体形成内拱将产生卸载作用，使一部分荷载直接传递给支座，而不会全部作用在过梁上。

作用在过梁上的荷载有砌体自重和过梁计算高度内的梁板荷载。

对于砖砌墙体，当过梁上的墙体高度 $h_w < l_n/3$ 时，应按全部墙体的自重作为均布荷载考虑；当过梁上的墙体高度 $h_w \geq l_n/3$ 时，应按高度 $l_n/3$ 的墙体自重作为均布荷载考虑。

对于混凝土砌块砌体，当过梁上的墙体高度 $h_w < l_n/2$ 时，应按全部墙体的自重作为均布荷载考虑；当过梁上的墙体高度 $h_w \geq l_n/2$ 时，应按高度 $l_n/2$ 的墙体自重作为均布荷载考虑。

当梁、板下的墙体高度 $h_w < l_n$ 时，应计算梁、板传来的荷载；当 $h_w \geq l_n$ 时，则可不计梁、板的作用。

9.3.2　墙梁

由钢筋混凝土托梁及其以上计算高度范围内的墙体共同工作，一起承受荷载的组合结构称为墙梁,如图 9-21 所示。墙梁按支承情况分为简支墙梁、连续墙梁、框支墙梁;按承受荷载情况可分为承重墙梁和自承重墙梁。除了承受托梁和托梁以上的墙体自重外,还承受由屋盖或楼盖传来的荷载的墙梁为承重墙梁,如底层为大空间、上层为小空间时所设置的墙梁;只承受托梁以及托梁以上墙体自重的墙梁为自承重墙梁,如基础梁、连系梁。

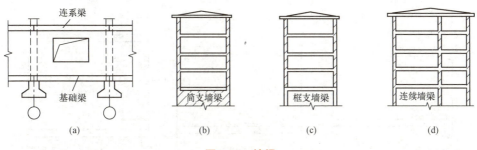

图 9-21 墙梁

墙梁中承托砌体墙和楼盖(屋盖)的混凝土简支梁、连续梁和框架梁,称为托梁。墙梁中考虑组合作用的计算高度范围内的砌体墙,称为墙体。墙梁的计算高度范围内墙体顶面处的现浇混凝土圈梁,称为顶梁。墙梁支座处与墙体垂直相连的纵向落地墙,称为翼墙。

1. 墙梁的受力特点

当托梁及其上的砌体达到一定强度后,墙和梁共同工作形成墙梁组合结构。试验表明,墙梁上部荷载主要是通过墙体的拱作用传向两边支座,托梁承受拉力,两者形成一个带拉杆拱的受力结构,如图 9-22 所示。这种受力状况从墙梁开始,直到破坏。当墙体上有洞口时,其内力传递如图 9-23 所示。

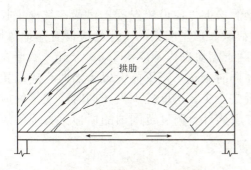

图 9-22 无洞墙梁的内力传递

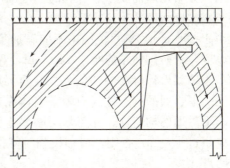

图 9-23 有洞墙梁的内力传递

墙梁是一个偏心受拉构件,影响其承载力的因素有很多。根据影响因素的不同,墙梁可能发生的破坏形态有正截面受弯破坏、墙体或托梁受剪破坏和支座上方墙体局部受压破坏三种,如图 9-24 所示。托梁纵向受力钢筋配置不足时,发生正截面受弯破坏;当托梁的箍筋配置不足时,可能发生托梁斜截面剪切破坏;当托梁的配筋较强,并且两端砌体局部受压,承载力得不到保证时,一般发生墙体剪切破坏。墙梁除上述主要破坏形态外,还可能发生托梁端部混凝土局部受压破坏、有洞口墙梁洞口上部砌体剪切破坏等。因此,必须采取一定的构造措施，防止这些破坏形态的发生。

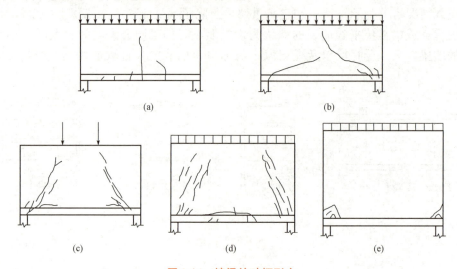

图 9-24 墙梁的破坏形态
(a)弯曲破坏；(b)、(c)、(d)剪切破坏；(e)局部受压破坏

2. 墙梁的构造要求

墙梁除应符合《砌体规范》和《规范》有关构造要求外，还应符合下列构造要求：

(1)材料。托梁的混凝土强度等级不应低于 C30；纵向钢筋宜采用 HRB335、HRB400、RRB400 级钢筋；承重墙梁的块材强度等级不应低于 MU10，计算高度范围内墙体的砂浆强度等级不应低于 M10。

(2)墙体。框支墙梁的上部砌体房屋以及设有承重的简支墙梁或连续墙梁的房屋，应满足刚性方案房屋的要求。计算高度范围内的墙体厚度，对砖砌体不应小于 240 mm，对混凝土小型砌块砌体不应小于 190 mm。墙梁洞口上方应设置混凝土过梁，其支承长度不应小于 240 mm，洞口范围内不应施加集中荷载。承重墙梁的支座处应设置落地翼墙。翼墙厚度，对砖砌体不应小于 240 mm，对混凝土砌块砌体不应小于 190 mm，翼墙宽度不应小于墙梁墙体厚度的 3 倍，并与墙梁墙体同时砌筑。当不能设置翼墙时，应设置落地且上、下贯通的构造柱。当墙梁墙体在靠近支座 1/3 跨度范围内开洞时，支座处应设置上、下贯通的构造柱，并与每层圈梁连接。墙梁计算高度范围内的墙体，每天砌筑高度不应超过 1.5 m；否则，应加设临时支撑。

(3)托梁。

1)有墙梁的房屋的托梁两边各一个开间及相邻开间处应采用现浇混凝土楼盖，楼板厚度不宜小于 120 mm。当楼板厚度大于 150 mm 时，宜采用双层双向钢筋网，楼板上应少开洞，洞口尺寸大于 800 mm 时应设置洞边梁。

2)托梁每跨底部的纵向受力钢筋应通长设置，不得在跨中段弯起或截断。钢筋接长应采用机械连接或焊接。

3)墙梁的托梁跨中截面纵向受力钢筋总配筋率不应小于 0.6%。

4)托梁距边支座 $l_0/4$ 范围以内，上部纵向钢筋面积不应小于跨中下部纵向钢筋面积的 1/3。连续墙梁或多跨框支墙梁的托梁中支座上部附加纵向钢筋从支座边算起每边延

伸不得小于 $l_0/4$。

5)承重墙梁的托梁在砌体墙、柱上的支承长度不应小于 350 mm。纵向受力钢筋伸入支座应符合受拉钢筋的锚固要求。

6)当托梁高度 $h_b \geqslant 500$ mm 时，应沿梁高设置通长水平腰筋，直径不得小于 12 mm，间距不应大于 200 mm。

7)墙梁偏开洞口的宽度及两侧各一个梁高 h_b 范围内直至靠近洞口支座边的托梁箍筋直径不宜小于 8 mm，间距不应大于 100 mm，如图 9-25 所示。

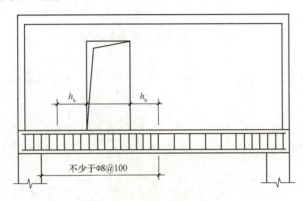

图 9-25 偏开洞时托架箍筋加密区

9.3.3 挑梁

1. 挑梁的受力特点

挑梁在悬挑端集中力 F、墙体自重以及上部荷载的作用下，经历以下三个工作阶段：

(1)弹性工作阶段。挑梁在未受外荷载之前，墙体自重及其上部荷载在挑梁埋入墙体部分的上、下界面产生初始压应力[图 9-26(a)]，当挑梁端部施加外荷载 F 后，随着 F 的增加，将首先达到墙体通缝截面的抗拉强度而出现水平裂缝[图 9-26(b)]，出现水平裂缝时的荷载为倾覆时的外荷载的 20%～30%，此为第一阶段。

(2)带裂缝工作阶段。随着外荷载 F 的继续增加，最开始出现的水平裂缝①将不断向梁内部发展。同时挑梁埋入端下界面出现水平裂缝②，并向前发展。随着上、下界面的水平裂缝的不断发展，挑梁埋入端上界面受压区和墙边下界面受压区也不断减小，从而在挑梁埋入端上角砌体处产生裂缝。随着外荷载的增加，此裂缝将沿砌体灰缝向后上方发展为阶梯形裂缝③，此时的荷载约为倾覆时外荷载的 80%。斜裂缝的出现预示着挑梁进入倾覆破坏阶段，在此过程中，也可能出现局部受压裂缝④。

(3)破坏阶段。挑梁可能发生的破坏形态有以下三种：

1)挑梁倾覆破坏[图 9-27(a)]：挑梁倾覆力矩大于抗倾覆力矩，挑梁尾端墙体斜裂缝不断开展，挑梁绕倾覆点发生倾覆破坏；

2)下砌体局部受压破坏[图 9-27(b)]：当挑梁埋入墙体较深、梁上墙体高度较大时，挑梁下靠近墙边小部分砌体由于压应力过大发生局部受压破坏；

3)梁自身弯曲破坏或剪切破坏。

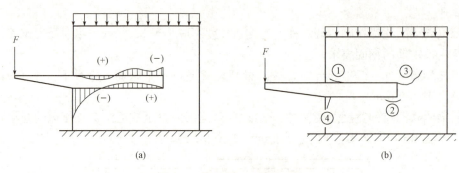

图 9-26 挑梁的应力分布与裂缝

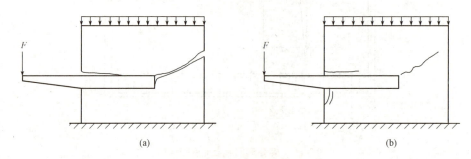

图 9-27 挑梁的破坏形态
(a)倾覆破坏；(b)挑梁下砌体局部受压或挑梁破坏

2. 挑梁的构造要求

(1)纵向受力钢筋至少应有 1/2 的钢筋面积伸入梁尾端，且不少于 2Φ120，其余钢筋伸入支座的长度不应小于 $\frac{2}{3}l_1$。

(2)挑梁埋入砌体的长度 l_1 与挑出长度 l 之比宜大于 1.2；当挑梁上无砌体时，l_1 与 l 之比宜大于 2。

本章小结

1. 砌体结构是指由各种块体通过砂浆砌筑而成的墙、柱作为建筑物主要受力构件的结构，是砖砌体、砌块砌体和石砌体结构的统称。砌体可分为无筋砌体与配筋砌体两大类。

2. 砌体主要用于抗压。影响砌体抗压强度的因素主要有块材和砂浆的强度、块材的尺寸与形状、砂浆铺砌时的流动性和砌筑质量等。

3. 砌体结构和混凝土结构一样，采用以概率理论为基础的极限状态设计方法。各类砌体均应按承载能力极限状态设计，同时要满足正常使用极限状态的要求。根据砌体结构的特点，在一般情况下，砌体结构正常使用极限状态的要求可由相应的构造措施予以保证。

4. 配筋砖砌体构件分为网状配筋砖砌体、组合砖砌体、砖砌体和钢筋混凝土构造柱组合墙，网状配筋可以阻止砖砌体受压时横向变形和裂缝的发展，从而间接提高构件的受压承载力。

5. 高厚比验算是砌体结构的一项重要的构造措施。带壁柱墙和带构造柱墙与一般墙、柱的高厚比验算不同，带壁柱墙和带构造柱墙除验算整片墙的高厚比外，还应验算壁柱间墙和构造柱间墙的高厚比。

6. 圈梁的主要作用是增强房屋的整体性和空间刚度，防止由于地基不均匀沉降或较大振动荷载对房屋产生不利影响。因此，在各类砌体房屋中均应按规定设置圈梁。

7. 根据挑梁的受力特点和破坏形态，挑梁及其周围砌体应进行抗倾覆验算、挑梁自身承载力验算和挑梁下砌体局部受压承载力验算。

8. 构造要求是建筑结构设计、施工和使用中的经验总结。设计砌体结构房屋时，除进行墙、柱的承载力计算和高厚比验算外，同时还必须满足《砌体规范》规定的相关构造要求，以保证结构的耐久性、房屋的整体性和空间刚度。

复习思考题

一、简答题

1. 砌体的局部受压有几种情况？试述其计算要点。
2. 什么是高厚比？砌体房屋限制高厚比的目的是什么？
3. 影响砖砌体抗压强度的主要因素是什么？提高砖砌体抗压强度的有效措施是什么？
4. 简述钢筋混凝土过梁代号的意义。
5. 挑梁的破坏形态有哪些？简述挑梁的构造要求。
6. 偏心距如何计算？在受压承载力计算中偏心距的大小有何限制？
7. 产生墙体开裂的主要原因是什么？
8. 什么是梁端有效支撑长度？应如何计算？

二、计算题

1. 某截面为 490 mm×490 mm 的砖柱，柱计算高度 $H_0=H=5$ m，采用强度等级为 MU10 的烧结普通砖及 M5 的水泥砂浆砌筑，柱底承受轴向压力设计值为 $N=180$ kN，结构安全等级为二级，施工质量控制等级为 B 级。试验算柱底截面是否安全。

2. 一偏心受压柱，截面尺寸为 490 mm×620 mm，柱计算高度 $H_0=H=4.8$ m，采用强度等级为 MU10 的蒸压灰砂砖及 M5 的混合砂浆砌筑，柱底承受轴向压力设计值为 $N=200$ kN，弯矩设计值 $M=24$ kN·m，结构安全等级为二级，施工控制质量等级为 B 级。试验算该柱底截面是否安全。

3. 窗间墙截面尺寸为 370 mm×1 200 mm，砖墙用 MU10 烧结普通砖和 M5 混合砂浆砌筑。位于窗间墙中部的大梁的截面尺寸为 200 mm×500 mm，在墙上的搁置长度为 240 mm。大梁的支座反力为 110 kN，窗间墙范围内梁底截面处的上部荷载为 235 kN。试对大梁端部下砌体的局部受压承载力进行验算。

4. 某窗间墙截面尺寸为 1 000 mm×240 mm，采用 MU10 烧结普通砖及 M5 混合砂浆砌筑，施工质量控制等级为 B 级，墙上支承截面尺寸为 $b×h=200$ mm×500 mm 的钢筋混凝土梁，支承长度为 240 mm，梁端支承压力设计值为 50 kN，上部荷载传来的轴向压力设计值为 100 kN，试验算梁端局部受压承载力。

5. 某单层房屋层高 4.5 m，砖柱截面为 490 mm×370 mm，采用 M5 混合砂浆砌筑，房屋的静力计算方案为刚性方案。试计算此砖柱的高厚比。

第 10 章 钢结构

> **内容提要**
>
> 本章主要介绍钢结构的连接、钢屋架介绍、钢结构施工图识读三个部分内容。同时，由于钢结构所涉及计算较为复杂，所需力学基础较多，因此其具体计算在本书中不过多介绍，请参照相关钢结构教材或计算手册。

> **知识掌握目标**
>
> 1. 熟悉钢结构的连接、钢屋架的简单分类与设计、钢结构施工图识读方法；
> 2. 了解一般钢结构构件的设计原理与构造。

10.1 钢结构连接

10.1.1 钢结构的连接分类

钢结构的连接方法主要有以下几种：

(1) 焊接。焊接是使用最普遍的方法，该方法对几何形体适应性强，构造简单，省材省工，易于自动化，工效高；但是，焊接属于热加工过程，对材质要求高，对工人的技术水平要求也高，其程序严格，质检工作量大。

(2) 铆接。该方法传力可靠，韧性和塑性好，质量易于检查，抗动力荷载好；但是由于铆接时必须进行钢板的搭接，因此相对而言费钢、费工。

(3) 普通螺栓连接。这种方式装卸便利，设备简单，工人易于操作；但是对于该方法，螺栓精度低时不宜受剪，螺栓精度高时加工和安装难度较大。

(4) 高强螺栓连接。此法加工方便，对结构削弱小，可拆换，能承受动力荷载，耐疲劳，塑性、韧性好；但是，摩擦面处理、安装工艺略为复杂，造价略高。

(5) 射钉、自攻螺栓连接。此法较为灵活，安装方便，构件无须预先处理，适用于轻钢、薄板结构，但不能承受较大的集中荷载。

10.1.2 焊接连接

焊接是钢结构较为常见的连接方式，也是比较方便的连接方式，在众多的钢结构连接方式中，焊接是最为常见的一种。焊接一般可分为平接、搭接、顶接三种形式（图10-1）。

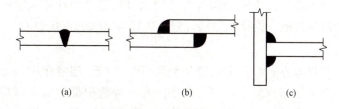

图10-1 焊接连接
(a)平接；(b)搭接；(c)顶接

根据焊接的形式，焊缝可以分为对接（平接）焊缝、角焊缝和顶接焊缝三大类。

1. 对接焊缝

对接焊缝按受力与焊缝方向可分为：直缝——作用力方向与焊缝方向正交；斜缝——作用力方向与焊缝方向斜交（图10-2）。从直观来看，直缝受拉，斜缝受到拉与剪的共同作用。

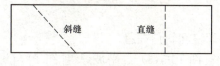

图10-2 焊缝的形式

对接焊缝在焊接上的处理形式如图10-3所示。

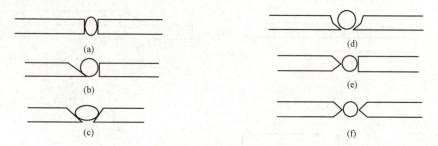

图10-3 对接焊缝的处理
(a)直边缝：适合板厚 $t \leqslant 10$ mm；(b)单边V形：适合板厚 $t=10\sim20$ mm；(c)双边V形：适合板厚 $t=10\sim20$ mm；
(d)U形：适合板厚 $t>20$ mm；(e)K形：适合板厚 $t>20$ mm；(f)X形：适合板厚 $t>20$ mm

对接焊缝的优点是用料经济，传力均匀，无明显的应力集中，利于承受动力荷载；缺点是需剖口，焊件长度要求精确。

对接焊缝需要做以下构造处理：首先，在施焊过程中，起落弧处易有焊接缺陷，所以要用引弧板；但采用引弧板会造成施工复杂，除承受动力荷载外，一般不采用，计算时要将焊缝长度两端各减去5 mm。其次，变厚度板对接时，在板的一面或两面须切成坡度不大于1∶4的斜面，避免应力集中。

另外，变宽度板对接，在板的一侧或两侧切成坡度不大于1∶4的斜边，避免应力集中。对于对接焊缝的强度，有引弧板的对接焊缝在受压时要与母材等强，但焊缝的抗拉强度与焊缝质量等级有关。

通常认为，对接焊缝的应力分布与焊件原来的应力分布基本相同。计算时，焊缝中最大应力（或折算应力）不能超过焊缝的强度设计值。对接焊缝的计算包括：轴心受力的对接焊缝、斜向受力的对接焊缝、钢梁的对接焊缝、牛腿与翼缘的对接焊缝。

2. 角焊缝

角焊缝按受力与焊缝方向可分为端缝与侧缝（图10-4）。端缝作用力方向与焊缝长度方向垂直，其受力后应力状态较复杂，应力集中严重，焊缝根部形成高峰应力，易开裂；端缝破坏强度要高一些，但塑性差。侧缝作用力方向与焊缝长度方向平行，其应力分布简单些，但分布并不均匀，剪应力两端大，中间小，侧缝强度低，但塑性较好。

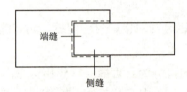

图10-4 角焊缝的形式

角焊缝还可以分为直角焊缝和斜角焊缝。

直角焊缝可分为普通焊缝[图10-5(a)]、平坡焊缝[图10-5(b)]、深熔焊缝[图10-5(c)]。一般采用普通焊缝的做法，但应力集中较严重，在承受动力荷载时采用平坡焊缝、深熔焊缝。

斜角焊缝包括斜锐角焊缝[图10-5(d)]、斜钝角焊缝[图10-5(e)]、斜凹面角焊缝[图10-5(f)]，主要用于钢管连接中。

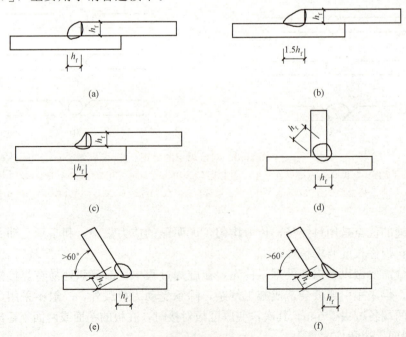

图10-5 角焊缝的处理

角焊缝的构造要求:

(1)承受动力荷载的结构中,垂直于受力方向的焊缝不宜采用不焊透的对接焊缝。

(2)在直接承受动力荷载的结构中,角焊缝表面应做成直线形或凹形。焊脚尺寸的比例是:正面角焊缝宜为 1∶1.5,长边顺内力方向;侧面角焊缝可为 1∶1。

(3)在次要构件或次要焊接连接中,可采用断续角焊缝。断续角焊缝之间的净距,不应大于 $15t$(对受压构件)或 $30t$(对受拉构件),t 为较薄焊件的厚度。

10.1.3 铆接与螺栓连接

铆接与螺栓连接在受力效果上是相同的,只是施工方法上有差异。螺栓连接可以根据受力效果分为普通螺栓与高强度螺栓两大类。

1. 普通螺栓

普通螺栓是以承担剪力与拉力为传力方式的螺栓,可分为精制(分为 A、B 两级,A 级用于 M24 以下,B 级用于 M24 以上)和粗制(C 级)两类。精制螺栓强度高,加工精度要求与成本较高,栓径与孔径之差为 0.5~0.8 mm,一般在构件精度很高的结构、机械结构中使用,以及连接点仅用一个螺栓或有模具套钻的多个螺栓连接的可调节杆件(柔性杆)上。粗制螺栓精度相对较低,栓径与孔径之差为 1~1.5 mm,用于抗拉连接,静力荷载下的抗剪连接,加防松措施后受风振作用的抗剪、可拆卸连接,以及与抗剪支托配合抗拉剪联合作用等。

从螺栓的受力分析可以看出,对于承担剪力的普通螺栓与铆钉(以下统称螺栓)连接的构件,其受力有以下薄弱环节(图 10-6)需要注意:螺栓受剪并受侧向挤压作用,因此必须配置足够数量的螺栓以承担剪力;避免由于螺栓的削弱作用导致钢材被拉断;螺栓孔到端部的剪切作用,会产生钢材的破孔。另外,使用连接板也应注意以上作用。当螺栓穿过的钢板过多时,在侧向力的作用下,螺栓也会弯曲破坏。

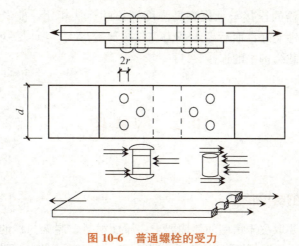

图 10-6 普通螺栓的受力

承担拉力的螺栓主要是被拉断。

螺栓可以根据需要,采取不同的排列方式,如并列式、错列式、单排或双排等多种形式(图 10-7)。

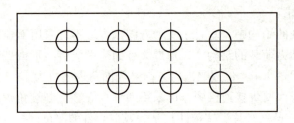

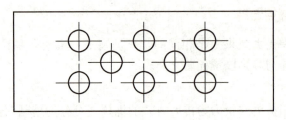

图 10-7 螺栓的排列

2. 高强度螺栓

高强度螺栓是在安装时将螺帽拧紧，使螺杆产生预拉力而压紧构件接触面，靠接触面的摩擦来阻止连接板相互滑移，以达到传递外力的目的。

高强度螺栓按传力机理分为摩擦型高强度螺栓和承压型高强度螺栓。这两种螺栓的构造、安装基本相同。摩擦型高强度螺栓靠摩擦力传递荷载，所以螺杆与螺孔之差可达 1.5～2.0 mm。在正常使用情况下，承压型高强度螺栓的传力特性与摩擦型高强度螺栓相同；当荷载再增大时，连接板间发生相对滑移，连接将依靠螺杆抗剪和孔壁承压来传力，此时与普通螺栓相同，所以，承压型高强度螺栓的螺杆与螺孔之差略小些，为 1.0～1.5 mm。

摩擦型高强度螺栓的连接与承压型高强度螺栓的连接相比，前者变形小，承载力低，耐疲劳、抗动力荷载性能好；而后者承载力高，抗剪变形大，所以一般仅用于承受静力荷载和间接承受动力荷载结构中的连接。

10.2 钢屋架

■ 10.2.1 钢屋架的结构形式

钢屋架的形式主要取决于房屋的使用要求、屋面材料、屋架与柱的连接方式（铰接或刚接）及屋盖的整体刚度。按结构形式可分为梯形屋架、三角形屋架、两铰拱屋架、三铰拱屋架和梭形屋架；按所采用的材料可分为普通钢屋架、轻型钢屋架（杆件为圆钢和小角钢）和薄壁型钢屋架。图 10-8～图 10-11 为几种常见的屋架形式。

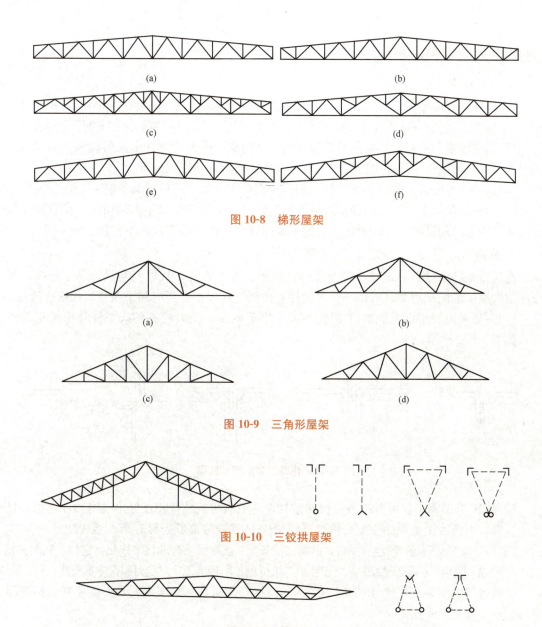

图 10-8 梯形屋架

图 10-9 三角形屋架

图 10-10 三铰拱屋架

图 10-11 梭形屋架

■ 10.2.2 钢屋架所受的荷载

钢屋架上所受的荷载有三种,即永久荷载、可变荷载和偶然荷载。根据使用条件,在荷载规范中均能查到。

内力计算采用弹性理论进行,可用结构力学方法进行求解。当屋架上弦有节间荷载时,应先把节间荷载转化为节点荷载再进行计算。

对荷载效应组合应考虑由可变荷载效应控制的组合和由永久荷载效应控制的组合两种情况,具体组合方法,在此不再叙述。

10.2.3 杆件截面选择

1. 选用原则

(1)压杆应优先选用回转半径较大、厚度较薄的截面规格,但应符合截面最小厚度的构造要求。方钢管的宽厚比不宜过大,以免出现板件有效宽厚比小于其实际宽厚比较多的不合理现象。

(2)当屋顶永久荷载较小而风荷载较大时,还应验算受拉构件在永久荷载和风荷载组合作用下是否有可能受压。如可能受压尚应符合杆件的容许长细比要求。

(3)当屋架跨度较大时,其下弦杆可根据内力的变化采用两种截面规格。

(4)同一榀屋架中,杆件的截面规格不宜过多。在用钢量增加不多的情况下,宜将杆件截面规格相近的加以统一。一般来说,同一榀屋架中杆件的截面规格不宜超过 6~7 种。

2. 截面形式

选择屋架杆件截面形式时,应考虑构造简单、施工方便,且取材容易、易于连接,尽可能增大屋架的侧向刚度。对轴心受力构件宜使杆件在屋架平面内和平面外的长细比接近。

(1)一般采用双角钢组成的 T 形截面或十字形截面,受力较小的次要杆件可采用单角钢,如图 10-12 所示。

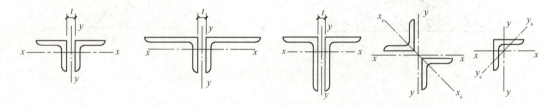

图 10-12 角钢屋架的杆件截面

(2)热轧 T 型钢不仅可节省节点板和钢材,避免双角钢肢背相连处出现腐蚀性现象,且受力合理。大跨度屋架中的主要杆件要选用热轧 H 型钢或高频焊接轻型 H 型钢。

(3)冷弯薄壁型钢是一种经济型材,截面比较开展,截面形状合理且多样化,它与热轧型钢相比,具有同样截面积时具有较大的截面惯性矩、抵抗矩和回转半径,对受力和整体稳定性有利。

冷弯薄壁型钢屋架杆件(图 10-13)中的闭口钢管截面具有刚度大、受力性能好、构造简单等优点,宜优先采用。

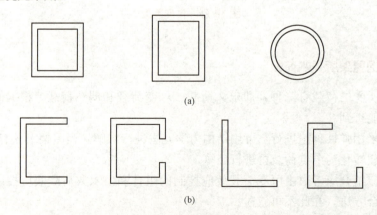

图 10-13 冷弯薄壁型钢屋架杆件截面

3. 尺寸

角钢屋架杆件截面的最小厚度不宜小于 4 mm。冷弯薄壁型钢屋架杆件厚度不宜小于 2 mm，一般不大于 4.5 mm。

10.2.4 杆件连接

屋架杆件的连接计算与构造可参见有关构造要求。

10.3 钢结构施工图识读

10.3.1 型钢及其连接的表示方法

钢结构是由各种型钢和钢板通过连接组成的。为了正确阅读施工图，首先应了解型钢及其连接在钢结构中的表示方法。

1. 常用型钢的标注方法

常用型钢的标注方法见表 10-1。

表 10-1 常用型钢的标注方法

序号	名称	截面	标注	说明
1	等边角钢	 ∟	∟ $b \times t$	b 为肢宽 t 为肢厚
2	不等边角钢	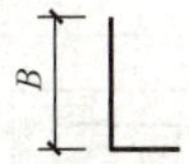 ∟	∟ $B \times b \times t$	B 为长肢宽；b 为短肢宽； t 为肢厚
3	工字钢	 I	I N，Q I N	轻型工字钢加注 Q 字 N 为工字钢的型号
4	槽钢	[	[N，Q [N	轻型槽钢加注 Q 字 N 为槽钢的型号
5	方钢	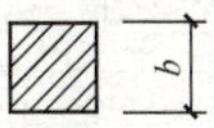 ▨ b	□ b	—
6	扁钢	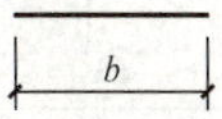 ▭ b	— $b \times t$	—
7	铜板	 —	$\dfrac{-b \times t}{l}$	宽×厚 板长

续表

序号	名称	截面	标注	说明
8	圆钢		ϕd	—
9	钢管		$DN\times\times$ $d\times t$	内径 外径×壁厚

2. 焊接连接的标注方法

(1)焊接及焊缝代号。焊缝要按国家标准规定，采用"焊缝代号"标注。焊缝代号主要由引出线、图形符号、补充符号等组成，如图10-14所示。引出线是由带箭头的指引线(箭头线)和水平线组成的；图形符号(基本符号)表示焊缝本身的截面形式；补充符号是补充说明焊缝某些特征的符号。具体说明见表10-2。

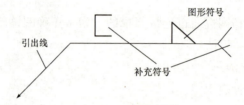

图 10-14 焊缝代号

表 10-2 图形符号(部分)和补充符号

序号	焊缝名称	示意图	图形符号	序号	符号名称	示意图	补充符号	标注方法
1	V形焊缝		V	5	周围焊缝符号		○	
2	单边V形焊缝		V	6	三面焊缝符号		⊐	
3	角焊缝		⊿	7	带垫板符号		▭	
4	I形焊缝		‖	8	现场焊接符号		▶	

备注	①⊿表示角焊缝(其垂线一律在左边，斜线在右边)。②⊿表示单边V形焊缝(其垂线一律在左边，斜线在右边)。③▶现场焊接符号，其旗尖指向基准线的尾部。④补充符号应与基准线相交或相切

(2)焊缝的标注。

1)常见焊缝的标注见表10-3。

表10-3 焊缝标注方法示例

名称	序号	示意图	标注方法	名称	序号	示意图	标注方法
单面焊缝	1	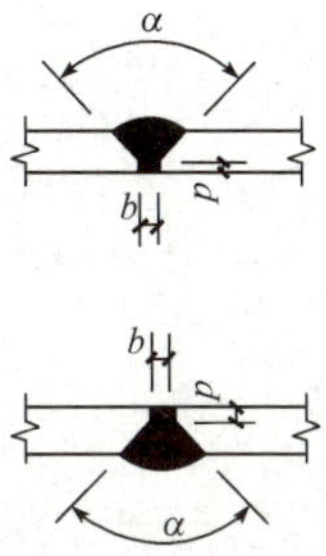	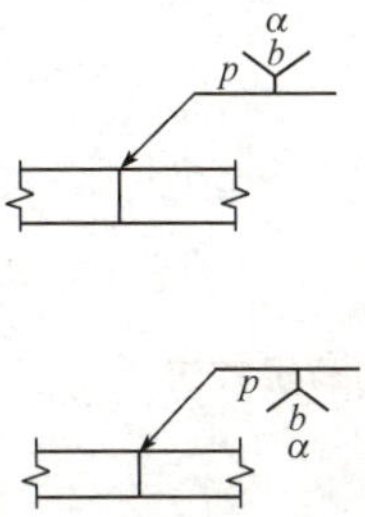	三个及三个以上的焊件	4	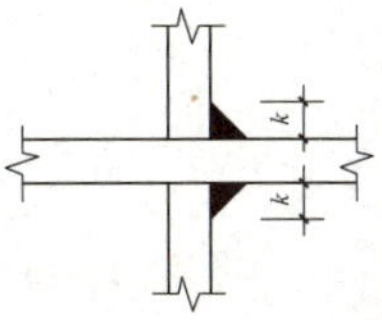	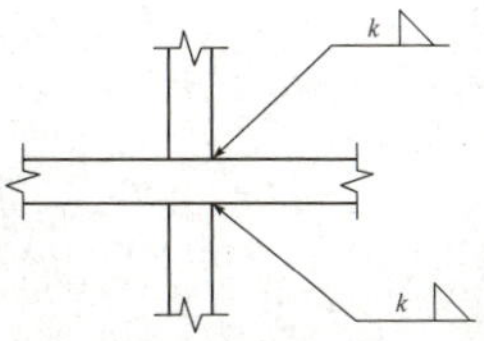
双面焊缝	2	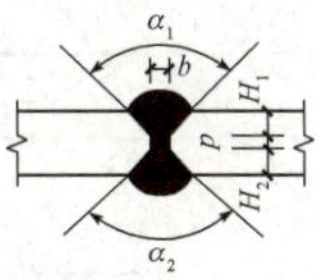	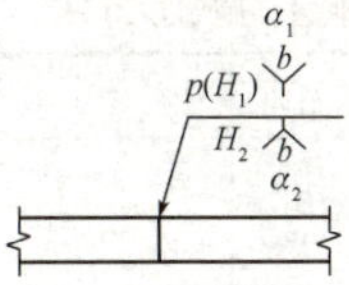	局部焊缝	5	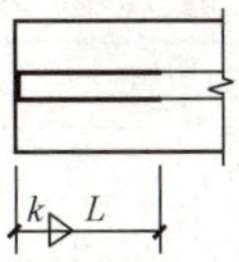	 不宜标注
双面焊缝	3	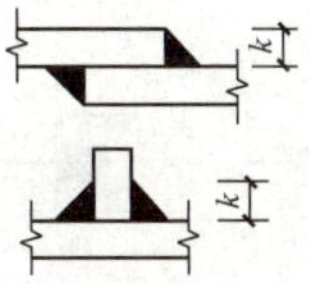	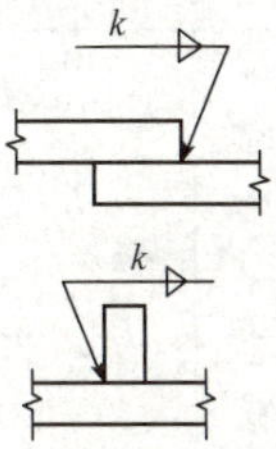	熔透焊缝	6		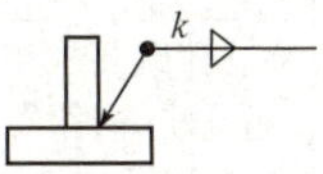
				较长角焊缝	7	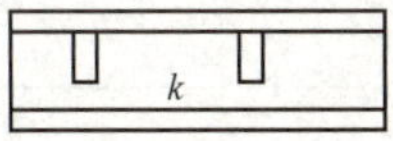	
说明	①单面焊缝：当箭头指向焊缝所在一面时，应将图形符号和尺寸标注在横线上方；当箭头指向焊缝所在另一面时，应将图形符号和尺寸标注在横线下方。②双面焊缝：当两面尺寸不同时，横线上方表示箭头一面的符号和尺寸，下方表示另一面的尺寸和符号。当两尺寸相同时，只需在横线上方标注尺寸。③三个及三个以上的焊件相互焊接的焊缝，不得作为双面焊缝标注，其符号和尺寸应分别标注。④熔透的角焊缝符号用涂黑的圆圈表示，并绘在引出线的转折处。⑤较长的角焊缝可不用引出线标注，而直接在角焊缝旁边标出焊角高度值 k							

2)焊缝分布不规则时，在标注焊缝代号的同时，宜在焊缝处加粗线(表示可见焊缝)或栅线(表示不可见焊缝)，如图10-15所示。

3)同一图纸上，当焊缝截面形式、断面尺寸和辅助要求均相同时，可只选择一处标注焊缝的符号和尺寸，并加注相同焊缝符号，相同焊缝符号为3/4圆弧，绘在引出线的转折处，如图10-16所示。

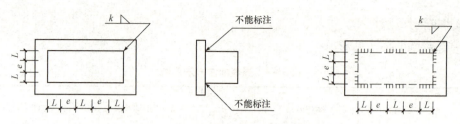

图 10-15　焊缝分布不规则时的画法和标注

图 10-16　相同焊缝的表示方法

3. 螺栓、孔、电焊铆钉的表示方法

螺栓、孔、电焊铆钉的表示方法应符合表 10-4 的规定。

表 10-4　螺栓、孔、电焊铆钉的表示方法

序号	名称	图例	序号	名称	图例
1	永久螺栓	◇— M/φ ▨	5	圆形螺栓孔	●— φ ▨
2	高强螺栓	◆— M/φ ▨	6	长圆形螺栓孔	⬬— φ / b ▨
3	安装螺栓	◇— M/φ ▨	7	电焊铆钉	○— d ▨
4	胀锚螺栓	●— d ▨			

注：①细"+"线表示定位线。②M 表示螺栓型号。③φ 表示螺栓孔直径。④d 表示膨胀螺栓、电焊铆钉直径。⑤采用引出线标注螺栓时，横线上标注螺栓的规格，横线下标注螺栓孔直径

10.3.2　尺寸标注

　　钢结构杆件的加工和连接安装要求高，因此，标注尺寸时应准确、清楚完整。现将常

见的方法列出如下：

(1)两构件的两条很近的重心线应在交汇处将其各自向外错开，如图10-17所示。

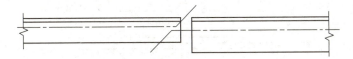

图10-17　两构件重心线不重合的表示法

(2)切割板材应标出各线段的长度及位置，如图10-18所示。

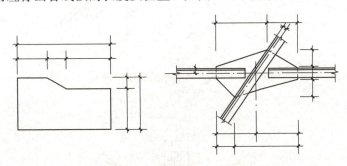

图10-18　切割板材尺寸标注

(3)不等边角钢的构件必须标出角钢一肢的尺寸 $B(b)$，还应注明屋架中心线到角钢肢背的距离，如图10-19所示。

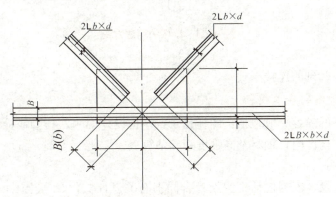

图10-19　不等边角钢的标注方法

(4)节点板应注明节点板的尺寸和构杆件螺栓孔中心或中心距，以及端部至几何中心线交点的距离，如图10-20所示。

(5)双型钢组合截面的构件应注明缀板的数量及尺寸，如图10-21所示。引出线横线上方标注缀板的宽度、厚度，引出线横线下方标注缀板的长度尺寸。

10.3.3　钢结构施工图的识读

门式刚架是工业建筑中的常见建筑形式，其建筑、结构做法已经成熟，完成了构件制作的工厂化，识读门式刚架施工图要熟知门式刚架的整体特点，理解各构件的作用、常见

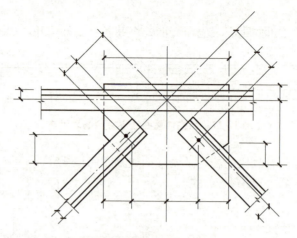

图 10-20 节点板的标注方法

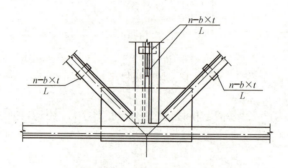

图 10-21 缀板的标注方法

节点构造及构件与基础的连接形式。

1. 钢结构设计图的基本内容

钢结构设计图的内容一般包括：图样目录，结构设计说明，柱脚锚栓布置图，平面图、立面图、剖面图，构件图，钢材及高强度螺栓估算表。

(1)设计总说明。

1)设计依据。设计依据包括工程设计合同书有关设计文件、岩土工程报告、设计基础资料，以及相关设计规范、规程等。

2)设计荷载资料。

3)设计简介。工程概况简述，设计假定、特点和设计要求，以及使用程序等。

4)材料的选用。

5)制作安装。

6)需要做试验的特殊说明。

(2)柱脚锚栓布置图。首先要按一定比例绘制网平面布置图。在该图上标注出各个钢柱柱脚锚栓的位置，即相对于纵、横轴线的位置尺寸，并在基础剖面图上标出锚栓空间位置标高，标明锚栓规格数量级埋设深度。

(3)平面图、立面图、剖面图。当房屋钢结构比较高大或平面布置比较复杂而柱网又不太规则或立面高低错落时,为表达清楚整个结构体系的全貌,宜绘制平面图、立面图、剖面图,主要表达结构的外形轮廓、相关尺寸和标高、纵、横轴线编号及跨度尺寸和高度尺寸,剖面宜选择具有代表性的或需要特殊表达清楚的地方。

(4)结构布置图。结构布置图主要表达各个构件在平面中所处的位置并对各种构件的选用的截面进行编号。

1)屋盖平面布置图包括屋架布置图(或刚架布置图)、屋盖檩条布置图和屋盖支撑布置图。其中,屋盖檩条布置图主要表明檩条间距和编号,以及檩条之间直拉条、斜拉条的布置和编号;屋盖支撑布置图主要表示屋盖水平支撑、纵向刚性支撑、屋面梁隅撑等的布置和编号。

2)柱子平面布置图只表示钢柱或门式刚架和山墙柱的布置及编号,其纵剖面表示柱间支撑及墙梁的布置与编号,包括墙梁直拉条和斜拉条的布置与编号;以及柱隅撑的布置与编号;横剖面重点表示山墙柱间支撑、墙梁及拉条面的布置与编号。

3)起重机梁平面布置表示起重机梁、车挡及其支撑的布置与编号。

(5)节点详图。

1)节点详图在设计阶段应表示清楚各构件间的相互连接关系及其构造特点,节点上应标明整个结构物的相关位置,即应标出轴线编号、相关尺寸、主要控制标高、构件编号或截面规格、节点板厚度及加劲肋做法。构件与节点板采用焊接连接时,应标明焊脚尺寸及焊缝符号。构件采用螺栓连接时,应标明螺栓的型号、直径与数量。设计阶段的节点详图具体构造做法必须交代清楚。

2)节点详图主要包括相同构件的拼接处、不同构件的连接处、不同结构材料连接处及需要特殊交代清楚的部位。

(6)构件图。平面桁架、立体桁架及截面较为复杂的组合构件等需要绘制构件图,门式刚架由于采用变截面,故也要通过绘制构件图来表示构件外形、几何尺寸及构件中杆件(或板件)的截面尺寸,以方便绘制施工详图。

2. 门式刚架结构厂房简介

门式刚架结构的上部主构架包括斜梁、刚架柱、支撑、檩条、系杆、山墙骨架等。门式刚架结构具有受力简单、传力路径明确、构件制作快捷、便于工厂化加工、施工周期短等特点,因此广泛应用于工业、商业及文化娱乐公共设施等工业与民用建筑中。

门式刚架厂房效果图如图10-22所示。

图 10-22 门式刚架厂房效果图

门式刚架结构组成如图 10-23 所示,包括屋面檩条、屋脊、屋面系统、墙面系统、墙面围梁、柱间支撑、边墙等。门架与基础的连接可以是刚接也可以是铰接,一般采用锚栓将柱底板与混凝土基础连接。

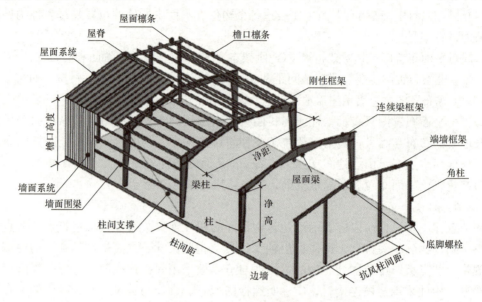

图 10-23　门式刚架结构组成

3. 单层厂房建筑施工图的识读

以一个典型的门式刚架建筑施工图和结构施工图的识读为例,结合典型结构施工现场照片进行讲解。

(1)建筑设计总说明。建筑设计总说明主要是对项目的设计依据、项目概况、分项工程(如基础、墙体、屋面、装修、设备及施工中的注意事项)等进行交代与说明,有的门窗表也包含在建筑设计总说明中,如图 10-24 所示。

(2)图样目录。图样目录主要是对本套工程图样的图幅、编号、内容、张数的说明,使查阅者看了图样目录后能按照自己的需要查阅相关图样,同时也可使查阅者对整套图样有明确的了解。从图中可知,图样目录包括设计总说明、装修说明、一层平面图、屋顶平面图、立面图和刚架样图等。

(3)底层平面图。从图 10-25 和图 10-26 中可以看出以下内容:

1)建筑平面尺寸为 60 480 mm×20 480 mm,室内地面标高为±0.000,地面荷载为 3.5 kN/m²。

2)在①轴线处开有一个门洞 M-1,两个窗 C-3。

3)结合门窗表可知,窗和门的类型共有 6 个,具体尺寸样式见门窗表(图 10-24)。

4)为表示建筑在侧面和端部的效果及细节,在一层平面图中进行了一个剖面划分,剖面 1-1 相应的剖面图如图 10-28 所示。

(4)屋面平面图。刚架屋面平面图主要是对外部的压型钢板、屋脊及屋脊处的压条处理示意。

图 10-27 是示例项目的屋顶平面图,从图中可以得到以下信息:

建筑设计说明

1. 工程概况：
   A. 本工程为1号仓库，建筑面积为1 238.8 m²。
   厂房结构形式为单层门式刚架结构。
   B. 本工程设计依据：甲方设计委托书，甲方设计技术要求。
   C. 本工程±0.000相当于地质勘察报告标高×米，具体由现场定。
   建筑物安全等级为二级，设计使用年限厂房为50年，抗震设防烈度为七度，抗震等级为三级。
   建筑类别为戊类耐火等级为二级（耐火极限：钢柱2.5 h，钢梁1.5 h（耐火极限不小于1 h，刷超薄防火涂料。
2. 采用图集：
   05系列江苏省工程建设标准设计图集苏J01-2005《施工说明》；
   江苏省建筑配件通用图集02J611-1《平开钢大门》；
   全国通用工业厂房建筑配件标准图集苏J08-2006《一般楼地面建筑构造》；
   全国通用工业厂房建筑配件标准图集01J304《室外工程》；
   全国通用工业厂房建筑配件标准图集89J431《屋面检修钢梯》。
3. 室外凡无硬地坪处均做混凝土散水，做法详见苏J01-2005-4/12LB=600]。
4. 所有门处斜坡均做混凝土坡道，做法参见水泥防滑坡道苏J01-2005-9/11。
5. 室外地纵横向缩缝，参见剖面图。
6. 屋面做法：参见剖面图。
7. 地面做法：采用混凝土地面，做法选用苏J01-2005-10/2(室内设备地坪另详)。
8. 内粉刷：水泥砂浆粉面，做法选用苏J01-2005-3/4(用于±0.000标高150高)。
   混合砂浆粉面做法选用苏J01-2005-4/5(白色内墙涂料，用于墙体)。
9. 外粉刷：水泥漆墙面，基层做法参见苏J01-2005-21/6。
10. 油漆：所有钢结构及其配件均须除锈丹，刷红丹防锈二度，外漆奶白色醇酸醛酮和漆二度。
11. 墙体：±0.000以下采用：MU10混凝土砖实砌，
    ±0.000~1.000米采用：MU7.5混凝土空心砖，砂浆采用：M10.0水泥砂浆；
    1.000以上采用：单层彩钢板，砂浆采用：M7.5混合砂浆。
12. 墙体防潮层设于-0.060处见苏J01-2005-1/1。
13. 基础施工后须进行台底防治。
14. 本工程所有木、塑专业进行的膨涨与土建应密切配合，应及时通知设计人员协调解决。
15. 图纸与说明处未明处凡未说明均处按国家颁发的有关规定、规范严格执行，应及时通知设计人员协调解决。

序号	图纸内容	图号
1	设计说明　图纸目录　门窗表	建施 1/5
2	底层平面图	建施 2/5
3	建筑立面图	建施 3/5
4	屋顶平面图	建施 4/5
5	1-1剖面图　节点大样	建施 5/5

门窗表

类别	编号	洞口尺寸/mm		樘数	备注
		宽/mm	高/mm		
门	M1	4 000	4 500	2	向内外开钢大门详02J611-2图集
窗	C1	9 300	2 000	2	铝合金窗　参见苏J11-2006
	C2	21 000	2 000	1	铝合金窗　参见苏J11-2006
	C3	3 000	2 000	2	铝合金窗　参见苏J11-2006
	C4	57 600	2 000	1	铝合金窗　参见苏J11-2006
	C5	57 600	16 500	1	铝合金窗　参见苏J11-2006

备注：
a. 门窗数量、材质及尺寸仅供参考，以最后实际为准。
b. 门窗由生产厂家出详图，经甲方及设计者认可后方可生产安装。
c. 所有门窗均应按江苏省标准图集的要求制作和安装，其选材和安装应符合《建筑玻璃应用技术规程》(JGJ 113-2015)及国家发改委第2116(2003)号文件。
d. 玻璃离地0.5米及单块玻璃面积大于1.5 m²时应作为安全玻璃。
e. 所选门窗尽量与原设计相符，部分窗尺寸随塔柱子大小改变作相应变动。

图10-24　建筑设计说明

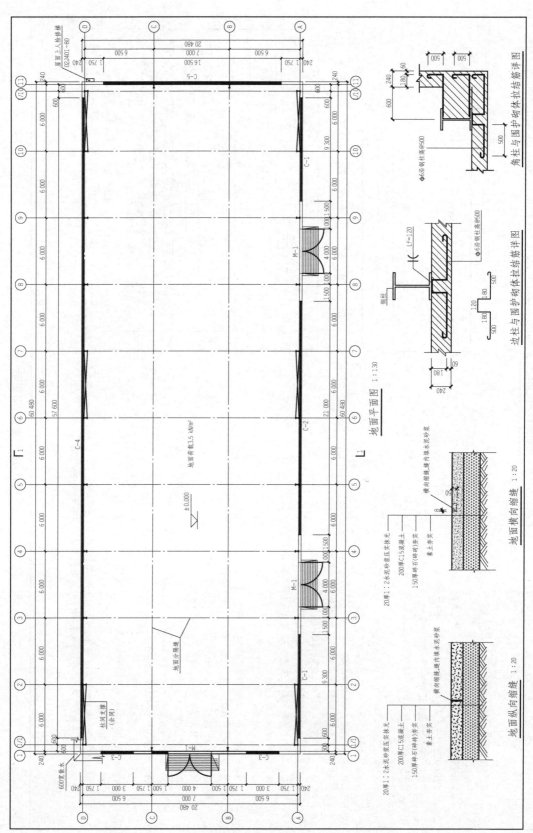

图 10-25 底层平面图

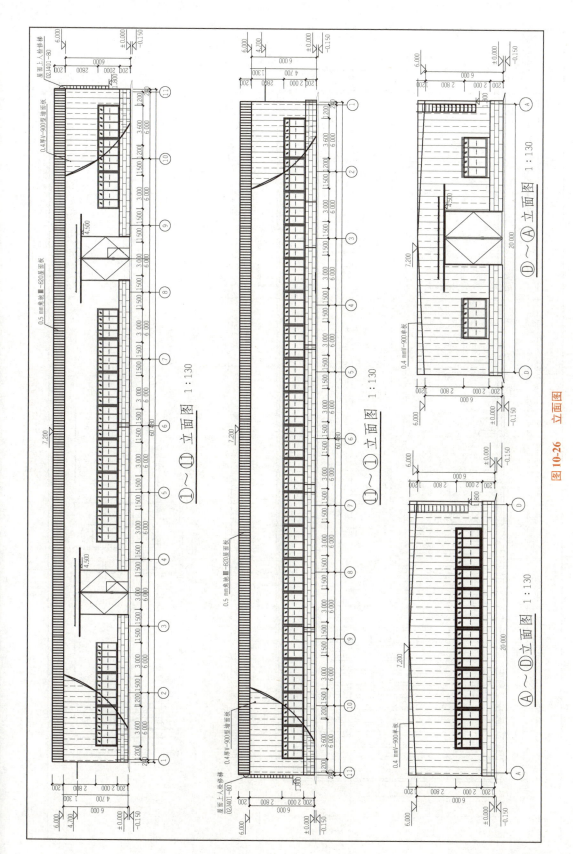

图10-26 立面图

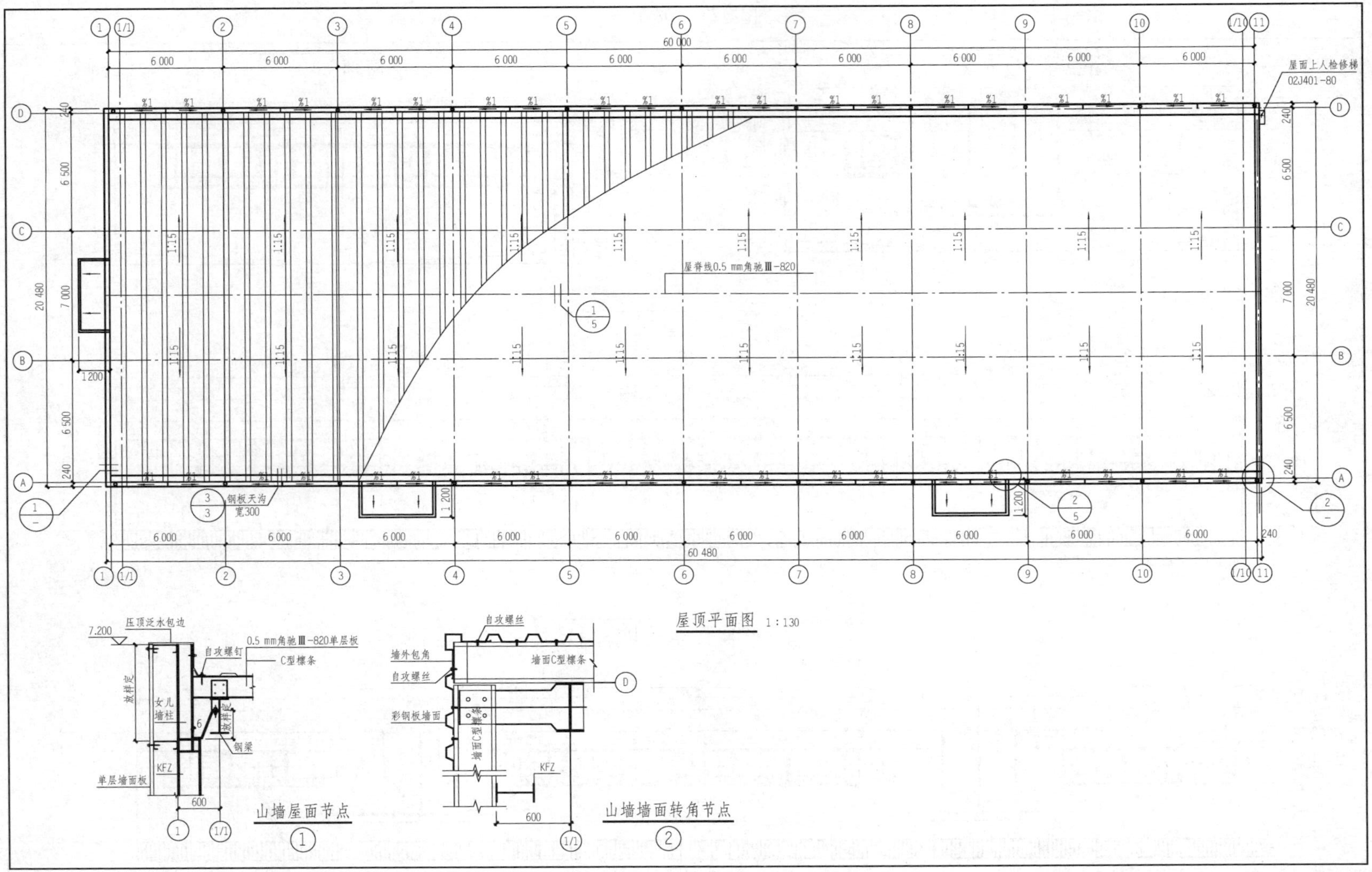

图 10-27 屋顶平面图

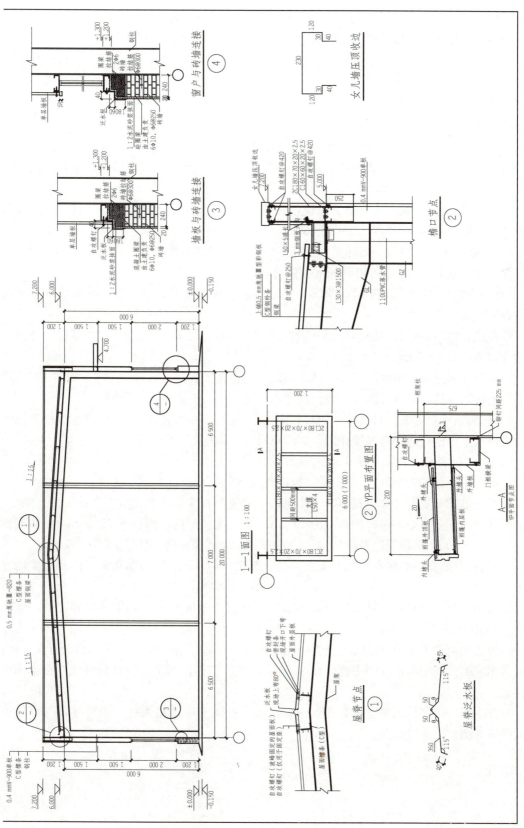

图10-28 1—1剖面图

1)横向排水坡度为1∶15,纵向排水坡度为1‰,每侧设有11个排水管。

2)结合立面图和屋顶节点详图可知,屋脊处标高为7.200,采用角驰三820挡水板。

3)结合①~⑪轴线及⑪~①轴线立面图,可以知道建筑在南、北立面的建筑造型及门窗的位置和尺寸;结合1—1剖面图(图10-28)可看到建筑在南、北立面的建筑造型和女儿墙顶标高等。

4. 单层厂房结构施工图的识读

(1)图样目录。全套结构施工图包括结构设计总说明、基础平面图和基础大样图、柱及锚栓布置图、门式刚架及山墙柱布置图、支撑布置图、屋面檩条布置图、墙梁布置图、刚架详图等。

(2)结构施工总说明。结构施工总说明主要包括工程概况、设计依据、设计荷载资料、材料选用、制作安装等内容,如图10-29所示。

(3)基础平面布置图和基础详图。基础平面图主要通过平面的形式反映基础的平面位置和平面尺寸,从图10-30中可得到如下的信息:

1)该基础都是柱下独立基础,除①、⑪轴线上桩基础有不同定位外,其余部分是轴线缝中设置。

2)该建筑物的基础有四种类型,分别为JC—1、JC—2、JC—3、JC—4,基础间地圈梁尺寸为250 mm×400 mm。

3)基础详图通常采用水平局部剖面图和竖向剖面图来表达。结合图10-31和图10-32基础大样图可知各基础的埋置深度、截面尺寸、构造做法、具体配筋情况等。

(4)柱脚锚栓布置图。对锚栓平面布置图进行识读,通过图纸的标注可以准确地对柱脚锚栓进行水平定位;通过对锚栓详图的识读可以掌握锚栓的竖向尺寸。

如图10-33锚栓布置图,图中的主要内容如下:

1)由锚栓平面布置图可知,只有一种柱脚锚栓形式。

2)结合基础布置图可知只有JC—2下是两个锚栓,其他基础下都是4个锚栓。

3)从锚栓详图可知,锚栓的直径为24 mm,从二次浇灌层底面以下750 mm,柱脚底板的标高为±0.000,锚栓间距沿横向定位轴线为146 mm,沿纵向定位轴线为186 mm。

(5)门式刚架及山墙柱布置图及支撑系统。图10-34为钢梁结构布置图,图示主要内容如下:

1)本图例中刚架只有一种GJ—1,山墙抗风柱位于山墙与Ⓑ、Ⓒ轴线的相交处。整个平面上共计11榀GJ—1。

2)屋盖横向水平支撑(SC)布置三道,分别位于①~②、⑥~⑦、⑬~⑭轴线所在开间;在屋盖相应的开间中布置柱间支撑(ZC);横向水平支撑采用(XG),具体构件尺寸见本图中构件表。

3)在本图中还可见水平支撑与钢梁连接详图、柱间支撑连接大样、边柱柱顶与系杆连接大样等详图。

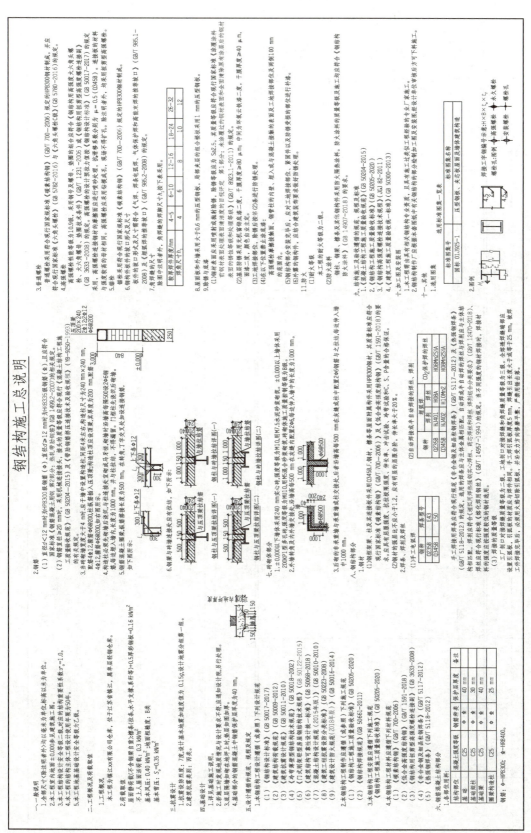

图 10-29 钢结构施工总说明

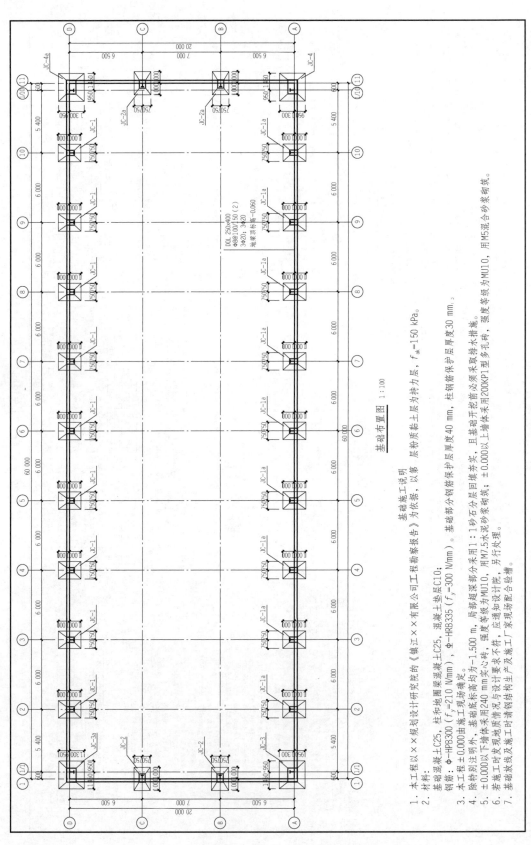

图 10-30 基础平面布置图

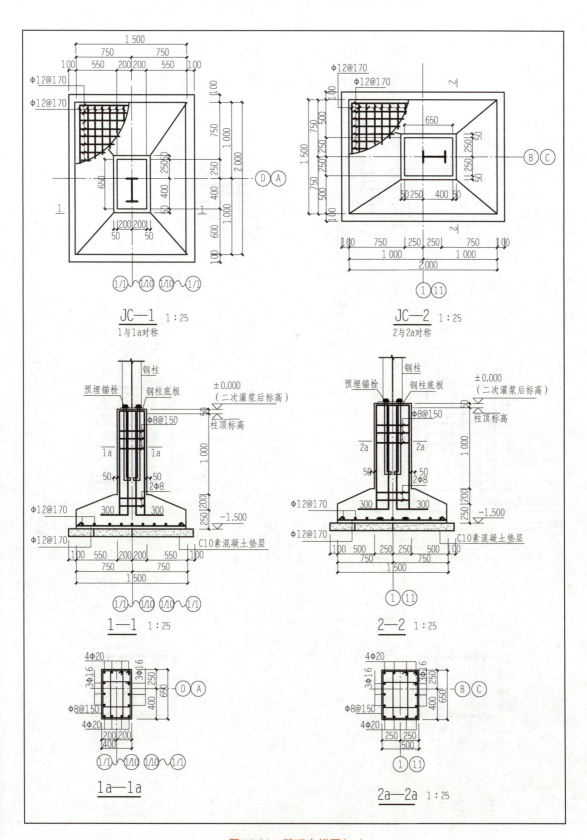

图 10-31 基础大样图(一)

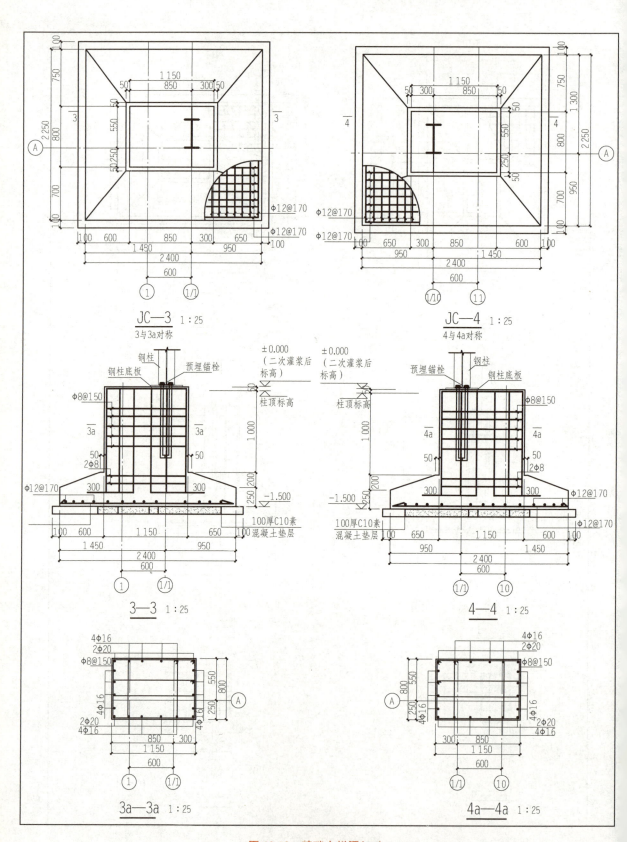

图 10-32 基础大样图(二)

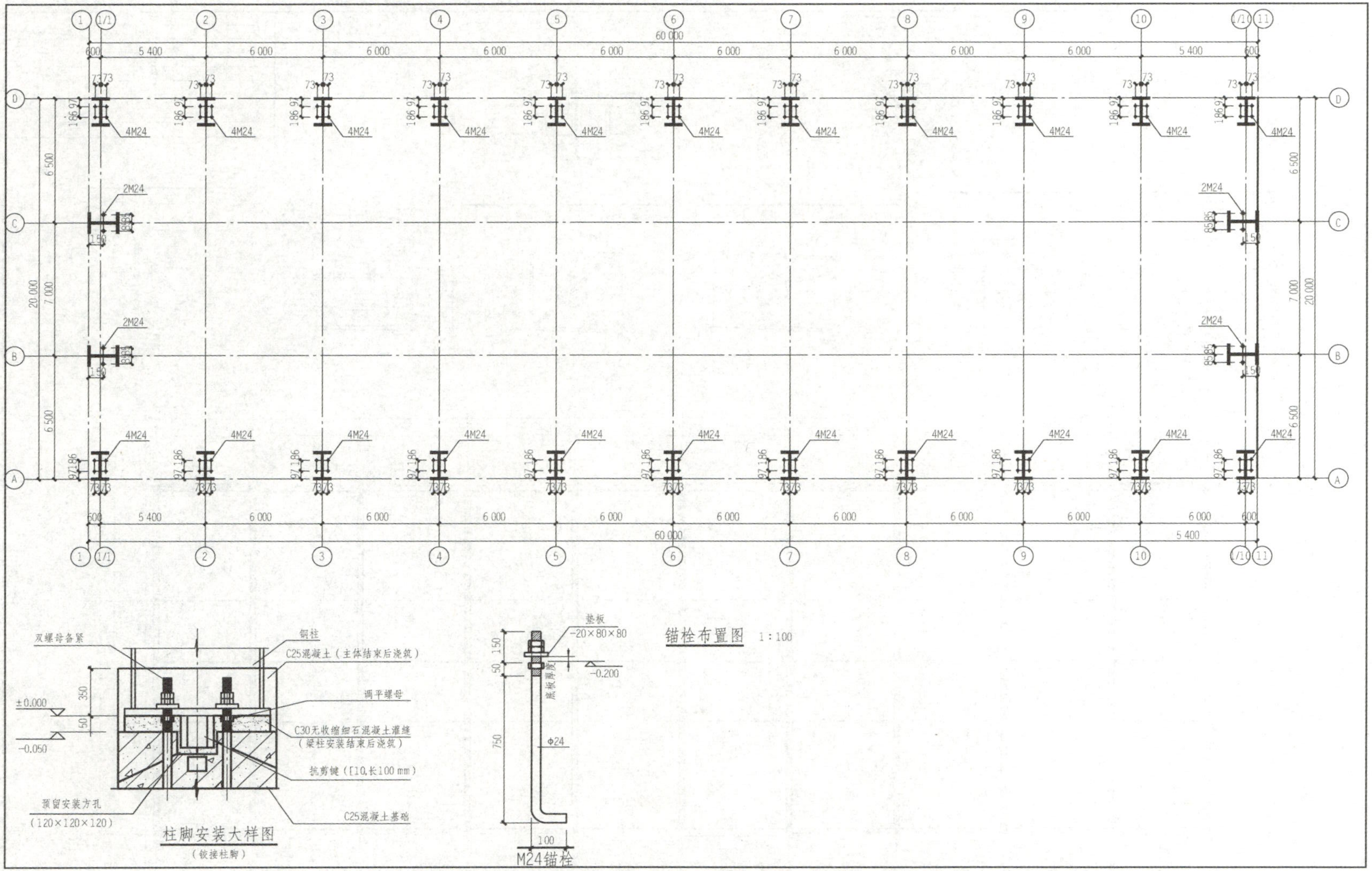

图 10-33 锚栓布置图

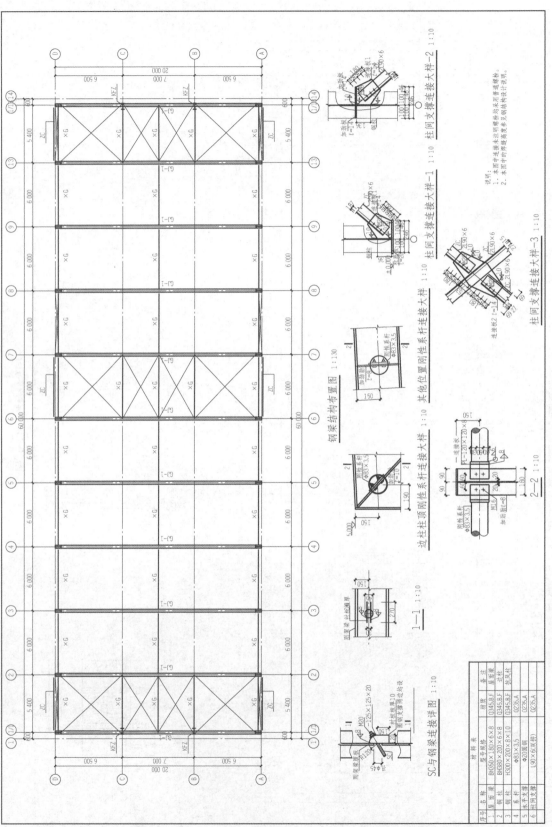

图 10-34 钢梁结构布置图

(6)屋面檩条布置图和墙梁布置图。屋面结构是支撑屋面材料的重要结构,屋面材料的质量及屋顶面荷载通过檩条传递给屋顶。图 10-35 所示为典型的门式刚架屋面结构组成,图中显示该结构已经将刚架、檩条、檩条拉杆等安装到位。

图 10-35　典型的门式刚架屋面结构组成

图 10-36 所示为典型的轻钢屋面板,该屋面板是由两层彩钢夹保温层构成的"夹心饼"屋面板。在施工图中必须将相应的杆件、材料布置绘制清楚。

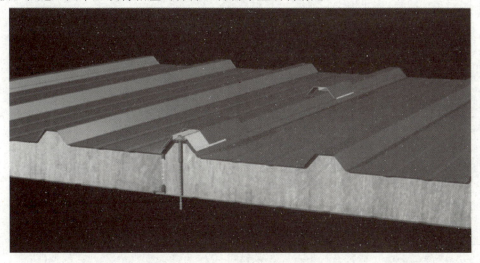

图 10-36　典型的轻钢屋面板

图 10-37 所示为屋面檩条布置图,图 10-38 和图 10-39 所示为墙梁布置图。

1)屋面檩条布置图中,檩条之间采用拉条连接,拉条分为直拉条(ZLT)和斜拉条(XLT),拉条均采用直径为 12 mm 的圆钢。

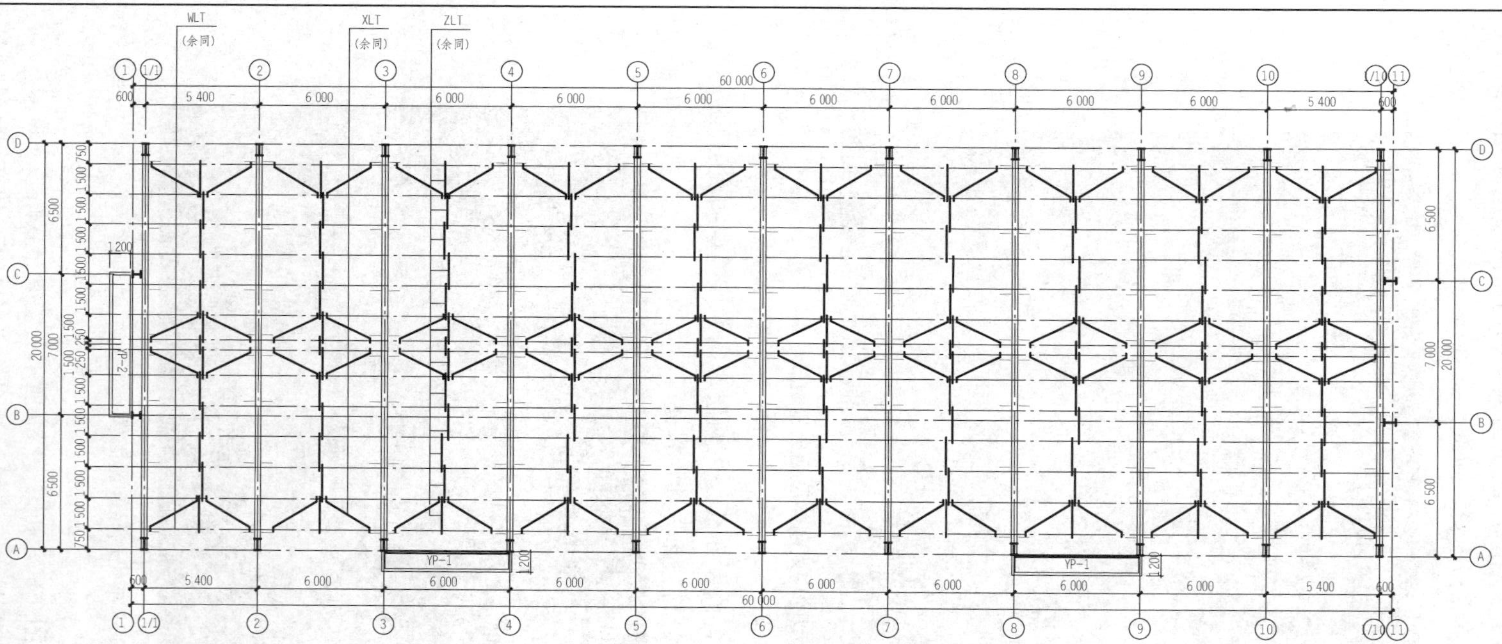

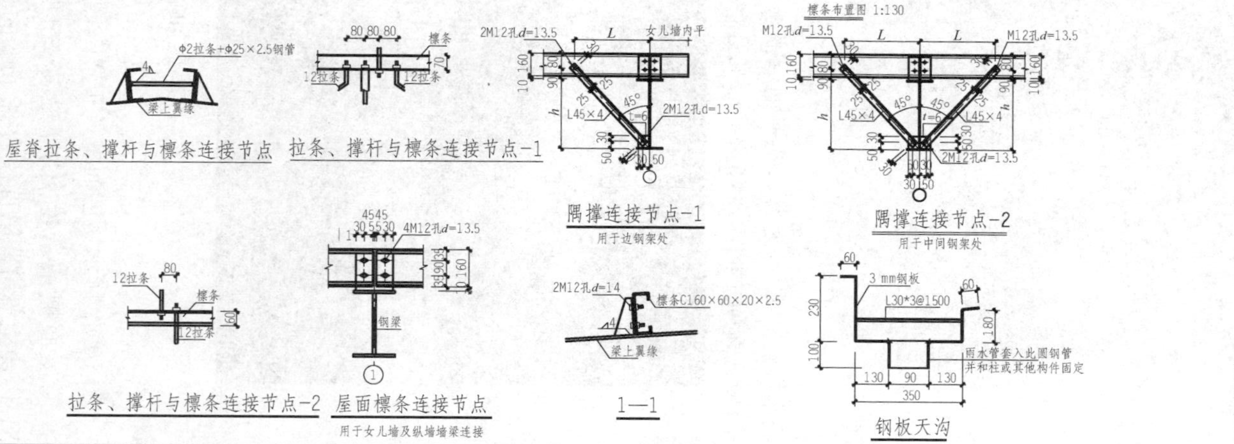

图 10-37 屋面檩条布置图

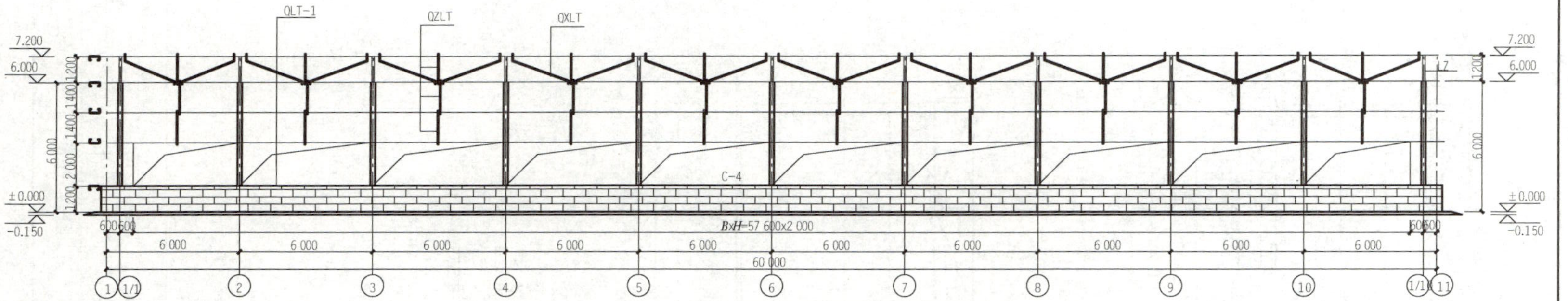

①～⑪墙梁图 1：130

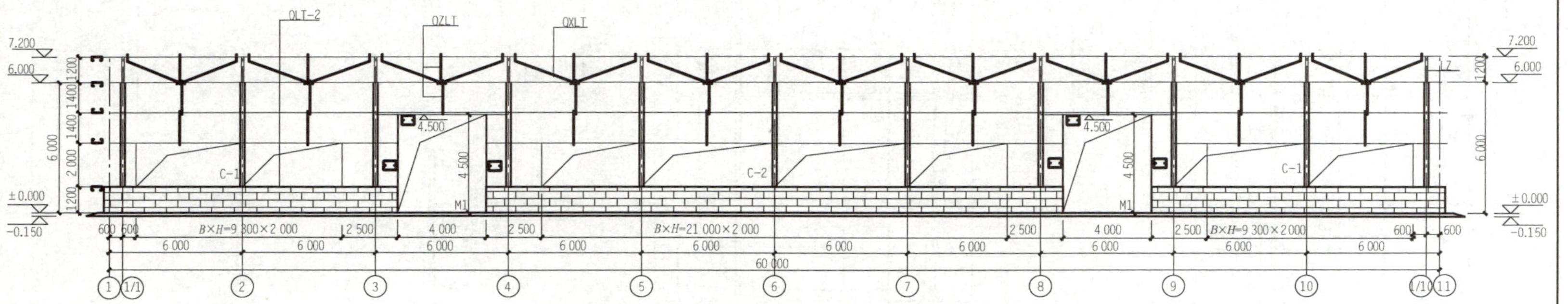

⑪～①墙梁图 1：130

构件一览表

构件名称	直拉条	斜拉条	套管	隅撑	墙面檩条	墙面檩条	女儿墙立柱
编号	ZLT	XLT	TG	YC	QLT-1	QLT-2	LZ
型号	Φ12	Φ12	L25×2.5	L45×4	L160×60×20×2.5	L180×70×20×2.2	2L180×70×20×2.5
备注	Q235B	Q235B	Q235B	Q235B	Q235B	Q235B	Q235B

图 10-38　墙梁布置图（一）

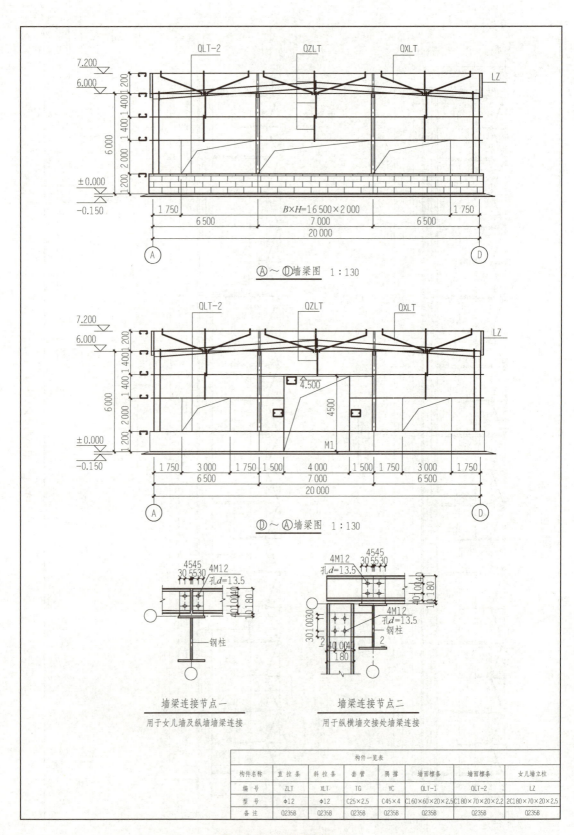

图 10-39 墙梁布置图(二)

2)由图10-37～图10-39可知屋脊双槽钢、拉条与撑杆的连接节点大样图；撑杆、拉条和檩条的连接节点大样图；檩条与钢梁连接节点大样及剖面图1—1。

3)墙梁的布置与屋面檩条布置类似，有斜拉条(XLT)、直拉条(ZLT)和撑杆(CG)的连接。图10-40所示为门式刚架厂房墙面施工图，图10-41所示为该工程的外墙墙檩及拉条，可以作为理解本例的参考。

图10-40 门式刚架厂房墙面施工图

图10-41 外墙墙檩及拉条

(7)刚架详图。门式刚架图可利用对称性绘制，主要标注其变截面柱和变截面斜梁的外形和几何尺寸，定位轴线和标高，以及柱截面与定位轴线的相关尺寸等。

由图10-42和图10-43门式刚架可知：

1)该建筑只有一种门式刚架GJ—1，结构对称，由钢柱(BH380×200×6×8)和钢梁(BH350×200×6×8)组成。

2)该门式刚架跨度为20 m，柱顶标高为6.000 m。

3)单层单跨的门式刚架结构的主要节点详图包括：梁柱节点详图、梁梁节点详图、屋脊节点详图以及柱脚详图等。在图中主要以1—1、2—2、3—3、4—4等剖面图和详图索引表示。

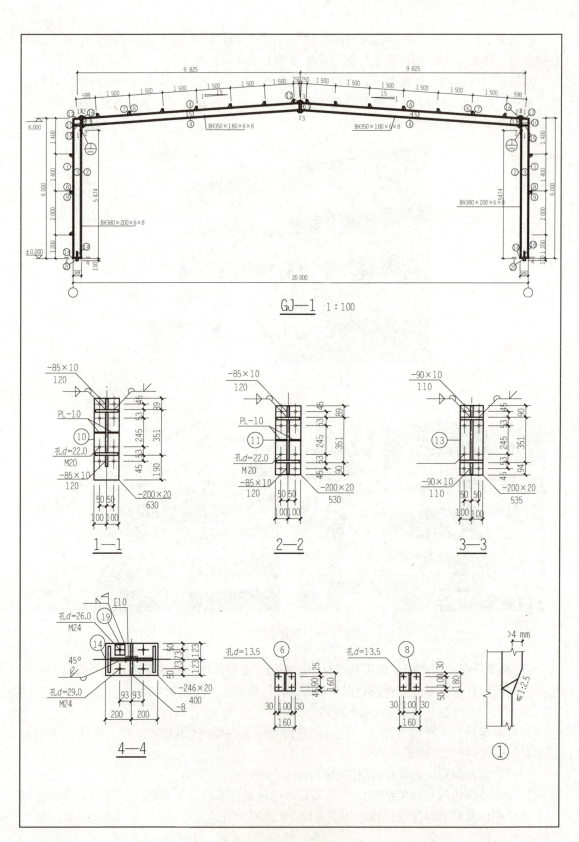

图 10-42 GJ-1 刚架(一)

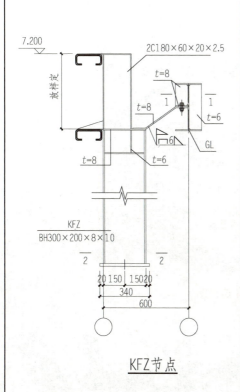

构件编号	零件编号	规 格	长度/mm	数量 正反	质量/kg 单重	质量/kg 共重	总重	注
GJ-1	1	-200×8	5 960	2	74.9	149.7		
	2	-200×8	5 454	2	68.5	137.0		
	3	-364×6	5 984	2	102.4	204.8		
	4	-180×8	9 605	4	108.6	434.3		
	5	-334×6	9 628	2	151.1	302.2		
	6	-140×6	160	14	1.1	14.8		
	7	-90×6	140	14	0.6	8.3		
	8	-140×6	160	6	1.1	8.4		
	9	-90×6	140	6	0.6	4.7		
	10	-200×20	630	2	19.8	39.6		
	11	-200×20	530	2	16.6	33.3		
	12	-200×8	373	2	4.7	9.4		
	13	-200×20	535	2	15.1	30.2		
	14	-246×20	400	2	16.2	32.4		
	15	-97×8	364	4	2.2	8.9		
	16	-85×10	120	2	0.8	4.8		
	17	-90×10	110	2	0.8	3.1		
	18	-120×8	250	4	1.9	7.5		
	19	-80×20	80	8	1.0	8.0		
	20	[10	100	2	1.0	2.0		

KFZ节点

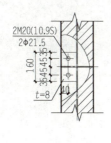

1—1

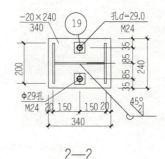

2—2

说明：
1. 本设计按《钢结构设计标准》(GB 50017—2017)和《门式刚架轻型房屋钢结构技术规程》(GB 51022—2015)进行设计；
2. 材料：钢板及型钢为Q345钢，焊条为E50××系列焊条；
3. 构件的拼接连接采用10.9级摩擦型连接高强螺栓，连接接触面的处理采用钢丝刷清除浮锈；
4. 柱脚基础混凝土强度等级为C35，锚栓钢号为Q235钢；
5. 图中未注明的角焊缝最小焊脚尺寸为6 mm，一律满焊；
6. 对接焊缝的焊缝质量不低于二级；
7. 钢结构的制作和安装需按照《钢结构工程施工质量验收标准》(GB 50205-2020)的有关规定进行施工；
8. 钢构件表面除锈后用两道红丹打底，构件的防火等级按建筑要求处理。

图10-43　GJ-1刚架(二)

4)图 10-44 所示为典型门架斜梁连接图,该连接采用端板连接方式;图 10-45 所示为典型门架梁柱连接图。

图 10-44 典型门架斜梁连接图

图 10-45 典型门架梁柱连接图

5)山墙设两个抗风柱,尺寸为 BH380×200×8×10,抗风柱与基础的连接见 2—2 剖面大样详图,屋脊处抗风柱与屋脊的连接见 1—1 剖面大样详图。

图 10-46 所示为门架柱脚施工图,刚接柱脚在外包混凝土前的情形,左图中有锚栓、加劲板等已经安装到位;右图直接倒入外包混凝土后,外包混凝土可以对柱脚起到保护作用,防止柱脚、锚栓等遭受锈蚀及意外碰撞等。

10.3.4 钢材用量表和必要的文字说明

钢材用量表不仅用于备料、计算用钢指标、为吊装选择起重机械提供依据,还可以简

图 10-46　门架柱脚施工图

化屋架详图的图面内容，因为一般板件的厚度、角钢的规格可以直接由材料表给出。施工图的文字说明应包括所选用钢材的种类、焊条型号、焊接的方法及对焊缝质量的要求、屋架的防腐做法以及图中没有表达或表达不清楚的其他内容。

本章小结

本章主要介绍了钢结构构件的连接、钢屋架设计、钢结构施工图识读三部分内容。

复习思考题

1. 常见的钢结构连接方式有哪些，其各有什么优缺点？
2. 什么是高强度螺栓？与普通螺栓有什么不同？
3. 钢结构如何选用材料？
4. 钢构件的连接有哪几种方式？其适用条件及特点是什么？
5. 钢屋架设计要点有哪些？
6. 钢结构施工图识图步骤有哪些？

第 11 章　钢筋混凝土结构施工图的识读

内容提要

　　钢筋混凝土房屋结构施工图是根据房屋建筑中的承重构件进行结构设计后绘制出的图样。平法施工图是目前被广泛采用的一种结构施工图的绘制方法。
　　本章主要介绍结构施工图的概念及作用、结构施工图的主要内容、结构施工图的绘制方法；同时，也对基础、柱、剪力墙、梁、板及楼梯的平法施工图的制图规则做了介绍。

知识掌握目标

1. 了解结构施工图概念及作用、结构施工图主要内容、结构施工图绘制方法；
2. 熟悉平法施工图表达方式与特点，熟悉平法施工图设计文件的构成；
3. 掌握阅读和绘制基础、柱、剪力墙、梁、板及楼梯的平法施工图的方法。

11.1　结构施工图识读基本知识

11.1.1　结构施工图概念及作用

　　房屋的基础、墙、柱、梁、楼板、屋架等是房屋的主要承重构件，它们构成支撑房屋自重和外荷载的结构系统，如同房屋的骨架，这种骨架称为房屋的建筑结构，简称结构。各种承重构件称为结构构件，简称构件。房屋结构组成如图 11-1 所示。
　　在房屋设计中，除进行建筑设计画出建筑施工图外，还需要进行结构设计和计算，从而决定房屋的各种构件形状、大小、材料及内部构造等，并绘制图样，这种图样称为房屋结构施工图，简称结施。
　　结构施工图主要用来作为施工放线、挖基槽、支模板、绑扎钢筋、设置预埋件、浇筑混凝土，安装梁、板、柱等预制构件，以及编制预算和施工组织等的依据。

11.1.2　房屋结构的分类

　　常见的房屋结构按承重构件的材料可以分为以下几类：

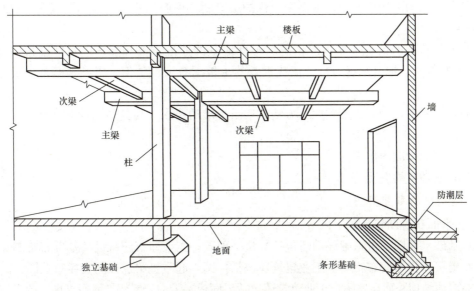

图 11-1　房屋结构组成

(1)混合结构：建筑物中竖向承重结构的墙、柱等采用砖或砌块砌筑，柱、梁、楼板、屋面板等采用钢筋混凝土结构。

(2)钢筋混凝土结构：是指建筑物中主要承重结构，如墙、柱、梁、楼板、墙体、屋面板等用钢筋混凝土制成，非承重墙用砖或其他材料填充。

(3)砖木结构：是指建筑物中竖向承重结构的墙、柱等采用砖或砌块砌筑，楼板、屋架等采用木结构。

(4)钢结构：是指建筑物中主要承重结构以钢制成。钢结构适用于超高层建筑，自重最轻。

其中，钢筋混凝土结构还可以再细分为以下两种：

(1)框架结构：由梁、板、柱组成建筑承重结构，墙体仅用以分隔和保温。

(2)剪力墙结构：由钢筋混凝土墙板来代替框架结构中的梁、柱，用钢筋混凝土墙板来承受竖向和水平力的结构。

将上面两个小类组合起来，就衍生了框架-剪力墙结构等。

11.1.3　结构施工图的主要内容

1. 结构设计说明

结构设计说明是结构施工图的纲领性文件，它是结合现行规范的要求，针对工程结构的特殊性，将设计的依据、对材料的要求、选用的标准图和对施工的特殊要求，用文字表述方式形成的设计文件。设计文件一般要表述以下内容：

(1)工程概况，如建设地点、抗震设防烈度、结构抗震等级、荷载选用、结构形式、结构设计使用年限、砌体结构质量控制等级等。

(2)选用材料的情况，如混凝土的强度等级、钢筋的级别以及砌体结构中块材和砌筑砂浆的强度等级等，钢结构中所选用的结构用钢材的情况及焊条的要求或螺栓的要求等。

(3)上部结构的构造要求,如混凝土保护层厚度、钢筋的锚固、钢筋的接头、钢结构焊缝的要求等。

(4)地基基础的情况,如地质情况、不良地基的处理方法和要求、对地基持力层的要求、基础的形式、地基承载力特征值或桩基的单桩承载力设计值,以及地基基础的施工要求等。

(5)施工要求,如对施工顺序、方法、质量标准的要求,与其他工种配合施工方面的要求等。

(6)选用的标准图集。

(7)其他必要的说明。

2. 结构平面布置图

结构平面布置图包括以下内容:

(1)基础平面图,桩基础详图还包括桩位平面图,工业建筑还有设备基础布置图。

(2)楼层结构平面布置图,工业建筑还包括柱网、起重机梁、柱间支撑布置图。

(3)屋顶结构平面布置图,工业建筑还包括屋面板、天沟、屋架、屋面支撑系统布置图。

3. 结构详图

结构详图包括以下内容:

(1)梁、板、柱及基础结构详图。

(2)楼梯结构详图。

(3)屋架结构详图。

(4)其他详图,如支撑详图等。

■ 11.1.4 结构施工图的图示方法

1. 钢筋的常用图例

钢筋接头的表示见表11-1。

表11-1 钢筋接头的表示

序号	名称	图例	说明
1	无弯钩的钢筋搭接		
2	带半圆弯钩的钢筋搭接		
2	带直钩的钢筋搭接		
3	花篮螺丝钢筋接头		
4	机械连接的钢筋接头	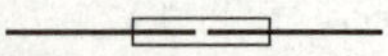	用文字说明连接方式

2. 常用构件代号

结构施工图中常用的构件代号见表11-2。

表 11-2 常用构件代号

序号	名称	代号	序号	名称	代号	序号	名称	代号
1	板	B	19	圈梁	QL	37	承台	CT
2	屋面板	WB	20	过梁	GL	38	设备基础	SJ
3	空心板	KB	21	连系梁	LL	39	柱	ZH
4	槽形板	CB	22	基础梁	JL	40	挡土墙	DQ
5	折板	ZB	23	楼梯梁	TL	41	地沟	DG
6	密肋板	MB	24	框架梁	KL	42	柱间支撑	ZC
7	楼梯板	TB	25	框支梁	KZL	43	垂直支撑	CC
8	盖板或沟盖板	GB	26	屋面框架梁	WKL	44	水平支撑	SC
9	挡雨板或檐口板	YB	27	檩条	LT	45	梯	T
10	起重机安全走道板	DB	28	屋架	WJ	46	雨篷	YP
11	墙板	QB	29	托架	TJ	47	阳台	YT
12	天沟板	TGB	30	天窗架	CJ	48	梁垫	LD
13	梁	L	31	框架	KJ	49	预埋件	M—
14	屋面梁	WL	32	刚架	GJ	50	天窗端壁	TD
15	起重机梁	DL	33	支架	ZJ	51	钢筋网	W
16	单轨起重机梁	DDL	34	柱	Z	52	钢筋骨架	G
17	轨道连接	DGL	35	框架柱	KZ	53	基础	J
18	车挡	CD	36	构造柱	GZ	54	暗柱	AZ

注: 1. 预制混凝土构件、现浇混凝土构件、钢构件和木构件, 一般可用和本表中的构件代号。在绘图中, 除混凝土构件可以不注明材料代号外, 其他材料的构件可在构件代号前加注材料代号, 并在图纸中加以说明。
2. 预应力混凝土构件的代号, 应在构件代号前加注"Y", 如 Y—DL 表示预应力混凝土起重机梁

11.1.5 结构施工图的绘制方法

钢筋混凝土结构构件配筋图的表示方法有详图法、梁柱表法和结构施工图平面整体设计方法三种。

1. 详图法

详图法通过平、立、剖面图将各构件(梁、柱、墙等)的结构尺寸、配筋规格等"逼真"地表示出来。用详图法绘图的工作量非常大。

2. 梁柱表法

梁柱表法采用表格填写方法将构件的结构尺寸和配筋规格用数字符号表达。此法比"详图法"要简单方便得多, 手工绘图时, 深受设计人员的欢迎。其不足之处是, 同类构件的许多数据需要多次填写, 容易出现错漏, 图纸数量多。

3. 结构施工图平面整体设计方法(简称"平法")

结构施工图平面整体设计方法把结构构件的截面形式、尺寸及所配钢筋规格在构件的平面位置用数字和符号直接表示,再与相应"结构设计总说明"和梁、柱、墙等构件的"构造通用图及说明"配合使用。平法的优点是图面简洁、清楚、直观性强,图纸数量少,深受设计和施工人员的欢迎。平法目前已被广泛采用。

11.2 钢筋混凝土结构施工图平法标注

■ 11.2.1 平法简介

1. 平法施工图的表达方式与特点

所谓平法的表达方式,是将结构构件的尺寸和配筋,按照平面整体表示法的制图规则,直接表示在各类构件的结构平面布置图上,再与标准构造详图相配合,即构成一套完整的结构施工图。它改变了传统的将构件从结构平面中索引出来,再逐个绘制配筋详图的烦琐表示方法。

为了保证按平法设计的结构施工图实现全国统一,住房和城乡建设部已将平法的制图规则纳入国家建筑标准设计图集——《混凝土结构施工图平面整体表示方法制图规则和构造详图》(16G101)。

2. 平法设计的注写方式

(1)平法施工图的一般规定。按平法设计绘制的施工图,一般由各类结构构件的平法施工图和标准详图两个部分构成,但对复杂的建筑物,还需增加模板、开洞和预埋件等平面图。现浇板的配筋图仍采用传统表达方式绘制。按平法设计绘制结构施工图时,应将所有梁、柱、墙等构件按规定编号,同时必须按规定在结构平面布置图上直接表示各构件的尺寸、配筋和所选用的标准构造详图;并用表格或其他方式注明各层(包括地下和地上)的结构层楼(地)面标高、结构层高及相应的结构层号。

结构层楼面标高是指将建筑图中的各层地面和楼面标高值扣除建筑面层及垫层厚度后的标高,结构层号应与建筑楼层号对应一致。

(2)在平面布置图中表示各构件尺寸和配筋的方式。平面布置图中表示各构件尺寸和配筋的方式可以分为平面注写方式、列表注写方式和截面注写方式三种。

3. 平法与传统的结构设计制图方法的区别

(1)传统的结构设计制图方法。
1)结构平面布置图:表示承重构件的布置、类型和数量或钢筋的配置。
2)构件详图:配筋图、模板图、预埋件详图及材料用料表等。
(2)平面整体设计方法。把结构构件的尺寸和配筋等按照平面整体表示方法及制图规则,整体直接表达在各类构件的结构平面布置图上,再与标准构件详图相配合。

4. 平法施工图设计文件的构成

平法施工图设计文件具体包括三部分:即结构设计总说明、平法施工图和标准构造详图。

(1)结构设计总说明包括：结构概述，场区和地基，基础结构及地下结构，地上主体结构设计，施工所依据的规范、规程和标准设计图集等。

(2)平法施工图包括：基础平面图、楼层结构平面布置图、屋面结构平面图。在分构件类型绘制的结构平面布置图上，直接按制图规则标注每个构件的几何尺寸和配筋。

(3)标准构造详图包括：梁、板、柱及基础结构详图，楼梯结构详图，屋架结构详图等。统一提供的平法施工图中未表达的节点构造等不需结构设计工程师绘制的图纸内容。

5. 平法结构施工图的出图顺序

(1)结构设计总说明。
(2)基础及地下结构平法施工图。
(3)柱和剪力墙平法施工图。
(4)梁平法施工图。
(5)板平法施工图。
(6)楼梯及其他特殊构件平法施工图。

11.2.2 基础平法施工图的制图规则及示例

《混凝土结构施工图平面整体表示方法制图规则和构造详图(独立基础、条形基础、筏形基础、桩基础)》(16G101-3)中规定了独立基础、条形基础、筏形基础及桩基础的平法制图规则，下面以普通独立基础为例，介绍基础平法施工图的制图规则。

独立基础平法施工图有平面注写与截面注写两种表达方式。

1. 平面注写方式

独立基础的平面注写方式分为集中标注和原位标注两部分内容。

(1)集中标注。集中标注是在基础平面图上集中引注。其三项必注内容：基础编号、截面竖向尺寸、配筋；两项选注内容：基础底面标高(与基础底面基准标高不同时)、必要的文字注解。

1)注写的独立基础编号，见表11-3。

表11-3 独立基础编号

类型	基础底板 截面形状	代号	序号
普通独立基础	阶形	DJ_J	××
	坡形	DJ_P	××
杯口独立基础	阶形	BJ_J	××
	坡形	BJ_P	××

2)注写独立基础截面竖向尺寸。普通独立基础，注写 $h_1/h_2/\cdots\cdots$，具体标注如下：

①当基础为阶形截面时，如图 11-2 所示。

【例 11-1】 当阶形截面普通独立基础 DJ_J×× 的竖向尺寸注写为 400/300/300 时，表示 $h_1=400$、$h_2=300$、$h_3=300$，基础底板总厚度为 1 000。

②当基础为坡形截面时，注写为 h_1/h_2，如图 11-3 所示。

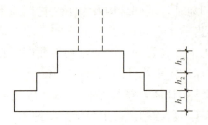
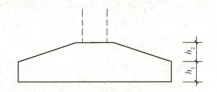

图 11-2 阶形截面普通独立基础竖向尺寸　　图 11-3 坡形截面普通独立基础竖向尺寸

【例 11-2】 当坡形截面普通独立基础 $DJ_P\times\times$ 的竖向尺寸注写为 350/300 时，表示 $h_1=350$、$h_2=300$，基础底板总厚度为 650。

3) 注写独立基础配筋。普通独立基础和杯口独立基础的底部双向配筋注写规定如下：

① 以 B 代表各种独立基础底板的底部配筋。

② X 向配筋以 X 打头、Y 向配筋以 Y 打头注写；当两向配筋相同时，则以 X&Y 打头注写。

【例 11-3】 当独立基础底部配筋标注为"B：XΦ16@150，YΦ16@200"，表示基础底部底板配置 HRB400 级钢筋，X 向钢筋直径为 Φ16，分布间距为 150 mm；Y 向直径为 Φ16，分布间距为 200 mm，如图 11-4 所示。

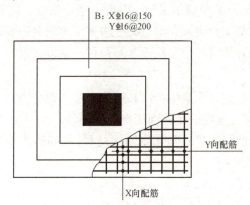

图 11-4　独立基础底板底部双向配筋示意

4) 注写基础底面标高（选注内容）。当独立基础的底面标高与基础底面基准标高不同时，应将独立基础底面标高直接注写在括号"（　）"内。

5) 必要的文字注解（选注内容）。当独立基础的设计有特殊要求时，宜增加必要的文字注解。例如，基础底板配筋长度是否采用减短方式等，可在该项内注明。

(2) 原位标注。原位标注的具体内容规定如下：

1) 普通独立基础。原位标注 x、y、x_c、y_c（或圆柱直径 d_c），x_i、y_i，$i=1$，2，3…。其中，x、y 为普通独立基础两边边长，x_c、y_c 为柱截面尺寸，x_i、y_i 为阶宽或坡形平面尺寸。

对称阶形截面普通独立基础的原位标注，如图 11-5 所示。

非对称阶形截面普通独立基础的原位标注，如图 11-6 所示。

对称坡形截面普通独立基础的原位标注，如图 11-7 所示。

非对称坡形截面普通独立的基础原位标注，如图 11-8 所示。

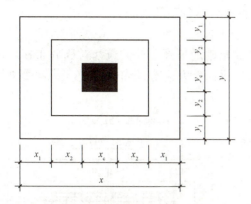 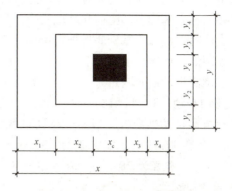

图 11-5 对称阶形截面普通独立基础的原位标注　　图 11-6 非对称阶形截面普通独立基础的原位标注

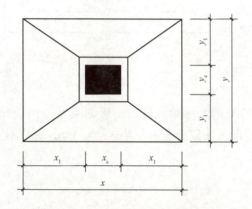 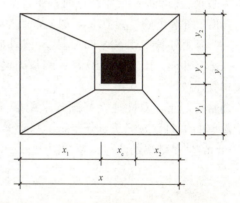

图 11-7 对称坡形截面普通独立基础的原位标注　　图 11-8 非对称坡形截面普通独立基础的原位标注

2）普通独立基础采用平面注写方式的集中标注和原位标注综合设计表达示意，如图 11-9 所示。

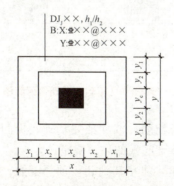

图 11-9　普通独立基础平面注写方式设计表达示意

3）独立基础通常为单柱独立基础，也可为多柱独立基础（双柱或四柱）。多柱独立基础的编号、几何尺寸和配筋的标注方法与单柱独立基础相同。

当双柱独立基础且柱距较小时，通常仅配置基础底部钢筋；当柱距较大时，除基础底部配筋外，还需在两柱间配置基础顶部钢筋或设置基础梁；为四柱独立基础时，通常可设置两道平行的基础梁,需要时可在两道基础梁之间配置基础顶部钢筋。

多柱独立基础顶部配筋和基础梁的注写方法规定如下:

①注写双柱独立基础底板顶部配筋。双柱独立基础的顶部配筋,通常对称分布在双柱中心线两侧,以大写字母 T 打头,注写为:双柱间纵向受力钢筋/分布钢筋。当纵向受力钢筋在基础底板顶面非满布时,应注明其总根数。

【例 11-4】 T:11Φ18@100/ϕ10@200:表示独立基础顶部配置纵向受力钢筋 HRB400 级,直径为 18 mm 设置 11 根,分布间距为 100 mm;分布筋 HPB300 级,直径为 10 mm,分布间距为 200 mm,如图 11-10 所示。

②注写双柱独立基础的基础梁配筋。当双柱独立基础为基础底板与基础梁相结合时,注写基础梁的编号、几何尺寸和配筋。如 JL××(1)表示该基础梁为 1 跨,两端无外伸;JL××(1A)表示该基础梁为 1 跨,一端有外伸;JL××(1B)表示该基础梁为 1 跨,两端均有外伸。

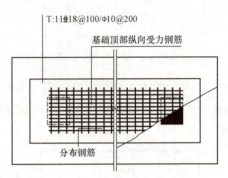

图 11-10 双柱独立基础顶部配筋示意

通常情况下,双柱独立基础宜采用端部有外伸的基础梁,基础底板则采用受力明确、构造简单的单向受力配筋与分布筋。基础梁宽度宜比柱截面宽出不小于 100 mm(每边不小于 50 mm)。基础梁的注写示意如图 11-11 所示。

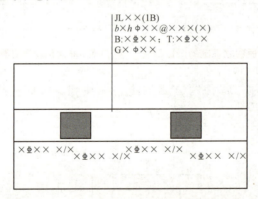

图 11-11 双柱独立基础的基础梁配筋注写示意

③注写双柱独立基础的底板配筋。双柱独立基础底板配筋的注写,可以按条形基础底板的注写规定,也可以按独立基础底板的注写规定。

④注写配置两道基础梁的四柱独立基础底板顶部配筋。当四柱独立基础已设置两道平行的基础梁时,根据内力需要可在双梁之间及梁的长度范围内配置基础顶部钢筋,注写为:梁间受力钢筋/分布钢筋。

【例 11-5】 T:Φ16@120/ϕ10@200:表示在四柱独立基础顶部两道基础梁之间配置受力钢筋 HPB400 级,直径为 16 mm,分布间距为 120 mm;分布筋 HPB300 级,直径为 10 mm,分布间距为 200 mm,如图 11-12 所示。

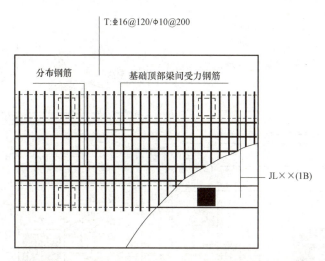

图 11-12　四柱独立基础底板顶部基础梁间配筋注写示意

2. 截面注写方式

独立基础的截面注写方式，又可以分为截面标注和列表注写(结合截面示意图)两种表达方式。采用截面注写方式，应在基础平面布置图上对所有基础进行编号。

对单个基础进行截面标注的内容和形式，与传统"单个构件正投影表示方法"基本相同。对于已在基础平面布置图上原位标注清楚的该基础的平面几何尺寸，在截面图上可不再重复表达。

对多个同类基础，可采用列表注写(结合截面示意图)的方式进行集中表达。表中内容为基础截面的几何数据和配筋等，在截面示意图上应标注与表中栏目相对应的代号。以普通独立基础为例，列表的具体内容规定如下：

(1) 编号：阶形截面编号为 $DJ_J\times\times$，坡形截面编号为 $DJ_P\times\times$。

(2) 几何尺寸：水平尺寸 x、y，x_c、y_c(或圆柱直径 d_c)，x_i、y_i，$i=1,2,3\cdots$；竖向尺寸 $h_1/h_2/\cdots\cdots$。

(3) 配筋：B：X：$\Phi\times\times@\times\times\times$，Y：$\Phi\times\times@\times\times\times$。

普通独立基础列表格式见表 11-4。

表 11-4　普通独立基础几何尺寸和配筋表

基础编号/	截面几何尺寸				底部配筋(B)	
截面号	x、y	x_c、y_c	y_i、y_i	$h_1/h_2/\cdots\cdots$	X 向	Y 向
注：表中可根据实际情况增加栏目。例如：当基础底面标高与基础底面基准标高不同时，加注基础底面标高；当为双柱独立基础时，加注基础顶部配筋或基础梁几何尺寸和配筋						

3. 独立基础的标准构造详图

普通独立基础 DJ_J、DJ_P 底板配筋构造如图 11-13 所示。

11.2.3　柱平法施工图的制图规则及示例

柱平法施工图是在柱平面布置图上采用列表注写方式或截面注写方式表达。

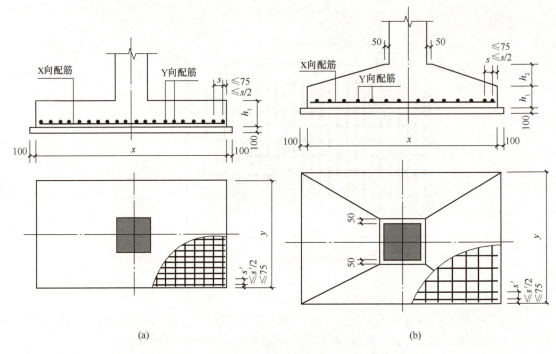

图 11-13 普通独立基础 DJ_J、DJ_P 底板配筋构造
(a)阶形；(b)坡形

在柱平法施工图中，应注明各结构层的楼面标高、结构层高及相应的结构层号，还应注明上部结构嵌固部位。

1. 列表注写方式

列表注写方式，是在柱平面布置图上分别在同一编号的柱中选择一个（有时需要选择几个）截面标注几何参数代号；在柱表中注写柱编号、柱段起止标高、几何尺寸与配筋的具体数值，并配以各种柱截面形状及箍筋类型图的方式，来表达柱平法施工图。

(1)注写柱编号。注写的柱编号由类型代号和序号组成，应符合表 11-5 的规定。

表 11-5 柱编号

柱类型	代号	序号
框架柱	KZ	××
转换柱	ZHZ	××
芯柱	XZ	××
梁上柱	LZ	××
剪力墙上柱	QZ	××

注：编号时，当柱的总高、分段截面尺寸和配筋均对应相同，仅截面与轴线的关系不同时，仍可将其编为同一柱号，但应在图中注明截面与轴线的关系。

(2)注写各段柱的起止标高。注写各段柱的起止标高，自柱根部往上以变截面位置或截面未变但配筋改变处为界分段注写。框架柱和转换柱的根部标高是指基础顶面标高；芯柱的根部标高是指根据结构实际需要而定的起始位置标高;梁上柱的根部标高是指梁顶面标高;剪力墙上柱的根部标高为墙顶面标高。

(3)对于矩形柱,注写截面尺寸 $b×h$ 及与轴线关系的几何参数代号 b_1、b_2 和 h_1、h_2 的具体数值,需对应于各段柱分别注写。其中 $b=b_1+b_2$,$h=h_1+h_2$。当截面的某一边收缩变化至与轴线重合或偏到轴线的另一侧时,b_1、b_2、h_1、h_2 中的某项为零或为负值。

对于圆柱,表中 $b×h$ 一栏改用在圆柱直径数字前加 d 表示。为表达简单,圆柱截面与轴线的关系也用 b_1、b_2 和 h_1、h_2 表示,并使 $d=b_1+b_2=h_1+h_2$。

对于芯柱,根据结构需要,可以在某些框架柱的一定高度范围内,在其内部的中心位置设置(分别引注其柱编号)。芯柱定位随框架柱,不需要注写其与轴线的几何关系。

(4)注写柱纵筋。当柱纵筋直径相同,各边根数也相同时(包括矩形柱、圆柱、芯柱),将纵筋注写在"全部纵筋"一栏中;除此之外,柱纵筋分角筋、截面 b 边中部筋和 h 边中部筋三项分别注写(对于采用对称配筋的矩形截面柱,可仅注写一侧中部筋,对称边省略不注)。

(5)注写箍筋类型及箍筋肢数。具体工程所设计的各种箍筋类型图以及箍筋复合的具体方式,需画在表的上部或图中的适当位置,并在其上标注与表中相对应的 b、h 和类型号。

(6)注写柱箍筋,包括钢筋级别、直径与间距。

用斜线"/"区分柱端箍筋加密区与柱身非加密区长度范围内箍筋的不同间距。施工人员需根据标准构造详图的规定,在规定的几种长度值中取其最大者作为加密区长度。当框架节点核心区内箍筋与柱端箍筋设置不同时,应在括号内注明核心区箍筋直径和间距。

【例 11-6】 $\phi 10@100/250$,表示箍筋为 HPB300 级钢筋,直径 10 mm,加密区间距为 100 mm,非加密区间距为 250 mm。

$\phi 10@100/250(\phi 12@100)$,表示柱中箍筋为 HPB300 级钢筋,直径 10 mm,加密区间距为 100 mm,非加密区间距为 250 mm。框架节点核心区箍筋为 HPB300 级钢筋,直径 12 mm,间距为 100 mm。

当箍筋沿柱全高为一种间距时,则不使用"/"。

【例 11-7】 $\phi 10@100$,表示沿柱全高范围内箍筋均为 HPB300 级钢筋,直径 10 mm,间距为 100 mm。

当圆柱采用螺旋箍筋时,需在箍筋前加"L"。

【例 11-8】 $L\phi 10@100/200$,表示采用螺旋箍筋,HPB300 级钢筋,直径 10 mm,加密区间距为 100 mm,非加密区间距为 200 mm。

2. 截面标注方式

截面标注方式是在标准层绘制的柱平面布置图的柱截面上,分别在同一编号的柱中选择一个截面,以直接标注截面尺寸和配筋具体数值的方式表达柱平法施工图,如图 11-14 所示(柱平面布置图可采用"双比例"绘制,"双比例"是指轴网采用一种比例,柱截面轮廓在原位采用另一种比例适当放大绘制的方法。在用双比例绘制的柱平面布置图上,再采用截面注写方式或列表注写方式,是加注相关设计内容)。柱截面标注内容要求如图 11-15 所示。

3. 柱的标准构造详图

以 KZ 边柱和角柱柱顶纵向钢筋构造为例,如图 11-16 所示。

4. 工程实例

采用截面注写方式表达的柱平法施工图工程实例如图 11-17 所示。

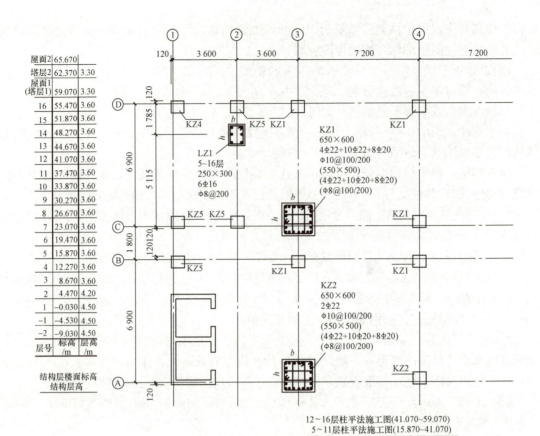

图 11-14 柱平面布置图

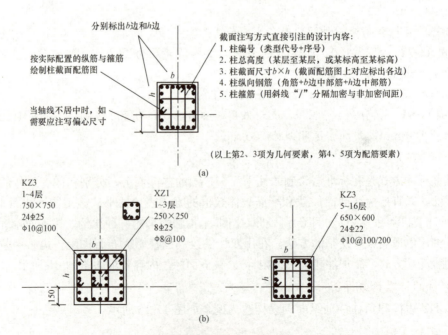

图 11-15 柱截面标注方式
(a)柱截面标注内容;(b)柱截面标注实例

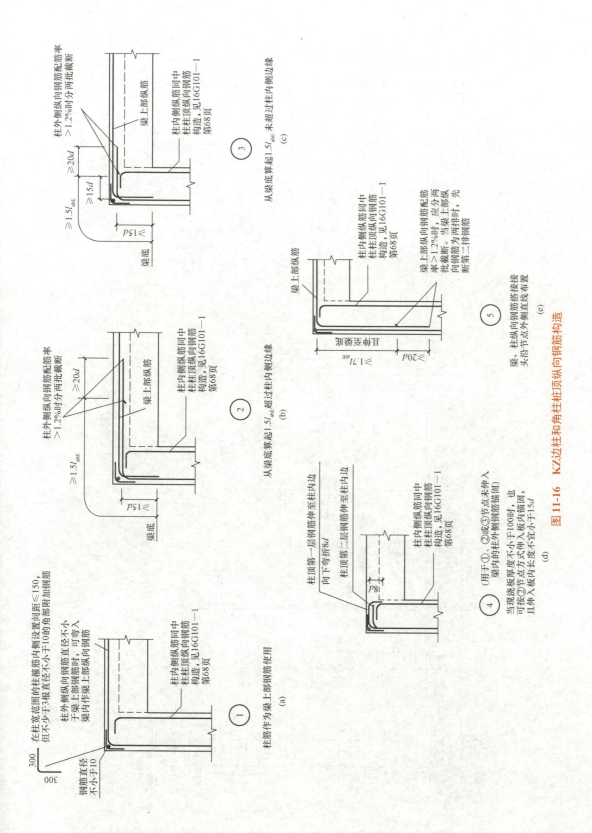

图 11-16 KZ 边柱和角柱柱顶纵向钢筋构造

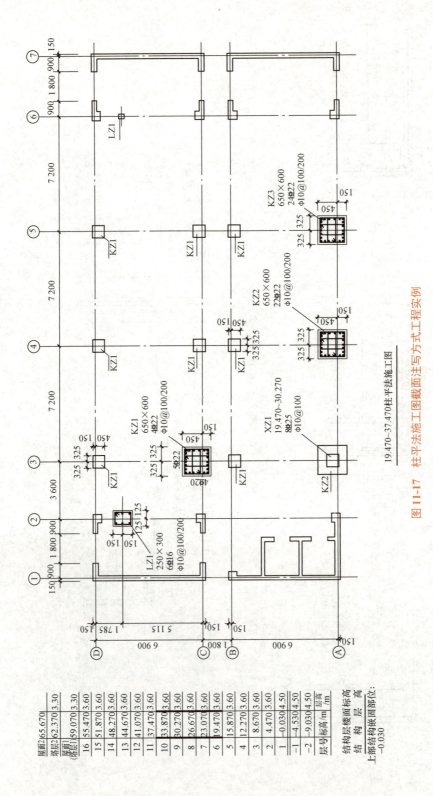

图 11-17 柱平法施工图截面注写方式工程实例

11.2.4 剪力墙平法施工图的制图规则及示例

剪力墙的平法表示与柱子的平法表示类似,也分为列表注写方式或截面注写方式,采用这两种表示方法均在平面布置图上进行。当剪力墙比较复杂或采用截面注写方式时应按标准层分别绘制剪力墙的平面布置图,并应注明各结构层的楼面标高、结构层高及相应的结构层号,尚应注明上部结构嵌固部位。对于轴线未居中的剪力墙(包括端柱)应标注其偏心定位尺寸。

1. 列表注写方式

为表达清楚、方便,剪力墙可视为由剪力墙柱、剪力墙身和剪力墙梁三类构件构成。

列表注写方式,是分别在剪力墙柱表、剪力墙身表和剪力墙梁表中,对应于剪力墙平面布置图上的编号,用绘制截面配筋图并注写几何尺寸与配筋具体数值的方式,来表达剪力墙平法施工图。

(1)编号规定:将剪力墙柱、剪力墙身、剪力墙梁(简称为墙柱、墙身、墙梁)三类构件分别编号。

1)墙柱编号,由墙柱类型代号和序号组成,表达形式应符合表 11-6 的规定。

表 11-6 墙柱编号

墙柱类型	代号	序号
约束边缘构件	YBZ	××
构造边缘构件	GBZ	××
非边缘暗柱	AZ	××
扶壁柱	FBZ	××

2)墙身编号,由墙身代号、序号以及墙身所配置的水平与竖向分布筋的排数组成,其中,排数注写在括号内。表达形式为:Q××(×排)。

3)墙梁编号,由墙梁类型代号和序号组成,表达形式应符合表 11-7 的规定。

表 11-7 墙梁编号

墙梁类型	代号	序号
连梁	LL	××
连梁(对角暗撑配筋)	LL(JC)	××
连梁(交叉斜筋配筋)	LL(JX)	××
连梁(集中对角斜筋配筋)	LL(DX)	××
连梁(跨高比不小于5)	LLK	××
暗梁	AL	××
边框梁	BKL	××

(2)在剪力墙柱表中表达的内容,其规定如下:

1)注写墙柱编号,绘制该墙柱的截面配筋图,标注墙柱几何尺寸。

2)注写各段墙柱的起止标高,自墙柱根部往上以变截面位置或截面未变但配筋改变处为界分段注写。墙柱根部标高一般指基础顶面标高。

3)注写各段墙柱的纵向钢筋和箍筋,注写值应与在标准下绘制的截面配筋图对应一致。纵向钢筋注写总配筋值;墙柱箍筋的注写方式与柱箍筋相同。

剪力墙柱的表达如图11-18所示。

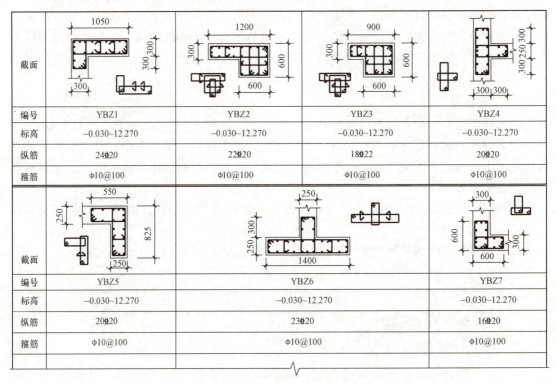

−0.030~12.270剪力墙平法施工图(部分剪力墙柱表)

图 11-18　剪力墙柱表达

(3)在剪力墙身表中表达的内容,其规定如下:

1)注写墙身编号。

2)注写各段墙身起止标高,自墙身根部往上以变截面位置或截面未变但配筋改变处为界分段注写。墙身根部标高一般指基础顶面标高。

3)注写水平分布钢筋、竖向分布钢筋和拉筋的具体数值。注写数值为一排水平分布钢筋和竖向分布钢筋的规格与间距,具体设置几排已经在墙身编号后面表达。拉筋应注明布置方式"双向"或"梅花双向"。

剪力墙身的表达见表11-8。

表 11-8　剪力墙身表达

编号	标高	墙厚	水平分布筋	垂直分布筋	拉筋(双向)
Q1	−0.30~30.270	300	⌀12@200	⌀12@200	φ6@600@600
	30.270~59.070	250	⌀10@200	⌀10@200	φ6@600@600
Q2	−0.30~30.270	250	⌀10@200	⌀10@200	φ6@600@600
	30.270~59.070	200	⌀10@200	⌀10@200	φ6@600@600

(4)在剪力墙梁中表达的内容规定如下：

1)注写墙梁编号。

2)注写墙梁所在的楼层号。

3)注写墙梁顶面标高高差，是指相对于墙梁所在结构层楼面标高的高差值。高于者为正值，低于者为负值，当无高差时不注。

4)注写墙梁截面尺寸 $b×h$，上部纵筋、下部纵筋和箍筋的具体数值。

剪力墙梁的表达见表 11-9。

表 11-9　剪力墙梁表达

编号	所在楼层号	梁顶相对标高高差	梁截面 $b×h$	上部纵筋	下部纵筋	箍筋
LL1	2~9	0.800	300×2 000	4⌽22	4⌽22	⌽10@100(2)
	10~16	0.800	250×2 000	4⌽20	4⌽20	⌽10@100(2)
	屋面 1		250×1 200	4⌽20	4⌽20	⌽10@100(2)
LL2	3	−1.200	300×2 520	4⌽22	4⌽22	⌽10@150(2)
	4	−0.900	300×2 070	4⌽22	4⌽22	⌽10@150(2)
	5~9	−0.900	300×1 770	4⌽22	4⌽22	⌽10@150(2)
	10~屋面 1	−0.900	250×1 770	3⌽22	3⌽22	⌽10@150(2)
LL3	2		300×2 070	4⌽22	4⌽22	⌽10@100(2)
	3		300×1 770	4⌽22	4⌽22	⌽10@100(2)
	4~9		300×1 170	4⌽22	4⌽22	⌽10@100(2)
	10~屋面 1		250×1 170	3⌽22	3⌽22	⌽10@100(2)
LL4	2		250×2 070	3⌽20	3⌽20	⌽10@120(2)
	3		250×1 770	3⌽20	3⌽20	⌽10@120(2)
	4~屋面 1		250×1 170	3⌽20	3⌽20	⌽10@120(2)
AL1	2~9		300×600	3⌽20	3⌽20	⌽8@150(2)
	10~16		250×500	3⌽18	3⌽18	⌽8150(2)
BKL1	屋面 1		500×750	4⌽22	4⌽22	⌽18@150(2)

2. 截面注写方式

截面注写方式，是在分标准层绘制的剪力墙平面布置图上，以直接在墙柱、墙身、墙梁上注写截面尺寸和配筋具体数值的方式来表达剪力墙平法施工图。

(1)选用适当比例原位放大绘制剪力墙平面布置图，其中对墙柱绘制配筋截面图；对所有墙柱、墙身、墙梁分别进行编号，并分别在相同编号的墙柱、墙身、墙梁中选择一根墙柱、一道墙身、一根墙梁进行注写，其注写方式按以下规定进行。

1)从相同编号的墙柱中选择一个截面，注明几何尺寸，标注全部纵筋和箍筋的具体数值。

2)从相同编号的墙身中选择一道墙身，按顺序引注的内容为：墙身编号(应包括注写在括号内墙身所配置的水平与竖向分布钢筋的排数)、墙厚尺寸、水平分布钢筋、竖向分布钢筋和拉筋的具体数值。

3)从相同编号的墙梁中选择一根墙梁，按顺序引注的内容为：墙梁编号、墙梁截面尺寸 $b×h$、墙梁箍筋、上部纵筋、下部纵筋和墙梁顶面标高高差的具体数值。

(2)剪力墙洞口的表示方法。无论采用列表注写方式还是截面注写方式，剪力墙上的洞口均可在剪力墙平面布置图上原位表达。

洞口的具体表示方法：

1）在剪力墙平面布置图上绘制洞口示意，并标注洞口中心的平面定位尺寸。

2）在洞口中心位置引注洞口编号、洞口几何尺寸、洞口中心相对标高、洞口每边的补强钢筋。

①洞口编号：矩形洞口为JD××（××为序号）；圆形洞口为YD××（××为序号）。

②洞口几何尺寸：矩形洞口为洞宽×洞高（$b×h$）；圆形洞口为洞口直径D。

③洞口中心相对标高，是指相对于结构层楼（地）面标高的洞口中心的高度。洞口中心高于结构层楼面时为正值，低于结构层楼面时为负值。

④洞口每边的补强钢筋，分以下几种不同情况：当矩形洞口的宽、高均不大于800 mm时，此项注写为洞口每边补强钢筋的具体数值。当宽、高方向补强钢筋不一致时，分别注写洞宽方向、洞高方向的补强钢筋，以斜线"/"分隔。

【例11-9】 JD2　400×300　+3.100　3⊕14，表示2号矩形洞口；洞宽为400，洞高为300；洞口中心距本结构层楼面3 100；洞口每边补强钢筋为3⊕14。

【例11-10】 JD4　800×300　+3.100　3⊕18/3⊕14，表示4号矩形洞口；洞宽为800，洞高为300；洞口中心距本结构层楼面3 100；洞宽方向补强钢筋为3⊕18，洞高方向补强钢筋为3⊕14。

当矩形或圆形洞口的洞宽或直径大于800时，在洞口的上、下需设置补强暗梁，此项注写为洞口上、下每边暗梁的纵筋与箍筋的具体数值（在标准构造详图中，补强暗梁的梁高一律定为400，施工时按标准构造详图取值，设计不注。当设计者采用与该构造详图不同做法时，应另行注明），当洞口上、下为剪力墙的连梁时，此项免标；洞口竖向两侧设置边缘构件时，亦不在此项表达。

【例11-11】 JD5　1 800×2 100　+1.800　6⊕20　Φ8@150，表示5号矩形洞口；洞宽为1 800，洞高为2 100；洞口中心距本结构层楼面1 800；洞上下设补强暗梁，每边暗梁纵筋为6⊕20；箍筋为Φ8@150。

【例11-12】 YD5　1 000　+1.800　6⊕20　Φ8@150　2⊕16，表示5号圆形洞口；直径为1 000；洞口中心距本结构层楼面1 800；洞口上下设补强暗梁，每边暗梁纵筋为6⊕20；箍筋为Φ8@150；环向加强钢筋为2⊕16。

当圆形洞口设置在连梁中部1/3范围（且圆洞直径不大于1/3梁高）时，需注写在圆洞上、下水平设置的每边补强纵筋与箍筋。

当圆形洞口设置在墙身或暗梁、边框梁位置，且洞口直径不大于300时，此项注写为洞口上、下、左、右每边布置的补强纵筋的具体数值。

当圆形洞口直径大于300，但不大于800时，此项注写为洞口上、下、左、右每边布置的补强纵筋的具体数值，以及环向加强。

【例11-13】 YD3　400　+1.00　2⊕14，表示3号圆形洞口；直径为400；洞中心距本结构层楼面1 000；洞口每边补强钢筋为2⊕14。

3. 剪力墙的标准构造详图

以剪力墙身水平钢筋构造为例，如图11-19所示。

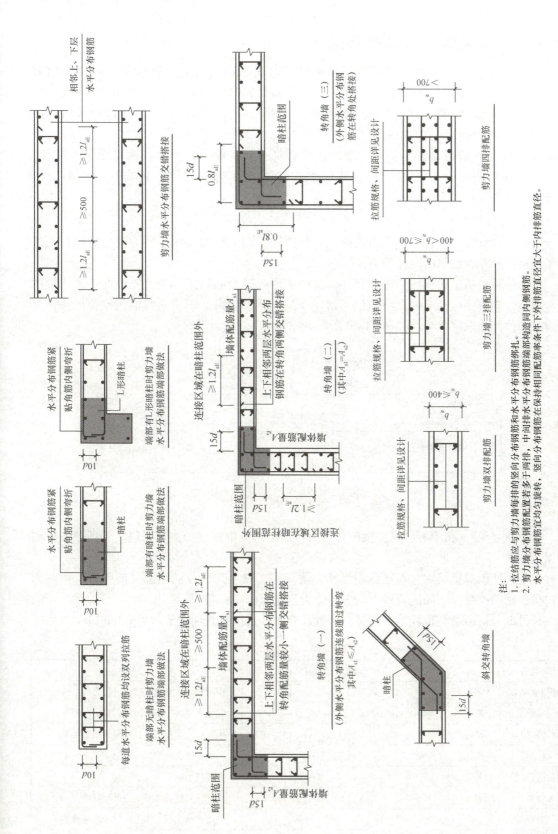

图 11-19 剪力墙身水平钢筋构造

11.2.5 梁平法施工图的制图规则及示例

梁平法施工图有截面注写和平面注写两种方式。当梁为异形截面时,可以采用截面注写方式,否则宜采用平面注写方式。梁平面布置图应分别按梁的不同结构层(标准层)采用适当比例绘制,其中包括全部梁和与其相关的柱、墙、板。对于轴线未居中的梁,应标注其偏心定位尺寸(贴柱边的梁除外)。当局部梁的布置过密时,可以将过密区用虚线框出,适当放大比例后再表示,或者将纵梁、横梁分开画在两张图上。同样,在梁平法施工图中,应采用表格或其他方式注明各结构层的顶面标高及相应的结构层号。

1. 平面注写方式

平面注写方式,是在梁平面布置图上,分别在不同编号的梁中各选一根梁,在其上注写梁的截面尺寸和配筋的具体数值。

平面注写包括集中标注和原位标注。集中标注表达梁的通用数值,原位标注表达梁的特殊数值。当集中标注中的某项数值不适用于梁的某部位时,则将该数值用原位标注。使用时,原位标注取值优先,如图 11-20 所示。

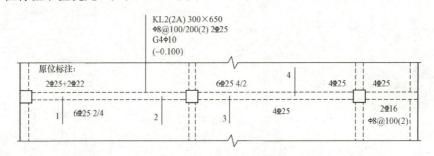

图 11-20 梁平面注写方式示例

(1)集中标注。集中标注可从梁的任意一跨引出。集中标注的内容,包括五项必注值和一项选注值。

五项必注值包括梁编号、梁截面尺寸、梁箍筋、梁上部通长筋或架立筋配置、梁侧面纵向构造钢筋或受扭钢筋配置;一项选注值为梁顶面标高高差。

1)梁编号:由梁类型代号、序号、跨数及有无悬挑代号几项组成,见表 11-10。

表 11-10 梁的编号

梁类型	代号	序号	跨数是否有悬挑	备注
楼层框架梁	KL	××	(××)、(××A)、(××B)	中间楼层支承在框架柱或剪力墙上的梁
楼层框架扁梁	KBL	××	(××)、(××A)、(××B)	截面宽度大于截面高度的楼层框架梁
屋面框架梁	WKL	××	(××)、(××A)、(××B)	屋面层支承在框架柱或剪力墙上的梁
框支梁	KZL	××	(××)、(××A)、(××B)	支承在框支柱的梁
托柱转换梁	TZL	××	(××)、(××A)、(××B)	支撑柱子的梁
非框架梁	L	××	(××)、(××A)、(××B)	支承在其他类型梁上的梁
悬挑梁	XL	××	(××)	一端支承在框架柱上,另一端悬挑的梁

续表

梁类型	代号	序号	跨数是否有悬挑	备注
井字梁	JZL	××	(××)、(××A)、(××B)	相互垂直的非框架梁,形成井格式

注:(××A)为一端有悬挑,(××B)为两端有悬挑,悬挑不计入跨内

【例11-14】 KL2(2 A),表示第2号框架梁,2跨,一端有悬挑;L9(7 B),表示第9号非框架梁,7跨,两端有悬挑。

2)梁截面尺寸:等截面梁用$b×h$表示;悬挑梁当根部与端部不同时,同$b×h_1/b×h_2$表示(其中h_1为根部高,h_2为端部高)。

3)梁箍筋:包括钢筋级别、直径、加密区与非加密区间距及肢数。箍筋加密区与非加密区的不同间距及肢数需用斜线"/"分隔;当梁箍筋为同一种间距及肢数时,则不需用斜线;当加密区与非加密区的箍筋肢数相同时,则将肢数注写一次;箍筋肢数应写在括号内。箍筋加密区长度按相应抗震等级的标准构造详图采用。

【例11-15】 ϕ8@100/200(2),表示箍筋为HPB300级钢筋,直径为8 mm,加密区间距为100 mm,非加密区间距为200 mm,均为两肢箍。

ϕ10@100/200(4),表示箍筋为HPB300级钢筋,直径为10 mm,加密区间距为100 mm,非加密区间距为200 mm,均为四肢箍。

非框架梁、悬挑梁、井字梁采用不同的箍筋间距及肢数时,也用斜线"/"将其分隔开来。注写时,先注写梁支座端部的箍筋(包括箍筋的箍数、钢筋级别、直径、间距及肢数),再在斜线后注写梁跨中部分的箍筋间距及肢数。

【例11-16】 13ϕ10@150/200(4),表示箍筋为HPB300级钢筋,直径为10 mm,梁的两端各有13个四肢箍,间距为150 mm,梁跨中部分间距为200 mm,四肢箍。

18ϕ12@150(4)/200(2),表示箍筋为HPB300级钢筋,直径为12 mm,梁的两端各有18个四肢箍,间距为150 mm,梁跨中部分间距200 mm,双肢箍。

4)梁上部通长筋或架立筋配置:所注规格及根数应根据结构受力要求及箍筋肢数等构造要求而定。当同排纵筋中既有通长筋又有架立筋时,应用加号"+"将通长筋和架立筋相连。注写时须将角部纵筋写在加号的前面,架立筋写在加号后面的括号内,以示不同直径及与通长筋的区别。当全部采用架立筋时,则将其写入括号内。

【例11-17】 2⌀22用于双肢箍;2⌀22+(4ϕ12)用于六肢箍,其中2⌀22为通长筋,4ϕ12为架立筋。

当梁的上部纵筋和下部纵筋均为全跨相同,且多数跨配筋相同时,可加注下部纵筋的配筋值,用分号";"将上部与下部纵筋的配筋值分隔。

【例11-18】 3⌀22;3⌀20,表示梁的上部配置3⌀22的通长筋,下部配置3⌀20的通长筋。

5)梁侧面纵向构造钢筋或受扭钢筋的配置:当梁腹板高度h_w≥450 mm时,须配置符合规范规定的纵向构造钢筋。此项注写值以大写字母G打头,注写设置在梁两个侧面的总配筋值,且对称配置。

【例11-19】 G4ϕ12,表示梁的两个侧面共配置4ϕ12的纵向构造钢筋,两侧各配置2ϕ12。

当梁侧面需配置受扭纵向钢筋时，此项注写值以大写字母 N 打头，继续注写配置在梁两个侧面的总配筋值，且对称配置。

【例 11-20】 N6⊈22，表示梁的两个侧面共配置 6⊈22 的受扭纵向钢筋，两侧各配置 3⊈22。

当配置受扭纵向钢筋时，不再重复配置纵向构造钢筋，但此时受扭纵向钢筋应满足规范对梁侧面纵向构造钢筋的间距要求。

6）梁顶面标高高差：此项为选注值。当梁顶面标高不同于结构层楼面标高时，需要将梁顶面标高相对于结构层楼面标高的高差值注写在括号内，无高差时不注。高于楼面为正值，低于楼面为负值。

【例 11-21】 某结构标准层的楼面标高为 44.950 m 和 48.250 m，当某梁的梁顶面标高的高差注写为(—0.050)时，即表明该梁顶面标高分别相对于 44.950 m 和 48.250 m 低 0.05 m。

（2）原位标注。原位标注的内容包括：梁支座上部纵筋、梁下部纵筋、附件箍筋或吊筋。

1）梁支座上部纵筋：原位标注的梁支座上部纵筋应为包括集中标注的通长筋在内的所有钢筋。多于一排时，用斜线"/"将各排纵筋自上而下分开；同排纵筋有两种直径时，用加号"+"将两种直径的纵筋相连，且角部纵筋写在前面，如图 11-21 所示。

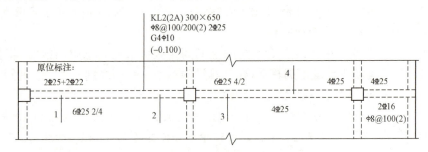

图 11-21 梁支座上部纵筋原位标注示例

【例 11-22】 梁支座上部纵筋注写为 6⊈25 4/2，表示支座上部纵筋共两排，上排 4⊈25，下排 2⊈25；2⊈25+2⊈22，表示支座上部纵筋共四根，一排放置，其中角部 2⊈25，中间 2⊈22。

当梁中间支座两边的上部纵筋相同时，仅在支座的一边标注配筋值；否则，须在两边分别标注。

2）梁下部纵筋：与上部纵筋标注类似，多于一排时，用斜线"/"将各排纵筋自上而下分开。同排纵筋有两种不同直径时，用加号"+"将两种直径的纵筋相连，且角部纵筋写在前面。

【例 11-23】 梁下部纵筋注写为 6⊈25 2/4，表示下部纵筋共两排，上排 2⊈25，下排 4⊈25，全部深入支座。

当梁下部纵筋不全伸入支座时，将梁支座下部纵筋减少的数量写在括号内。

【例 11-24】 6⊈25 2(—2)/4，表示上排纵筋 2⊈25 且不伸入支座，下排纵筋 4⊈25，全部伸入支座；2⊈25+3⊈22(—3)/5⊈25，表示上排纵筋 2⊈25 和 3⊈22，其中 3⊈22 不伸入支座，下排纵筋 5⊈25，全部伸入支座。

3）附加箍筋或吊筋：直接画在平面图中的主梁上，用线引注总配筋值，如图 11-22 所示。当多数附加箍筋或吊筋相同时，可以在梁平法施工图上统一注明，少数与统一注明值不同时，再原位引注。

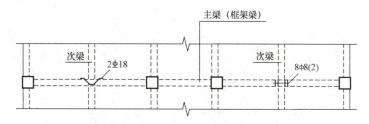

图 11-22　附加箍筋或吊筋画法示例

2. 截面注写方式

在梁平面布置图上，分别在不同编号的梁中各选择一根梁，用剖面号引出配筋图，并在其上注写截面尺寸和配筋数值，如图 11-23 所示。截面注写方式既可以单独使用，也可以与平面注写方式结合使用。

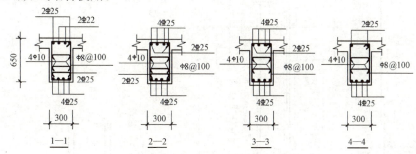

图 11-23　截面注写方式示例

3. 梁的标准构造详图

以楼层框架梁 KL 纵向钢筋构造为例，如图 11-24 所示。

4. 工程实例

梁平法施工图平面注写方式工程实例如图 11-25 所示。
梁平法施工图截面注写方式工程实例如图 11-26 所示。

■ 11.2.6　板平法施工图的制图规则及示例

下面以有梁楼盖为例介绍板平法施工图制图规则。有梁楼盖的制图规则适用于以梁为支座的楼面与屋面板平法施工图设计。

有梁楼盖平法施工图，是在楼面板和屋面板布置图上，采用平面注写的表达方式。这主要包括板块集中标注、板支座原位标注。

为方便设计表达和施工识别，规定结构平面的坐标方向为：
(1) 当两向轴网正交布置时，图面从左至右为 X 向，从下至上为 Y 向。
(2) 当轴网转折时，局部坐标方向顺轴网转折角度做相应转折。
(3) 当轴网向心布置时，切向为 X 向，径向为 Y 向。

1. 板块集中标注

板块集中标注内容为：板块的编号、板厚、上部贯通纵筋、下部纵筋，以及当板面标高不同时的标高高差。

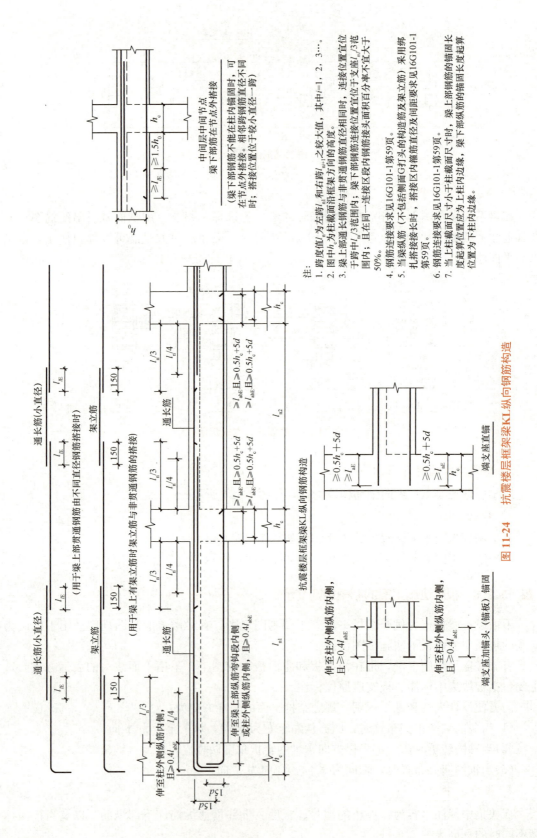

图 11-24 抗震楼层框架梁KL纵向钢筋构造

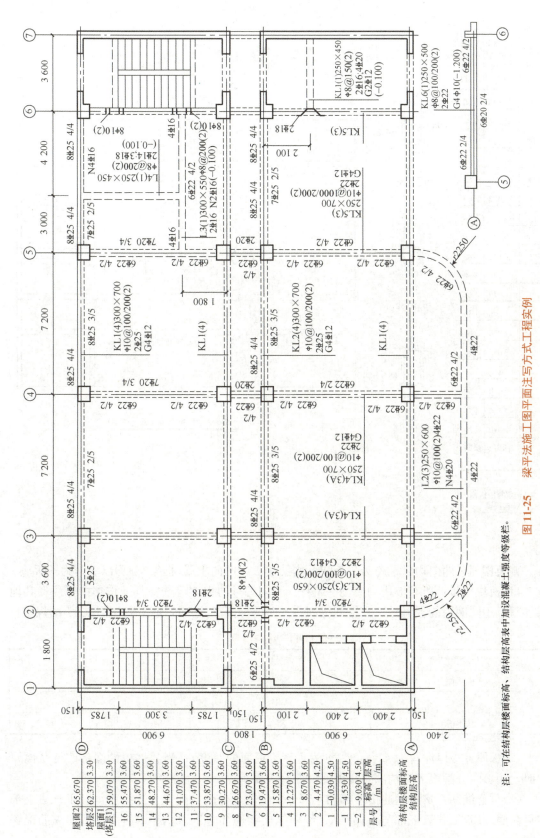

图 11-25 梁平法施工图平面注写方式工程实例

注：可在结构层楼面标高、结构层高表中加设混凝土强度等级栏。

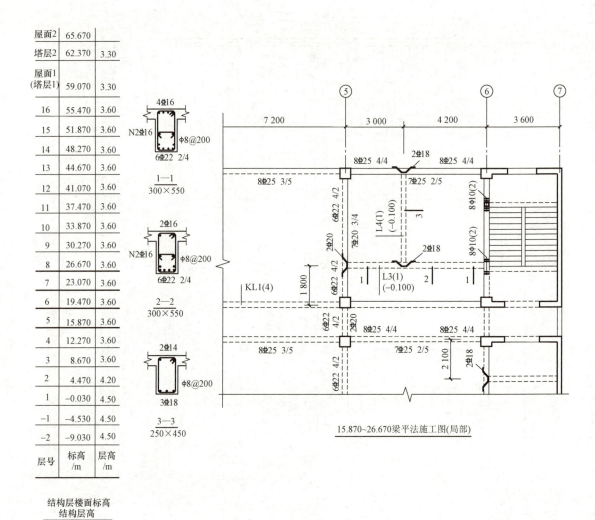

图 11-26　梁平法施工图截面注写方式工程实例

普通楼面，两向均以一跨为一板块；密肋楼盖，两向主梁（框架梁）均以一跨为一板块。

(1)板块编号：所有板块均应逐一编号，相同编号的板块可选择其一作集中标注，其他仅注写置于圆圈内的板编号，及板面标高不同时的标高高差。板块编号按表 11-11 的规定。

表 11-11　板块编号

板块类型	代号	序号
楼板面	LB	××
屋面板	WB	××
悬挑板	XB	××

(2)板厚：板厚注写为 h=×××（为垂直于板面的厚度）；当悬挑板的端部改变截面厚度时，用斜线分割根部与端部的高度值，注写为 h=×××/×××。

(3)贯通纵筋：贯通纵筋按下部和上部分别注写，并以 B 代表下部纵筋，以 T 代表上部贯通纵筋，B&T 代表下部与上部；X、Y 向纵向贯通筋分别以 X、Y 打头，两向纵筋配置相同时以 X&Y 打头。

当为单向板时，另一向贯通的分布筋可不注写，而在图中统一注明。

某些板内(例如在悬挑板 XB 下部)配置的构造钢筋，X 向以 X_c、Y 向以 Y_c 打头注写。

当 Y 向采用放射配筋时(切向为 X 向，径向为 Y 向)，设计者应注明配筋间距的定位尺寸。

(4)板面标高高差：板面标高高差是指相对于结构层楼面标高的高差，应将其注写在括号内。同一编号板块的类型、板厚和贯通纵筋均应相同，但板面标高、跨度、平面形状(可为矩形、多边形等)以及板支座上部非贯通钢筋可以不同。

【例 11-25】 如图 11-27 所示，LB1 表示 1 号楼板，板厚为 120 mm，板下部配置的贯通纵筋 X 向为 Φ10@150，Y 向为 Φ10@100；板上部未配置贯通纵筋。

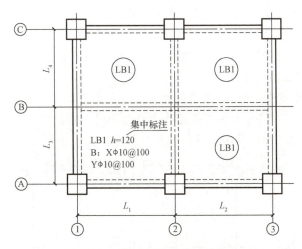

图 11-27 板平法集中标注图示例

【例 11-26】 如图 11-28 所示，YXB1 表示延伸悬挑板的编号，$h=150/100$ 表示板的根部厚度为 150 mm，板的端部厚度为 100 mm，下部构造钢筋 X 方向为 Φ8@150，Y 方向为 Φ8@200，上部 X 方向为 Φ8@150，Y 方向按 1 号钢筋布置。

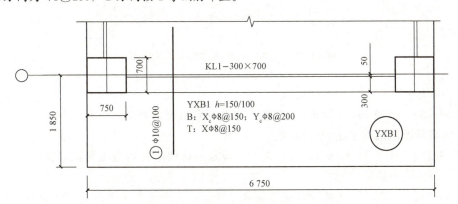

图 11-28 延伸悬挑板平法标注图示例

2. 板支座原位标注

板支座原位标注的内容为：板支座上部非贯通纵筋和悬挑板上部受力钢筋。

板支座原位标注的钢筋，应在配置相同跨的第一跨表达(当在梁悬挑部位单独配置时，则在原位表达)。在配置相同跨的第一跨(或梁悬挑部位)，垂直于板支座(梁或墙)绘制一段适宜长度的中粗实线(当该筋通长设置在悬挑板或短跨板上部时，实线段应画至对边或贯通短跨)，以该线段代表支座上部非贯通纵筋；并在线段上方注写钢筋编号(如①、②等)、配筋值、横向连续布置的跨数(注写在括号内，且当为一跨时可不注写)，以及是否横向布置到梁的悬挑端。

例如：(××)为横向布置的跨数，(××A)为横向布置的跨数及一端悬挑的部位，(××B)为横向布置的跨数及两端悬挑的部位。

板支座上部非贯通筋自支座中线向跨内的伸出长度，注写在线段的下方位置。

当中间支座上部非贯通钢筋向支座两侧对称伸出时，可仅在支座一侧线段下方标注伸出长度，另一侧不注。

当向支座两侧非对称伸出时，应分别在支座两侧线段下方注写伸出长度。

(1)非悬挑板的平法原位标注。

【例 11-27】 如图 11-29 所示，图中②表示 2 号钢筋，Φ8@150 表示直径为 8 mm 的钢筋，间距为 150 mm，"(2)"表示连续布置的跨数为两跨，900、1 000 表示自梁支座中线向跨内延伸的长度，两边对称延伸时，另一侧可不标注。

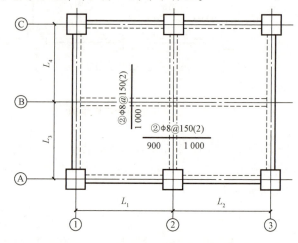

图 11-29 非悬挑板的平法原位标注示例

(2)一端延伸悬挑板平法原位标注。

【例 11-28】 如图 11-30 所示，2A 表示板支座负筋连续布置到一端悬挑部位。

(3)两端延伸悬挑板平法原位标注。

【例 11-29】 如图 11-31 所示，2B 表示支座负筋连续布置到两端悬挑部位。

(4)支座单边平法原位标注。

【例 11-30】 如图 11-32 所示，板负筋尺寸 1 000 表示自支座中线到跨内延伸的长度。

3.板的标准构造详图

有梁楼盖楼(屋)面板配筋构造如图 11-33 所示。

4.工程实例

有梁楼盖平法施工图工程实例如图 11-34 所示。

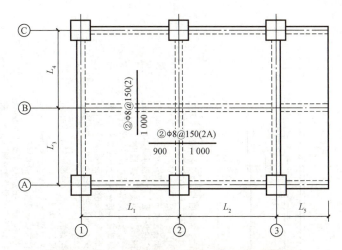

图 11-30　一端延伸悬挑板平法原位标注示例

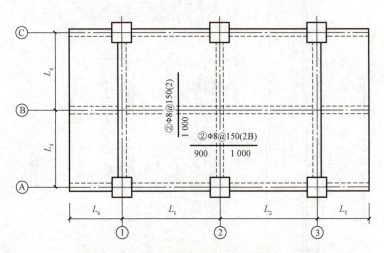

图 11-31　两端延伸悬挑板平法原位标注示例

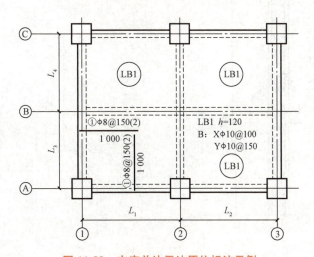

图 11-32　支座单边平法原位标注示例

· 231 ·

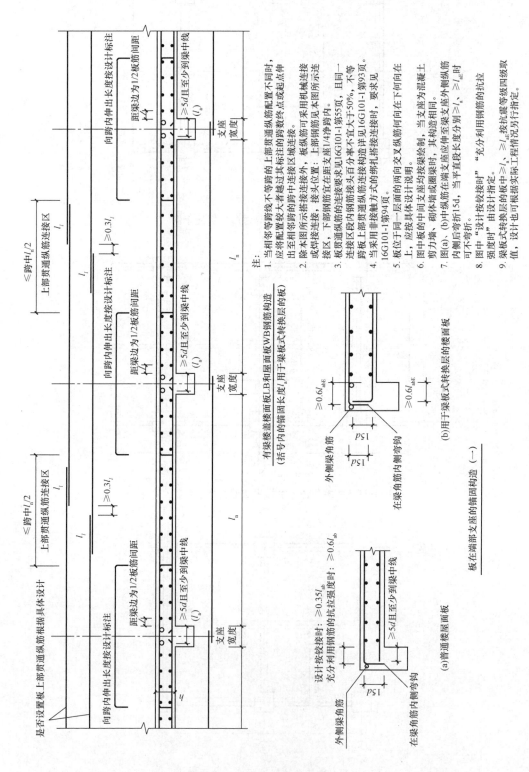

图 11-33 有梁楼盖楼(屋)面板配筋构造(一)

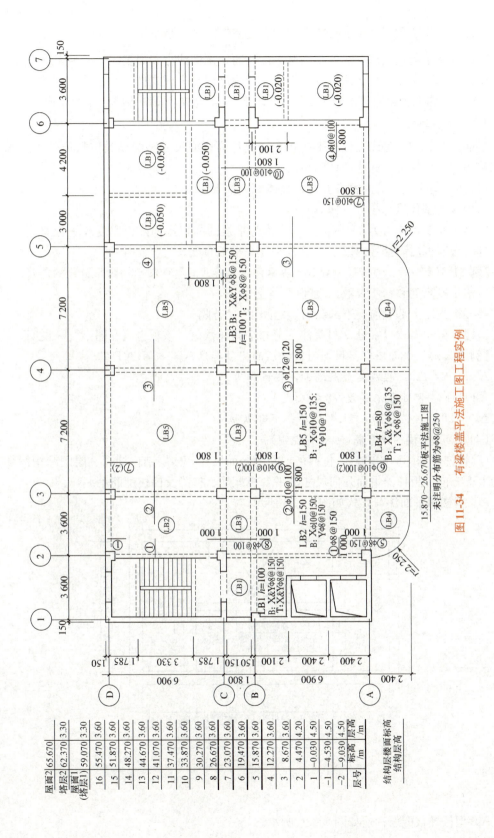

图 11-34 有梁楼盖平法施工图工程实例

11.2.7 现浇混凝土板式楼梯平法施工图的制图规则及示例

现浇混凝土板式楼梯平法施工图有平面注写、剖面注写和列表注写三种表达方式。

下面以 AT 型楼梯平面注写方式为例介绍现浇混凝土板式楼梯平法施工图的制图规则。AT 型楼梯是指两梯梁直接的矩形梯板全部由踏步段构成，及踏步段两端均以梯梁为支座。

1. 平面注写方式

平面注写方式，是以在楼梯平面布置图上注写截面尺寸和配筋具体数值的方式来表达楼梯施工图。包括集中标注和外围标注。

(1)楼梯集中注写的内容有五项，具体规定如下：

1)楼板类型代号与序号，如 AT××。

2)楼板厚度，注写为 $h=×××$。当为带平板的梯板且梯段板厚度和平板厚度不同时，可在梯段板厚度后面括号内以字母 P 打头注写平板厚度。

【例 11-31】 $h=130(P150)$，130 表示梯段板厚度，150 表示梯板平板段的厚度。

3)踏步段高度和踏步级数，之间以"/"分隔。

4)楼板支座上部纵筋、下部纵筋，之间以";"分隔。

5)楼板分布筋，以字母 F 打头注写分布筋具体数值，该项也可在图中统一说明。

【例 11-32】 平面图中楼板类型及配筋的完整标注示例如下(AT 型)：

AT1，$h=120$　楼板类型及编号，楼板厚度。

1 800/12　踏步段总高度/踏步级数。

$\Phi 10@200$；$\Phi 12@150$　上部纵筋；下部纵筋。

$F\phi 8@250$　楼梯分布筋(可统一说明)。

(2)楼梯外围标注的内容，包括楼梯间的平面尺寸、楼层结构标高、层间结构标高、楼梯的上下方向、板梯的平面几何尺寸、平台板配筋、梯梁及梯柱配筋等。

AT 型楼梯平面注写方式如图 11-35 所示。

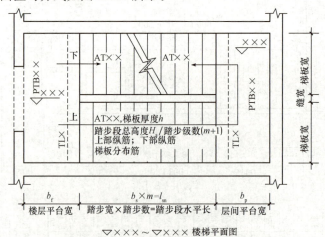

图 11-35　AT 型楼梯平面注写方式

2. AT 型楼梯标准构造详图

AT 型楼梯板配筋构造如图 11-36 所示。

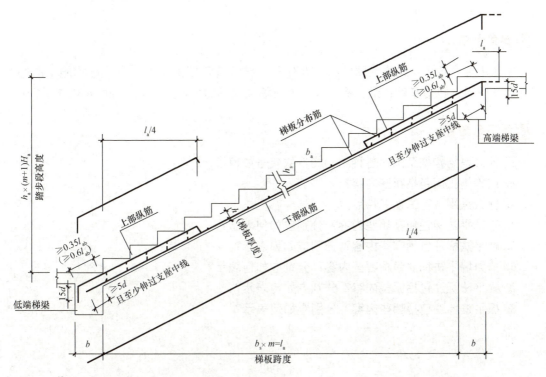

注:
1. 图中上部纵筋锚固长度$0.35l_{ab}$用于设计按铰接的情况，括号内数据$0.6l_{ab}$用于设计考虑充分发挥钢筋抗拉强度的情况，具体工程中设计应指明采用何种情况。
2. 上部纵筋需伸至支座对边再向下弯折。
3. 上部纵筋有条件时可直接伸入平台板内锚固，从支座内边算起总锚固长度不小于l_a，如图中虚线所示。
4. 踏步两头高度调整见16G101-2第50页。

图 11-36 AT型楼梯板配筋构造

3. 工程实例

AT型楼梯平面注写方式工程实例如图 11-37 所示。

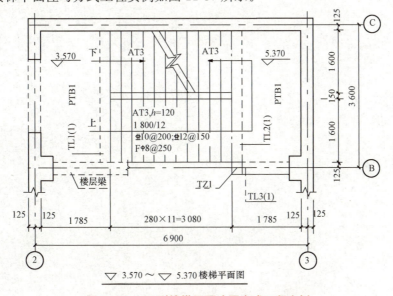

图 11-37 AT型楼梯平面注写方式工程实例

本章小结

本章主要介绍了结构施工图的概念及作用、结构施工图的主要内容、结构施工图的绘制方法;同时,也对基础、梁、板、柱、剪力墙及楼梯的平法施工图的制图规则做了介绍。

复习思考题

1. 什么是结构施工图?各种结构构件的代号如何表示?
2. 结构施工图包括哪些内容?
3. 什么是平法?简述其特点。
4. 基础平法标注包括哪些内容?分别应如何表示?
5. 柱平法标注包括哪些内容?分别应如何表示?
6. 剪力墙平法标注包括哪些内容?分别应如何表示?
7. 梁平法标注包括哪些内容?分别应如何表示?
8. 板平法标注包括哪些内容?分别应如何表示?

参考文献

[1] 中华人民共和国住房和城乡建设部，中华人民共和国国家质量监督检验检疫总局. GB 50010—2010 混凝土结构设计规范（2015 年版）[S]. 北京：中国建筑工业出版社，2016.

[2] 中华人民共和国住房和城乡建设部，中华人民共和国国家质量监督检验检疫总局. GB 50011—2010 建筑抗震设计规范（2016 年版）[S]. 北京：中国建筑工业出版社，2016.

[3] 中华人民共和国住房和城乡建设部，中华人民共和国国家质量监督检验检疫总局. GB 50003—2011 砌体结构设计规范[S]. 北京：中国建筑工业出版社，2012.

[4] 中华人民共和国住房和城乡建设部，中华人民共和国国家质量监督检验检疫总局. GB 50009—2012 建筑结构荷载规范[S]. 北京：中国建筑工业出版社，2012.

[5] 中华人民共和国住房和城乡建设部，中华人民共和国国家质量监督检验检疫总局. GB 50017—2017 钢结构设计标准[S]. 北京：中国建筑工业出版社，2018.

[6] 中华人民共和国国家质量监督检验检疫总局，中国国家标准化管理委员会. GB/T 1499.1—2017 钢筋混凝土用钢 第 1 部分：热轧光圆钢筋[S]. 北京：中国标准出版社，2017.

[7] 中华人民共和国国家质量监督检验检疫总局，中国国家标准化管理委员会. GB/T 1499.2—2018 钢筋混凝土用钢 第 2 部分：热轧带肋钢筋[S]. 北京：中国标准出版社，2018.

[8] 中华人民共和国住房和城乡建设部. 混凝土结构施工图平面整体表示法制图规则和构造详图 16G101—1[S]. 北京：中国计划出版社，2016.

[9] 高竞. 平法结构钢筋图解读[M]. 北京：中国建筑工业出版社，2009.

[10] 刘凤. 建筑结构施工图识读[M]. 北京：北京理工大学出版社，2016.

[11] 冯东，张志平，刘彦青. 轻型钢结构设计指南[M]. 北京：中国建筑工业出版社，2000.

[12] 胡兴福. 建筑结构[M]. 3 版. 北京：中国建筑工业出版社，2014.

[13] 徐锡权，李达. 钢结构[M]. 北京：冶金工业出版社，2010.

[14] 王家鼎，王新武，王映梅. 建筑结构[M]. 2 版. 大连：大连理工大学出版社，2012.